全国高等职业教育"十二五"规划教材
中国电子教育学会推荐教材
全国高等职业院校规划教材·精品与示范系列

光电图像处理

许 毅 主 编

電子工業出版社
Publishing House of Electronics Industry
北京·BEIJING

内 容 简 介

本书根据教育部最新的职业教育教学改革要求，结合国家示范专业建设课程改革成果以及多年的校企合作经验进行编写。主要介绍光电图像处理基础、光学与视觉基础、图像的数字化、图像增强与复原、图像分割与描述、图像的压缩与编码技术、光电成像系统、光电图像处理的应用以及 MATLAB 软件在图像处理中的应用。本书内容结合行业发展，编排严谨有序，操作性和实用性较强。

本书为高等职业本专科院校相应课程的教材，也可作为开放大学、成人教育、自学考试、中职学校和培训班的教材，以及工程技术人员的参考书。

本书配有电子教学课件、习题参考答案等，详见前言。

图书在版编目（CIP）数据

光电图像处理 / 许毅主编. —北京：电子工业出版社，2015.6
全国高等职业院校规划教材. 精品与示范系列
ISBN 978-7-121-26110-7

Ⅰ. ①光… Ⅱ. ①许… Ⅲ. ①光电子技术－应用－图象处理－高等职业教育－教材 Ⅳ. ①TP391.41②TN2

中国版本图书馆 CIP 数据核字（2015）第 107628 号

策划编辑：陈健德（E-mail：chenjd@phei.com.cn）
责任编辑：底　波
印　　刷：北京盛通商印快线网络科技有限公司
装　　订：北京盛通商印快线网络科技有限公司
出版发行：电子工业出版社
　　　　　北京市海淀区万寿路 173 信箱　邮编 100036
开　　本：787×1 092　1/16　印张：12　字数：307 千字
版　　次：2015 年 6 月第 1 版
印　　次：2020 年 4 月第 2 次印刷
定　　价：33.00 元

凡所购买电子工业出版社图书有缺损问题，请向购买书店调换。若书店售缺，请与本社发行部联系，联系及邮购电话：（010）88254888，88258888。

质量投诉请发邮件至 zlts@phei.com.cn，盗版侵权举报请发邮件至 dbqq@phei.com.cn。

本书咨询联系方式：chenjd@phei.com.cn。

图像是人类获取外界信息的主要方法，它是外界景物呈现在视网膜上的静态或动态的影像。人类对图像信息的获取有很多途径，但最为常见的是采用光学手段。光电图像处理是一门多学科的综合学科，它汇聚了光学、电子学、数学、摄影技术和计算机技术等众多学科方面。随着我国信息化进程的飞速发展，作为信息最佳代表形式之一的图像处理技术，愈加显示出其不可替代的重要地位。大到对空间的探知、地球资源卫星的成功运营、哈勃望远镜对宇宙深处的探索、各色各样卫星的布放等；小至对微观世界的研究、人类生命奥秘的揭示、DNA 及其图谱展示等。特别是近年来光电图像处理技术已经渗透到遥感技术、生物医学、天文、通信、气象、工业自动化控制、国防以及日常生活等许多领域。

由于光电图像处理涉及很多较新的领域，行业用人需求数量增长较快，目前已有许多院校开设本课程，但是市面上的相关参考书籍及教材较少，为此我们结合光电图像处理技术的发展和企业实际应用技术，在国家示范专业建设课程改革成果以及多年校企合作经验的基础上，与企业技术人员共同讨论和构建课程内容，融入最新的职业教育理念，采用新的课程结构形式编写了本书。

本书分为 9 章，主要介绍光电图像处理基础、光学与视觉基础、图像的数字化、图像增强与复原、图像分割与描述、图像的压缩与编码技术、光电成像系统、光电图像处理的应用以及 MATLAB 软件在图像处理中的应用。本书的操作性和实用性较强，通过学习可以掌握用计算机进行多方面的数字图像处理及应用技术。

本书由大连职业技术学院许毅主编并统稿，刘畅、于雯雯、白净、赵庆、勾春薇、李永亮参加编写。在编写过程中得到大连德豪光电科技有限公司工程师、大连工业大学专业教师以及大连职业技术学院电气电子工程学院领导的大力支持，在此表示诚挚的谢意。

由于编者水平有限，书中难免有不足之处，希望广大读者不吝指正。

为方便教学，本书配有免费的电子教学课件、习题参考答案，请有需要的教师登录华信教育资源网（http://www.hxedu.com.cn）免费注册后进行下载，如有问题请在网站留言或与电子工业出版社联系（E-mail:hxedu@phei.com.cn）。

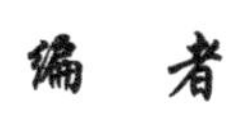

目　录

第1章 光电图像处理基础

本章主要介绍有关光电图像处理的基本知识，包括图像处理的基本概念、主要参数，数字图像处理系统的组成，光电图像处理系统结构等。通过本章的学习，使学生能够对光电图像处理有个全面的了解。

教学导航

教	知识重点	1. 图像的分类及处理方法 2. 图像处理的基础知识 3. 数字图像处理系统
	知识难点	图像处理中的一些常用术语
	推荐教学方案	以举例讲解和学生讨论分析为主，通过联系实际来讲解相关的理论知识，同时鼓励学生多进行相关案例的查找、认识和分析
	建议学时	4学时
学	推荐学习方法	以对所找图像的具体分析和小组讨论的学习方式为主；结合本章理论知识，通过观察和分析，总结出各种方法的特点和效果
	必须掌握的理论知识	1. 常见图像的分类 2. 常用的图像处理类型 3. 数字图像处理系统
	必须掌握的技能	掌握与图像有关的一些基本知识

1.1 图像处理的基本知识

图像（Picture）有多种含义，其中最常见的定义是指各种图形和影像的总称。一幅图像是一种代表另一个客体（或对象）的一种写真或模拟；是一种生动的、图形化的描述。也就是说，图像是一种代表客观世界中另一种物体的、生动的图形表达，它包含了描述其所代表物体的信息。

图像处理是指对图像进行分析、加工和处理，使其满足人们视觉、心理以及其他方面的要求。

1.1.1 图像的分类

视觉是人类最重要的感觉，也是人类获取信息的主要来源。据统计，在人类从外界获取的信息中，有 70%以上来自视觉。图像与其他的信息形式相比，具有直观、具体、生动等诸多显著的优点。借助集合（即凡具有某种特定性质的对象的总合称之为集合）的概念，图像可根据其生成方法或存在形式分成若干类，如图 1-1 所示。

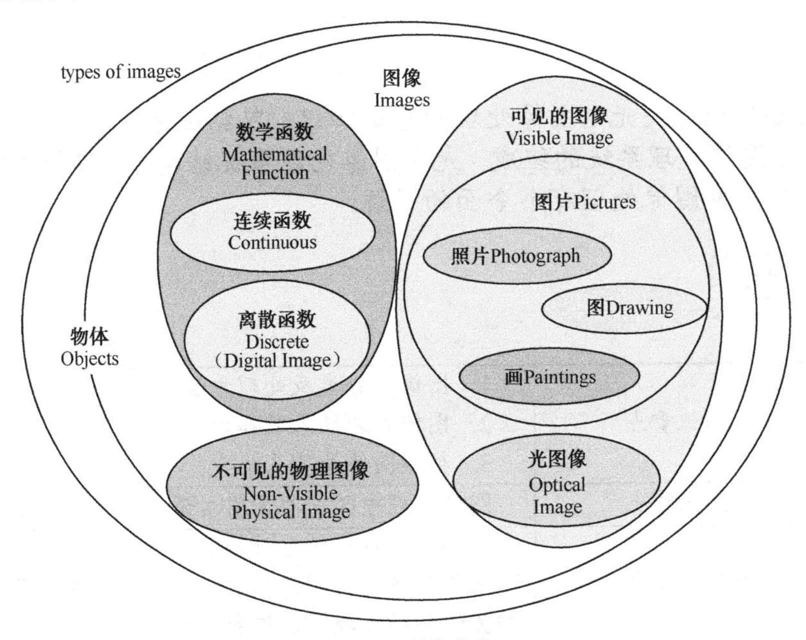

图 1-1 图像分类

图像按其存在形式的不同可分为实际图像和抽象图像。

（1）实际图像：通常为二维分布，又可分为可见图像和不可见图像。可见图像是指人眼能够看到并能接受的图像，包括图片、照片、图、画、光图像等。

（2）抽象图像：如数学函数图像，包括连续函数和离散函数图像。

图像按其成像波段的不同分为单波段、多波段和超波段图像，如图 1-2 所示是电磁波波谱，其中可见光是波长在 380～780 nm 之间的一小段。不同观测系统可采用可见光、红外线、X 射线、微波、超声波及γ射线等不同波段成像，以适应探测不同物理介质、材料和状态的场景。单波段图像上每个点只有一个亮度值，多光谱图像上每个点具有多个特性，例如，彩色图像上每个点有红、绿、蓝三个亮度值，超波段图像上每个点甚至具有几十个或几百个特性。

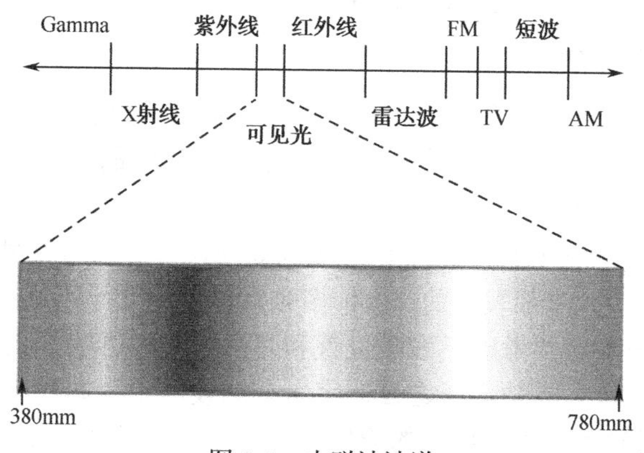

图 1-2　电磁波波谱

图像按表示方式的不同可分为模拟图像和数据图像两类。所谓模拟图像即实物图像，如照片、底片、印刷品、画，甚至连计算机屏幕、电视屏幕和画面也是模拟图像，只要通过客观的物理量表现颜色的图像就是模拟图像。与此相对的数字图像则是靠人为制造的计算机语言记录颜色的图像。例如，从网上下载一幅图片，把它存储在计算机里，这时是数字图像，但它以三原色的强度表现颜色，显示在屏幕上，就成了模拟图像。

图像根据构图原理和描述方式的不同可分为矢量图和位图。矢量图是一种面向对象的、基于数学方法的图形表示方式。它以对象为中心，通过对每个对象的数学描述来存储图像。位图又称点阵图像，它以像素为单位，描述图像的实际信息。适合于描述自然界图像。

图像根据是否随时间而变换可分为静止图像和活动图像。所谓静止图像就是不随时间而变换的图像，如各类图片等。活动图像则是随时间而变换的图像，如电影和电视画面等。

图像根据所占空间的维数可分为二维图像和三维图像。二维图像即平面图像，如照片等。三维图像则是指空间分布的图像，一般使用两个或多个摄像头来成像。

此外，在计算机中，按照颜色和灰度的多少还可将图像分为二值图像、灰度图像、索引图像和真彩色 RGB 图像四种基本类型。目前，大多数图像处理软件都支持这四种类型的图像。

1.1.2　图像处理的方法

图像处理的方法有模拟图像处理和数字图像处理两类。

模拟图像处理主要包括光学和照相方法。光学图像处理方法是利用光学系统对图像进行处理的。它充分发挥了光运算的高度并行性和光线传播的互不干扰性，能在瞬间完成复杂的运算，例如，二维傅里叶变换。但光学系统常常会产生强噪声和杂波，且不同系统的噪声和杂波具有特定性，很难有通用的处理方法可以克服。此外，光学系统的结构一旦确定就只能进行特定运算，难以形成通用计算系统。

数字图像处理方法最常见的就是通过计算机对图像进行处理。它具有抗干扰性好、易于控制处理效果、处理方法灵活多样的特点，其缺点是处理速度还有待提高。速度瓶颈在三个方面表现尤为突出，一是对图像的处理比较复杂的时候，二是对图像的处理要求真实

性较高的时候，三是所处理的图像分辨率和精度较高的时候，在这三种情况下数字图像处理所需要的时间将显著增加。

1.1.3　图像处理技术的发展及应用

1. 图像处理技术的发展

20 世纪 20 年代，图像处理技术首先应用于图像的远距离传输，当时通过海底电缆从伦敦到纽约传输了一幅图片，它采用了数字压缩技术。就当时的技术水平来看，传送一幅不压缩的图片大约需要一星期的时间，而经过压缩后只用了 3 小时。1964 年，美国喷气推进实验室（JPL）首次在实际工程中实现了数字图像处理技术的成功应用，他们用 1BM 7049 计算机对“徘徊者七号”太空船发回的 4000 多张月球照片进行处理，使用了几何校正、灰度变换、去除噪声等技术，并考虑了太阳位置和月球环境的影响，由计算机成功绘制出月球表面的地图，获得了巨大成功。在之后的宇航空间技术中，如对火星、土星等星球的探测研究中，数字图像处理都得到了广泛的应用。

20 世纪 70 年代，数字图像处理技术得到迅猛的发展，理论和方法进一步完善，应用范围更加广泛。在这一时期，图像处理进一步和描述识别及图像理解系统的研究相联系，如文字识别、医学图像处理，遥感图像的处理等。20 世纪 70 年代后期到现在，各个应用领域对数字图像处理提出越来越高的要求，促进了这门学科向更高级的方向发展，特别是在景物理解和计算机视觉（即机器视觉）方面，图像处理已由二维处理发展到三维理解或解释。近年来，随着计算机和其他各有关领域的迅速发展，例如，在图像表现、科学计算可视化、多媒体计算技术等方面的发展，数字图像处理已从一个专门的研究领域变成了科学研究和人机界面中的一种普遍应用的工具，它也促进了图像处理技术的教学。数字图像处理常用方法包括：图像变换、图像编码压缩、图像增强和复原、图像分割、图像描述、图像分类（识别）。

随着计算机软、硬件技术的飞速发展以及数字处理方法的长足发展，数字图像处理技术无论在科学研究、工业生产还是国防领域都获得了越来越多的应用，而且正朝着实时化、小型化、远型化的方向发展。

2. 图像处理技术的应用

图像是人类获取和交换信息的主要来源，因此，图像处理的应用领域必然涉及人类生活和工作的方方面面。随着人类活动范围的不断扩大，图像处理的应用领域也将随之不断扩大。

（1）航天和航空技术方面的应用。数字图像处理技术在航天和航空技术方面的应用，除了上面介绍的 JPL 对月球、火星照片的处理之外，另一方面的应用是在飞机遥感和卫星遥感技术中。

（2）生物医学工程方面的应用。数字图像处理在生物医学工程方面的应用十分广泛，而且很有成效。除了当前普遍运用的 CT 技术之外，还有一类是对医用显微图像的处理分析，如红细胞、白细胞分类，染色体分析，癌细胞识别等。此外，在 X 光肺部图像增晰、超声波图像处理、心电图分析、立体定向放射治疗等医学诊断方面都广泛地应用图像处理技术。

（3）通信工程方面的应用。当前图像的主要发展方向是声音、文字、图像和数据结合的多媒体通信，具体地讲是将电话、电视盒计算机以三网合一的方式在数字通信网络上传输，集中表现在多媒体通信方面，研究高效率的图像压缩和解压方法是多媒体通信技术发展的核心。早期的图像压缩主要是基于香农信息论基础上的，压缩比不高，近年来着眼于视觉的脑机制和景物分析的研究，给图像编码提供了新的方向。

（4）工业和工程方面的应用。在工业和工程领域中图像处理技术有着广泛的应用，如自动装配线中检测零件的质量并对零件进行分类，印制电路板疵病检查，弹性力学照片的应力分析，流体力学图片的阻力和升力分析，邮政信件的自动分拣，在一些有毒、放射性环境内识别工作及物体的形状和排列状态，先进的数据和制造技术中采用工业视觉等。

（5）军事公安方面的应用。在军事方面，图像处理和识别主要用于导弹的精确末制导，各种侦察照片的判读，具有图像传输、存储和显示的军事自动化指挥系统，飞机、坦克和军舰模拟训练系统等。

（6）文化艺术方面的应用。目前，此类应用有电视画面的数字编辑，动画的制作，电子图像游戏，纺织工艺品设计，服装设计与制作，发型设计，文物资料照片的复制和修复，运动员动作分析和评分等。现在已逐渐形成一门新的艺术——计算机美术。

（7）机器人视觉。机器视觉作为智能机器人的重要感觉器官，主要进行三维景物理解和识别，是目前处于研究之中的开发课题。机器视觉主要用于军事侦察、危险环境的自主机器人，邮政、医院和家庭服务的智能机器人，装配线工件识别、定位，太空机器人的自动操作等。

（8）电子商务。在当前呼声甚高的电子商务中，图像处理技术也大有可为，如身份认证、产品防伪、水印技术等。

此外，目前在变电站、水电站推广的无人值班技术主要是通过数字图像监控系统来实现的。由于数字图像抗干扰能力强、图像质量好，可以通过电话线、微波、扩频、光缆等通道进行远程传送，可以方便实现远方变电站安全保卫、设备巡视、环境监视等功能。

不同的使用场合中使用的图像也是不一样的，如图 1-3 所示为几种常见的图像类型。

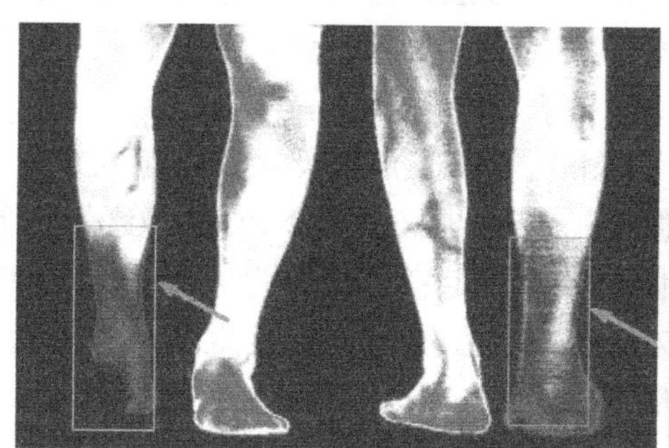
（a）红外图像

（b）可见光图像

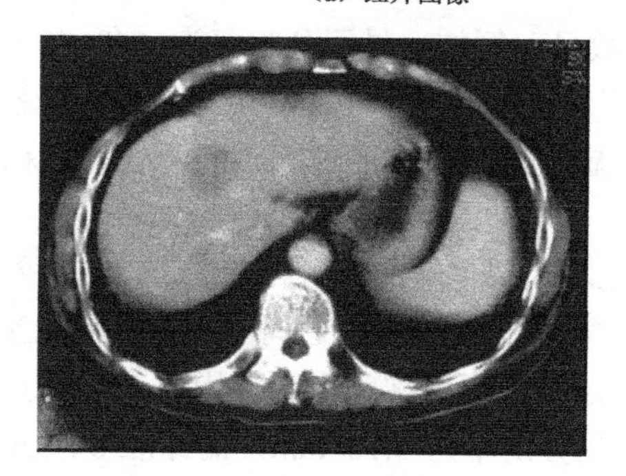
（c）医学 CT 图像

（d）遥感图像

图 1-3　几种常见的图像类型

1.2 图像的技术参数与质量评价

1.2.1 像素

像素（Pixel）是由 Picture（图像）和 Element（元素）这两个单词的字母所组成的，是用来计算数码影像的一种单位，是组成图像的最基本单元要素。如同摄影的相片一样，数码影像也具有连续性的浓淡阶调，我们若把影像放大数倍，会发现这些连续色调其实是由许多色彩相近的小方点组成的，这些小方点就是构成影像的最小单位“像素”。这种最小的图形的单元能在屏幕上显示通常是单个的染色点。越高位的像素，其拥有的色板也就越丰富，越能表达颜色的真实感，如图 1-4 所示。

图 1-4 像素

1.2.2 分辨率

分辨率是和图像相关的一个重要概念，它是衡量图像细节表现力的技术参数。分辨率高是保证彩色显示器清晰度的重要前提。分辨率是体现屏幕图像的精密度，是指显示器所能显示的点数多少。通常，分辨率被表示成每一个方向上的像素数量，分辨率越高，可显示的点数越多，画面就越精细。

分辨率有两种：图像分辨率和显示分辨率。

1. 图像分辨率

图像分辨率是指组成一幅图像的像素密度的度量方法。对同样大小的一幅图，如果组成该图的图像像素数目越多，则说明图像的分辨率越高，看起来就越逼真。相反，图像就显得越粗糙。

在用扫描仪扫描彩色图像时，通常要指定图像的分辨率，用每英寸多少点（DPI）表示，如果用 300DPI 来扫描一幅 8″×10″ 的彩色图像，就得到一幅 2 400×3 000 个像素的图像。

像素深度是存储每个像素所用的位数，像素深度决定彩色图像的每个像素可能有的颜色数，或者是灰度图像的每个像素可能有的灰度级数。如果像素深度太浅，也影响图像的质量，图像看起来让人觉得很粗糙和很不自然。

2. 显示分辨率

显示分辨率是指显示屏上能够显示出的像素数目。例如，显示分辨率为 640×480 表示显示屏分成 480 行，每行显示 640 个像素，整个显示屏就含有 307 200 个显像点。屏幕能够显示的像素越多，说明显示设备的分辨率越高，显示的图像质量也就越高。在计算机上，显示分辨率可人为设定。

显示屏上的每个彩色像点由代表 R、G、B 三种模拟信号的相对强度决定，这些彩色像点就构成一幅彩色图像。计算机用的 CRT 和家用电视机用的 CRT 之间的主要差别是显像管玻璃面上的孔眼掩膜和所涂的荧光物不同。孔眼之间的距离称为点距。因此，常用点距来衡量一个显示屏的分辨率。普通电视机用的 CRT 的分辨率为 0.76 mm，而标准 SVGA 显示器的分辨率为 0.28 mm。孔眼越小，分辨率就越高。目前已有点距为 0.19 mm 的显示器。

图像分辨率与显示分辨率是两个不同的概念。图像分辨率是确定组成一幅图像的像素

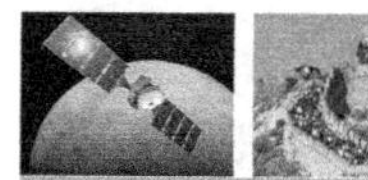

数目，而在某一显示分辨率下，可确定显示图像的区域大小。例如，显示屏的分辨率为640×480，那么一幅 320×240 的图像只占显示屏的 1/4；相反，2400×3000 的图像在这个显示屏上就不能显示一幅完整的画面。

1.2.3　质量评价

图像质量的评价研究是图像信息学科的基础研究之一。对于图像处理或者图像通信系统，其信息的主体是图像，衡量这个系统的重要技术指标，就是图像质量。图像质量的含义包括两个方面：一是图像的逼真度，即被评价图像与原标准图像的偏离程度；二是图像的可懂度，即图像能向人或机器提供信息的能力。

1. 图像的主观评价

图像的主观评价就是通过人来观察图像，对图像的优劣作主观评定，然后对评分进行统计平均，得出评价的结果。这种评价所得出的结果与观察者的特性及观察条件等因素有关。为保证主观评价在统计上有意义，选择观察者时既要考虑有未受过训练的“外行”观察者，又要考虑有对图像技术有一定经验的“内行”观察者。另外，参加评分的观察者至少要 20 名。

主观评价方法和人的主观感受相符，但它费时、复杂，还会受到观测者专业背景、心理和动机等主观因素的影响，并且不能结合到其他算法中使用。图像主观绝对分值和相对分值如表 1-1 和表 1-2 所示。

表 1-1　图像主观绝对分值

优	良	中	差	劣
5	4	3	2	1

表 1-2　图像主观相对分值

最好	中等偏上	中等	偏差	最差
5	4	3	2	1

2. 图像的客观评价

图像质量的客观评价是指使用一个或多个图像的度量指标，建立与图像质量相关的数学模型，让计算机自动计算得出图像质量。其目标是客观评价结果与人的主观感受相一致。根据是否对原始图像进行参考及参考的程度，客观质量评价又可分为以下三种类型。

（1）全参考方法（Full Reference，FR）：需要完整的原始图像作为评价的参考。

（2）部分参考方法（Reduced Reference，RR）：需要原始图像的部分信息作为评价的参考。

（3）无参考方法（No Reference，NR）：不需要借助任何参考图像，依靠待评价图像本身各种信息进行质量评价。

3. 其他评价方法

除了上述介绍的两种基本的图像评价方法之外，由于应用场合的不同，还有其他一些

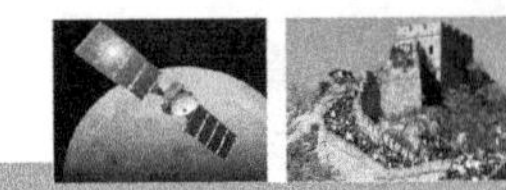

评价方法。

1）基于感觉的评价方法

基于感觉的评价方法相当于前面的主观质量评价，但同时考虑声音、图像的联合感觉效果对图像质量的影响。

2）基于任务的质量评价

通过使用者对一些典型的应用任务的执行情况判别图像的适宜性，比较典型的是脸部识别、表情识别、符号语言阅读、盲文识别、物体识别、手势语言、手写文件阅读以及机器自动执行某些工作等。此时对图像质量的评价并不完全建立在观赏的基础上，更重要的是考虑图像符号的功能，如对哑语手势图像，主要看它是否能正确表达适当的手势。

1.3 数字图像处理系统

数字图像处理就是利用计算机系统对数字图像进行各种目的的处理。例如，对连续图像在空间上的抽样、在幅值上的灰度级量化。

从计算机处理的角度看，可以由高到低将数字图像分为三个层次。这三个层次覆盖了图像处理的所有应用领域，如图 1-5 所示。

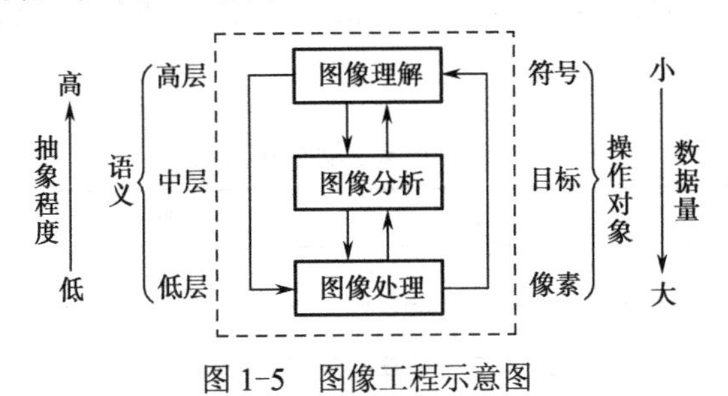

图 1-5　图像工程示意图

其中，图像处理是对图像进行各种加工以改善图像的视觉效果；或对图像进行压缩编码以减少图像存储所需的空间或图像传输所需要的时间，这是一个从图像到图像的过程。图像分析是对图像中感兴趣的目标进行检测，以获得它们的客观信息，从而建立对图像和目标的描述，这是一个从图像到数据的过程。图像理解则是研究图像中各目标的性质和它们之间的相互联系；得出对图像内容含义的理解及原来客观场景的解释。

1.3.1 数字图像处理主要研究的内容

数字图像处理主要研究的内容有以下几个方面。

1. 图像变换

由于图像阵列很大，直接在空间域中进行处理，涉及计算量很大。因此，往往采用各种图像变换的方法，如傅里叶变换、沃尔什变换、离散余弦变换等间接处理技术，将空间域的处理转换为变换域处理，不仅可减少计算量，而且可获得更有效的处理（如傅里叶变换可在频域中进行数字滤波处理）。目前新兴研究的小波变换在时域和频域中都具有良好的局部化特性，它在图像处理中也有着广泛而有效的应用。

2. 图像压缩编码

图像压缩编码技术可减少描述图像的数据量（即比特数），以便节省图像传输、处理时间和减少所占用的存储器容量。压缩可以在不失真的前提下获得，也可以在允许的失真条件下进行。编码是压缩技术中最重要的方法，它在图像处理技术中是发展最早且比较成熟的技术。

3. 图像的增强和复原

图像增强和复原的目的是为了提高图像的质量，如去除噪声，提高图像的清晰度等。图像增强不考虑图像降质的原因，突出图像中所感兴趣的部分。如强化图像高频分量，可使图像中物体轮廓清晰，细节明显；强化低频分量可减少图像中噪声影响。图像复原要求对图像降质的原因有一定的了解，一般应根据降质过程建立"降质模型"，再采用某种滤波方法，恢复或重建原来的图像。

4. 图像分割

图像分割是数字图像处理中的关键技术之一。图像分割是将图像中有意义的特征部分提取出来，其有意义的特征有图像中的边缘、区域等，这是进一步进行图像识别、分析和理解的基础。虽然目前已研究出不少边缘提取、区域分割的方法，但还没有一种普遍适用于各种图像的有效方法。因此，对图像分割的研究还在不断深入之中，它是目前图像处理中研究的热点之一。

5. 图像描述

图像描述是图像识别和理解的必要前提。作为最简单的二值图像可采用其几何特性描述物体的特性，一般图像的描述方法采用二维形状描述，它有边界描述和区域描述两类方法。对于特殊的纹理图像可采用二维纹理特征描述。随着图像处理研究的深入发展，目前已经开始进行三维物体描述的研究，提出了体积描述、表面描述、广义圆柱体描述等方法。

6. 图像分类（识别）

图像分类（识别）属于模式识别的范畴，其主要内容是图像经过某些预处理（增强、复原、压缩）后，进行图像分割和特征提取，从而进行判决分类。图像分类常采用经典的模式识别方法，有统计模式分类和句法（结构）模式分类，近年来新发展起来的模糊模式识别和人工神经网络模式分类在图像识别中也越来越受到重视。

7. 图像隐藏

图像隐藏又称图像伪装，即通过减少载体的某种冗余，如空间冗余、数据冗余等，来隐藏敏感信息，达到某种特殊的目的，如保密通信、版权保护及用户追踪等。

1.3.2 数字图像处理系统的组成

数字图像处理系统由图像数字化设备、图像处理计算机和图像输出设备等部分组成，如图 1-6 所示。

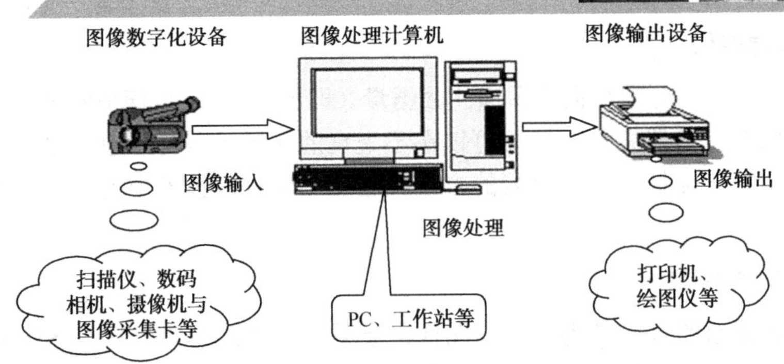

图 1-6　数字图像处理系统组成示意图

1. 图像输入

图像输入部分主要负责图像的采集，即将景物或模拟图像转换为数字图像，以供图像处理设备进行处理。

数字图像输入设备的主要部件有下述几种。

（1）光源：通常采用白炽灯、激光器、荧光物质、发光二极管（LED）等。

（2）光传感器：有光电发射管、光电二极管、光电三极管、电荷耦合器件 CCD、CMOS 器件等。

（3）扫描系统：有机械扫描系统（滚筒和丝杠）、电子束扫描、静电偏转、磁偏转、电子束聚焦等。

光源通过扫描系统和光电传感器将图像的光强信号转换成电信号；光传感器将图像的光强度按比例转换成电压和电流信号；扫描系统就是可使光源、传感器按照某种机制沿图像移动的系统。

数字图像信号的获得有两种途径，一种是直接的方式，另一种是间接的方式。间接方式是指将模拟视频信号数字化后产生数字视频，这是早期获得数字视频的唯一方法。近年来，随着电子领域数字化的发展，越来越多地出现了直接输出数字图像的装置和设备。目前最常用的数字图像输入设备主要有图像扫描仪、数码相机和数码摄像机以及相应的计算机接口卡（图像采集卡）构成的摄像输入设备。

2. 图像输出

图像输出部分主要是将图像的处理结果显示给人看。常见的图像输出设备有电视显示器、彩色打印机、彩色绘图仪等。

数字图像输出设备就是将数字图像转换成可被人接受的形式的设备。图像信号的显示往往是图像处理或图像通信的最终目的。图像信号的显示又可分为两种方式，一种是“硬拷贝”方式，其目的除了观察图像的内容以外，还可长期保存图像。这类设备主要有 CRT 胶片或激光胶片记录仪，各类打印机及彩色绘图仪等。另一种是“软拷贝”方式，这类设备主要是 CRT 显示器（如计算机的监视器、普通电视和专用图像显示器）、平板液晶显示器 LCD 和 PDP 显示器等，这类显示器只是为了临时的观察，看完以后并不需要保存。

3. 图像处理

图像处理部分主要是对图像进行相应的处理（如图像压缩编码、图像增强等），以便进行下一步的图像输出或通信，它是图像处理系统的核心部分。其核心硬件是具有运算能力的 CPU（可以是大型计算机，也可是一块 DSP 芯片）。

4. 图像通信

图像通信部分主要负责图像的通信，即将图像传输到远端。在进行图像通信前常要对图像进行压缩编码，以节约传输的带宽。

5. 图像存储

由于图像含有大量的信息，因而存储图像也需要大量的空间。在图像处理中大容量和快速的图像存储设备是必不可少的。

图像存储分为在线存储、离线存储、近线存储等多种形式。现代存储技术的发展使海量存储设备的价格越来越低，为图像存储提供了多种选择，如大容量磁盘、磁带、CD-ROM、DVD-ROM 等。海量硬盘和 DVD-ROM 通常是图像存储设备较好的选择。

通常为节省图像数据文件占用的存储空间，加快图像数据的传输，都要采用数据压缩技术，对数字化图像文件进行压缩。

1.3.3　数字图像处理的特点及必要性

数字图像处理的特点可以概括为以下几点。

（1）精度高。对于一幅图像而言，数字化时不论是采用 4 比特、8 比特还是其他，只需改变计算机中的参数，处理方法不变。所以从原理上讲，不管对多高精度的数字图像进行处理都是可能的。

（2）再现性好。不论是什么数字图像，均采用数组或数组集合表示。在传递和复制图像时，只在计算机内部进行处理，这样数据就不会丢失或遭破坏，保持了完好的再现性。

（3）通用性、灵活性强。对可见图像和不可见光图像（如 X 光图像、热红外图像和超声波图像等），尽管这些图像生成体系中的设备规模和精度各不相同，但当把这些图像数字化后，对于计算机来说，都可同样进行处理，这就是数字处理图像的通用性。

另外，改变处理图像的计算机程序，可对图像进行各种各样的处理，如上下滚动、拼接、合成、放大、缩小和各种逻辑运算等，所以灵活性很高。

数字图像处理的必要性如下。

（1）能够改善图像的质量，从而为使用者提供更好的图像。应用领域有印刷、影视、医学诊断、工业检测、航空航天遥感、军事侦察等。

（2）作为机器视觉，将图像处理的结果（图像或符号）提供给相关机器使用。应用领域有目标识别、字符识别、照片或指纹识别、细胞识别、卫星云图识别等。

1.4　光电图像处理的概念与系统结构

光电图像处理是光电成像技术与数字图像处理技术的结合。光电成像技术是为了弥补人类视觉的缺陷，达到扩展人类自身视觉功能的目的。图像处理技术用来改善图像视觉效果，使计算机具有与人一样的视觉功能。

人眼的视觉缺陷主要有以下四个方面。

（1）有限的视见光谱域：看不见红外图像和紫外图像。

（2）有限的视见灵敏域：光线太暗的地方能见度不高。

（3）有限的视见分辨率：目标太小会看不清楚。

（4）对视觉信号无记忆能力：看过但是不记得。

人们为有效地扩展自身的视觉能力，使光电成像技术得到大力发展，其主要发展阶段如下。

1873 年，W.Smith 发现了光电导现象；

1900 年，普朗克提出光的量子属性；

1916 年，爱因斯坦完善了光与物质内部电子能态相互作用的量子理论；

1929 年，科勒制成了光电发射体，随后，成功研制了红外变像管；

30 年代，人类致力于电视技术的研究；

1970 年，波伊尔与 Smith 开拓出一种具有自扫描功能的电荷耦合器件，从而使电视技术有了质的飞跃。

光电成像技术可实现的功能主要有以下四个方面。

（1）扩展人眼对微弱光图像的探测能力。

（2）将超快速现象存储下来。

（3）开拓人眼对不可见辐射的接收能力。

（4）捕捉人眼无法分辨的细节。

为实现上述功能构建的光电图像处理系统结构如图 1-7 所示。

图 1-7　光电图像处理系统结构

知识梳理与总结

本章介绍了图像处理的概念、基本原理和应用，并简单介绍了光电图像处理的思路和系统结构。

图像可以有多种分类，按照时间运动特性分为静止图像和运动图像；按照空间连续性分为连续图像和离散图像，其特殊情况是空间模拟图像和空间数字图像；按照光谱特性分为单色图像、彩色图像、多光谱图像和超光谱图像；按照几何空间复杂度分为平面图像、立体图像和抽象的高维图像；按照光学性分为光学图像与非光学图像；等等。

数字图像处理的主要内容包括：图像的基本线性变换、滤波、增强、恢复、压缩和编码、重建、分析、识别与理解。

数字图像处理系统的基本组成：图像获取传感器与图像数字化单元、图像存储器、图像数字处理器、数字图像输出设备（包括显示、打印、绘图设备等）。

思考与练习题 1

（1）什么是图像处理？图像处理的目的是什么？

（2）数字图像处理的主要研究内容有哪些？

（3）图像处理有哪些主要应用？

第2章 光学与视觉基础

光电图像处理旨在利用光学方法和电子学方法来处理图像信号，这里，为了课程讲解的方便，本章介绍在光电图像处理中用到的光学基础知识和视觉基础知识，如光度学基本知识、人眼构造和颜色基本知识等。

教学导航

教	知识重点	1. 光度学的基本物理量 2. 色度学基本术语 3. 三基色原理与颜色模型 4. 光觉与色觉及空间深度
	知识难点	1. 视见函数 2. 空间深度
	推荐教学方案	以列举法为主，结合实例进行深入浅出的讲解
	建议学时	6 学时
学	推荐学习方法	结合实际的例子或实物模型，以组为单位学习讨论，总结要点，给出习题进行强化训练
	必须掌握的理论知识	光度学与色度学基本术语； 三基色原理
	必须掌握的技能	掌握图像处理中必要的基础知识

2.1　辐射度学的基本概念

在以前的课程中，我们知道如何去定量地描述电，这里介绍一门专门研究如何去定量地描述与度量光的学科及辐射度学，也为后续讲解如何描述人眼对光的感知及光度学的基本知识打下基础。

1. 辐射能与辐射通量

辐射能 Q_e 以电磁波形式或粒子（光子）形式传播的能量，它们可以用光学元件反射、成像或色散，这种能量及其传播过程称为光辐射能。其单位为能量单位焦耳。

辐射通量 Φ_e 又称辐射功率，是单位时间内的辐射能，简称功率，其单位为功率单位瓦特。通常，在计算光电探测器的光电转换能力常用辐射功率，分析强光对光电探测器破坏机理常用辐射能量。

2. 辐射强度

如图 2-1 所示，辐射强度 I_e 表示的是在给定方向上单位立体角的辐射通量，辐射强度的单位是：瓦/球面度。辐射强度反映了辐射源能量分布的各向异性的特点，也就是说 I_e 随方向的改变而改变。

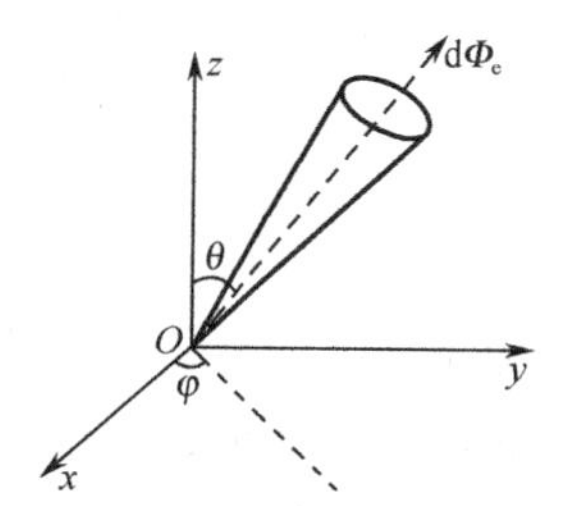

图 2-1　辐射强度

3. 辐射出射度与辐射照度

辐射出射度 M_e，是指面辐射源的辐射能力及单位面积的辐射通量。而另外一个与之比较相近的量辐射，辐射照度 E_e，定义也基本类似，它指的是，辐射接收面上单位面积接收的辐射通量。它们的单位都是 W/m^2，计算公式也一致。但要注意两者之间的区别。

4. 辐射亮度

辐射亮度 L_e，是指面辐射源沿不同方向的辐射能力的差异，也就是单位面积单位立体角内的辐射通量。其计算公式如下：

$$L_e(\theta,\varphi)=\frac{dI_e}{dS\cos\theta}=\frac{d^2\Phi_e}{dS\cdot d\Omega\cdot\cos\theta} \tag{2-1}$$

其中，有一种特殊的辐射体，其辐射强度在空间的分布上满足余弦关系，这种辐射体的辐射亮度是均匀的，与方向角θ无关。太阳、漫反射面都可以看作余弦辐射体。

2.2　人眼的生理构造及功能

在生活中所有的视觉信息，包括下面要讲的光度学和色度学，都是建立在人的主观视觉生理和心理特性基础之上的，所有在此之前有必要了解一下视觉器官（人眼）的生理特征及其功能。

人眼的形状像一个小球，通常称为眼球，眼球内具有特殊的折光系统，类似于凸透

镜，使得进入眼内的可见光汇聚在视网膜上。视网膜上有感光细胞，这些感光细胞把接收到的光信号传到神经中枢，产生色感。眼球的结构如图 2-2 所示，主要由角膜、瞳孔、虹膜、晶状体、睫状体、眼肌、玻璃体和视网膜等构成。

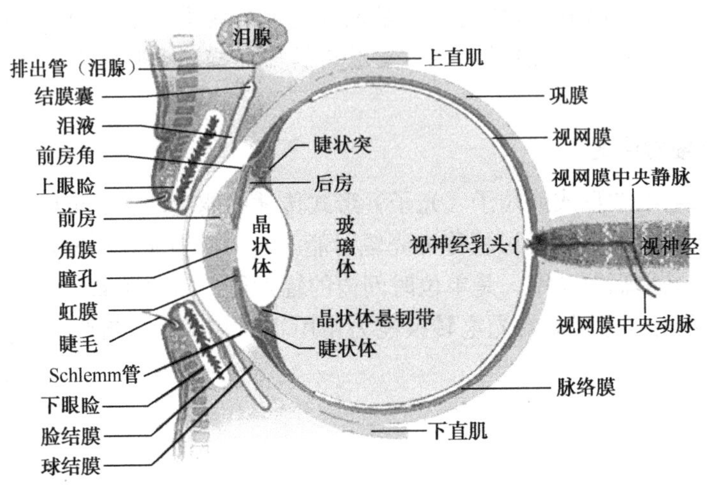

图 2-2　人眼截面示意图

其中晶状体位于眼睛正面中央，光线投射进来以后，经过它的折射传给视网膜。它像一种能自动调节焦距的凸透镜一样。晶状体含黄色素，随年龄的增加而增加，它影响对色彩的视觉。所谓近视眼、远视眼、老花眼以及各种色彩、形态的视觉或错觉，大部分都是由于晶状体的伸缩作用所引起的。

视网膜是视觉接收器的所在，它本身也是一个复杂的神经中心。视网膜中的感光细胞分为杆状细胞和锥状细胞。杆状细胞能够感受弱光的刺激，但不能分辨颜色，锥状细胞既可辨别光的强弱，又可辨别色彩。白天，人的视觉活动主要由锥状细胞来完成。这便是从电影院出来和从隧道出来瞬间人眼感觉不适的原因。视觉细胞如图 2-3 所示。

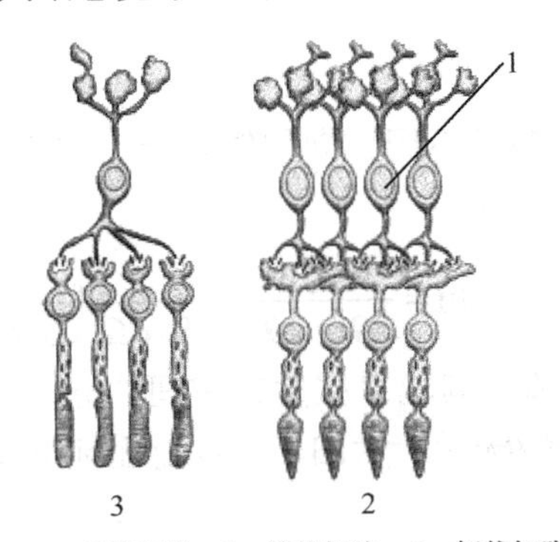

1：双极细胞；2：锥状细胞；3：杆状细胞

图 2-3　视觉细胞

2.3　光度学的概念与物理量

光度学是指在可见光波段内，考虑人眼的主观因素后的相应光计量学科。光度学是

1760 年由朗伯建立的，定义了光通量、发光强度、照度、亮度等主要光度学参量，并用数学阐明了它们之间的关系和光度学几个重要定律。

光度量体系是一套反映视觉亮暗特性的光辐射计量单位，在光频区光度学的物理量可用辐射度学的物理量相对应表示，其定义是完全一一对应的。所不同的是光度单位体系的基本单位是发光强度，单位是坎德拉（cd），是国际单位制（SI）的 7 个基本单位之一。它的定义是：一个光源发出频率为 540×1012 Hz 的单色辐射，若在给定方向上的辐射强度为 1/683 W/sr，则光源在该方向上的发光强度为 1 cd。

2.3.1　视见函数

光度学描述的是在可见光范围之内人眼的视觉特性，人眼只能感知波长在 0.38～0.78 μm 之间的光辐射，且人眼对不同波长的感光灵敏度不同。我们把人眼对不同波长的光的敏感程度绘制在一个图上就可以得到人眼的光谱光视效率图或称为视见函数。

由于人眼的感光细胞有两种，锥状细胞和杆状细胞，一个是感知较暗的环境，另一个是感知较亮的环境，因此视见函数也分为明视觉和暗视觉两条。如果不进行具体说明，我们所说的视见函数通常指的是明视觉函数。图 2-4 是人眼的视见函数图，从中可以看到人眼最为敏感的波长在 555 nm 处，也就是说 555 nm 的光是人眼最为敏感的光。

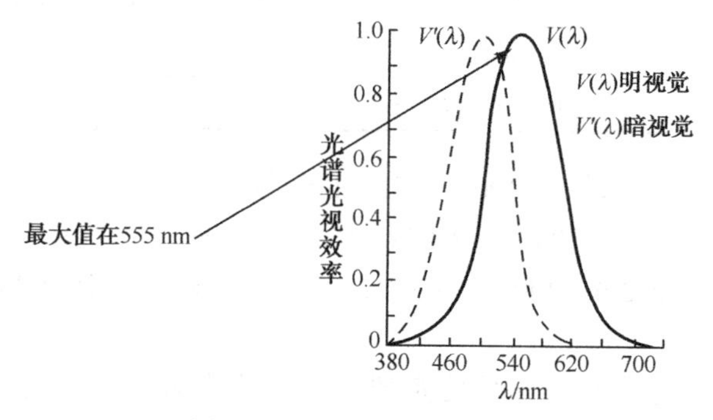

图 2-4　光谱光视效率函数

2.3.2　光度量的基本物理量

前面提到了在可见光区域光度量的基本物理量与辐射度量一一对应，而光度量与辐射度量之间的对应关系可以用光视效能与光视效率表示。

所谓光视效能，描述的是单色辐射通量可以产生多少相应的单色光通量。定义为同一波长下的光通量与辐射通量之比。单位是流明/瓦特（lm/w）。其表达式为：

$$K_{\lambda}=\frac{\Phi_{v\lambda}}{\Phi_{e\lambda}} \tag{2-2}$$

其中，角标“v”和“e”分别表示光度学量和辐射度学量。

通过标准光度观察者的实验，在辐射波长 555 nm 处，K_{λ}有最大值，其数值为 K_m=683 lm/W。用 K_m 归一化之后的光视效率为：

$$V_{\lambda}=\frac{K_{\lambda}}{K_m}=\frac{1}{K_m}=\frac{\Phi_{v\lambda}}{\Phi_{e\lambda}} \tag{2-3}$$

下面我们来看看辐射度量与光度量间的换算关系，及 1 cd 的光强对应多少的辐射强度。当光的波长为 555 nm 时，有：

$$I_v = 1\text{cd} = \frac{1\ \text{lm}}{\text{sr}} = \frac{1}{683}(\text{W/sr}) \tag{2-4}$$

即在波长为 555 nm 时，1W 的辐射通量能产生 683 lm 的光通量。

对于任意波长的光而言，有：

$$\Phi_v(\lambda) = 683V(\lambda)\Phi_e(\lambda) \tag{2-5}$$

其中，$V(\lambda)$ 为光视效率。

如表 2-1 所示为辐射度量和光度量的对应关系。

表 2-1　辐射度量与光度量的对应关系

辐射度量	符号	单 位 名 称	光度量	符号	单 位 名 称
辐［射］能	Q_e	焦耳（J）	光能	Q_v	流明秒（1 m·s）
辐［射］通量或辐［射］功率	Φ_e	瓦（W）	光通量或光功率	Φ_v	流明（1 m）
辐［射］照度	E_e	瓦/平方米（W/m^2）	[光]照度	E_v	勒克斯（1 x=1 m/m^2）
辐［射］出度	M_e	瓦/平方米（W/m^2）	[光]出度	M_v	流明/平方米（1 m/m^2）
辐［射］强度	I_e	瓦/球面度（W/sr^1）	发光强度	I_v	坎德拉（cd=1 m/sr^1）
辐［射］亮度	L_e	瓦/平方米球面度［W/（m^2 sr^1）］	[光]亮度	L_v	坎德拉/平方米 （cd/m^2）

通常教室投影仪器的光通量为 2000～2500 lm，无月夜天的光照度～3×10^{-4} lx （微光夜视），白天办公室光照度为 2～100 lx，CCD 摄像机，黑白图像光照度大于 0.02 lx，彩色图像光照度大于 2 lx，海平面太阳光平均亮度为 1.6×10^9 cd/m^2，10 mW 氦－氖激光器亮度 6.66×10^{11} cd/m^2。

光度学常用的基本定律有平方反比定律、立体角投影定律、朗伯余弦定律和组合定律。例如，晚上学校篮球场用到的射灯就用到了组合定律，如图 2-5 所示。

图 2-5　组合定律

2.4　色度学基础知识

色度学是研究人的颜色视觉规律、颜色测量理论与技术的学科，而色度学却是一种主观的学科，它以人类的平均感觉为基础，因此它属于人类工程学范畴，涉及光学、视觉生理、视觉心理等多门学科。

2.4.1　色度学的基本概念

1. 颜色的含义

在生活中人们习惯地把颜色归属于某一物体的本身，把它作为某一物体所具有的属于自身的基本性质。然而实际上颜色是外来的光刺激作用于人的视觉器官而产生的主观感觉。因而物体的颜色不仅取决于物体本身，还与光源、周围环境的颜色，以及观察者的视觉系统有关系。所以在人们眼中反映出的颜色是物体本身的自然属性与照明条件的综合效果。这里我们用色度学来评价的结论就是这种综合效果。

2. 消色

在色度学中，白色、灰色和黑色统称为消色，消色没有色别之分，只有明暗之差。最暗的是黑色，最亮的是白色，介于黑白之间是各种明度的灰色。除了消色以外的一切颜色统称为彩色。

3. 光谱色和混合色

光谱是复色光经过色散系统（如棱镜、光栅）分光后，被色散开的单色光按波长（或频率）大小而依次排列的图案，全称为光学频谱。光谱中最大的一部分可见光谱是电磁波谱中人眼可见的一部分，在这个波长范围内的电磁辐射称为可见光。两种以上波长的光混一起所呈现的颜色叫做混合色。白色是一种混合色，太阳光就是白色光。

4. 互补色

凡由两种颜色相结合产生白色或灰色，则称其中一种颜色为另一种颜色的互补色。在光学中指两种色光以适当的比例混合而能产生白色感觉时，则这两种颜色就称“互为补色”。例如，红色与绿色互补，蓝色与橙色互补，紫色与黄色互补。

2.4.2　彩色的特性

颜色可分为彩色和非彩色。非彩色是指白色、黑色和各种不同深浅的灰色。彩色是指黑白系列以外的各种颜色，如图2-6所示。

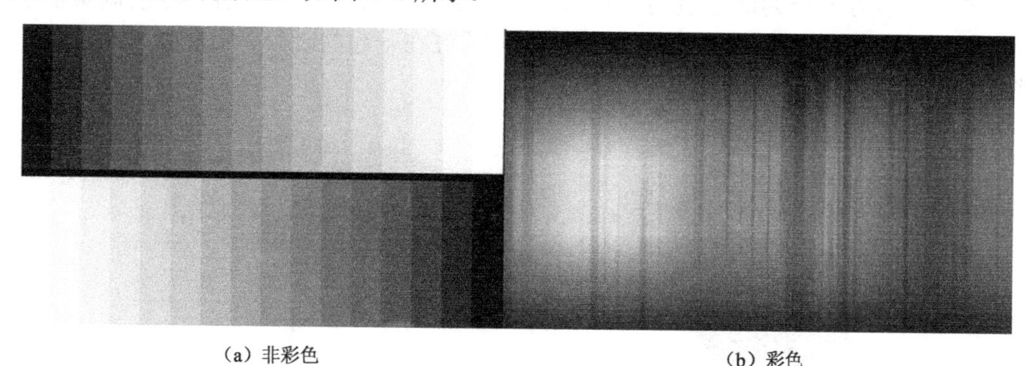

(a) 非彩色　　(b) 彩色

图2-6　颜色

对于理想的完全反射的物体，其反射率为 100%，称之为纯白；而对于理想的完全吸收的物体，其反射率为零，称之为纯黑。

白色、黑色和灰色物体对光谱各波段的反射和吸收是没有选择性的，称它们为中性色。

对于光来说，非彩色的黑白变化相当于白光的亮度变化，即当白光的亮度非常高时人眼就感觉到是白色的；当光的亮度很低时，就感觉到发暗或发灰，无光时是黑色的。

非彩色的特性可用明度表示。明度是指人眼对物体的明亮感觉。而影响明度的因素是辐射的强度大小（亮度的大小）。一般亮度越大，我们感觉物体越明亮，但当亮度变化很小，人眼不能分辨明度的变化，可以说明度没变，但不能说亮度没变。因为亮度是有标准的物理单位，而明度是人眼的感觉。

对于彩色而言有三种特性：明度、色调和饱和度。色调和饱和度又总称为色品（色度）。

1. 明度

明度是指色彩的明暗程度。每一种颜色在不同强弱的照明光线下都会产生明暗差别，我们知道，物体的各种颜色，必须在光线的照射下，才能显示出来。这是因为物体所呈现的颜色，取决于物体表面对光线中各种色光的吸收和反射性能。例如，红色的布之所以呈现红色，是由于它只反射红光，吸收了红光之外的其余色光；白色的纸之所以呈现白色，是由于它将照射在其表面上光的全部成分完全反射出来。如果物体表面将光线中各色光等量的吸收或全部吸收，物体将呈现出灰色或黑色。同一物体由于照射在它表面光的能量不同，反射出的能量也不相同，因此就产生了同一颜色的物体在不同能量光线的照射下呈现出明暗的差别。

白颜料属于高反射率物质，无论什么颜色掺入白颜料，都可以提高自身的明度。黑颜料属于反射率极低的物质，因此在各种颜色的同一颜色中（黑除外）掺黑越多明度越低。

在摄影中，正确处理色彩的明度很重要，如果只有色别而没有明度的变化，就没有纵深感和节奏感，也就是我们常说的没层次。

2. 色调

色调是指物体反射的光线中以哪种波长占优势来决定的，不同波长产生不同颜色的感觉，色调是颜色的重要特征，它决定了颜色本质的根本特征。

色调在冷暖方面分为暖色调与冷色调。暖色调象征着太阳、火焰。冷色调象征着森林、大海、蓝天。譬如说，红色系当中，大红与玫红在一起的时候，大红就是暖色，而玫红就被看作冷色，如图 2-7 所示。

图 2-7　色调对比

物体的色调由照射光源的光谱和物体本身反射特性或者透射特性决定。光源的色调取决于辐射的光谱组成和光谱能量分布及人眼所产生的感觉。

3. 饱和度

饱和度是指构成颜色的纯度也就是彩色的纯洁性，色调深浅的程度。它表示颜色中所含彩色成分的比例。彩色比例越大，该色彩的饱和度越高，反之则饱和度越低。从实质上讲，饱和度的程度就是颜色与相同明度有消色的相差程度，所包含消色成分越多，颜色越不饱和。色彩饱和度与被摄物体的表面结构和光线照射情况有着直接的关系。同一颜色的物体，表面光滑的物体比表面粗糙的物体饱和度大；强光下比阴暗的光线下饱和度高。

可见光谱的各种单色光是最饱和的彩色。当光谱色（即单色光）掺入白光成分时，其彩色变浅，或者说饱和度下降。当掺入的白光成分多到一定程度时，在眼睛看来，它就不再是一种彩色光而成为白光了，或者说饱和度接近于零，白光的饱和度等于零。物体彩色的饱和度决定于其反射率（或透过率）对谱线的选择性，选择性越高，其饱和度就越高。也就是说物体色调的饱和度决定于该物体表面反射光谱辐射的选择性程度，物体对光谱某一较窄波段的反射率很高，而对其他波长的反射率很低或不反射，这表明它有很高的光谱选择性，物体这一颜色的饱和度就高。

不同的色别在视觉上也有不同的饱和度，红色的饱和度最高，绿色的饱和度最低，其余的颜色饱和度适中。在照片中，高饱和度的色彩能使人产生强烈、艳丽亲切的感觉；饱和度低的色彩则易使人感到淡雅中包含着丰富。

2.4.3　三基色原理

大多数的颜色可以通过红、绿、蓝三色按照不同的比例合成产生。同样绝大多数单色光也可以分解成红、绿、蓝三种色光。这是色度学的最基本原理，即三基色原理。

三种基色是相互独立的，任何一种基色都不能由其他两种颜色合成。由于人眼对红、绿、蓝三种色光最为敏感，这三种颜色合成的颜色范围最为广泛，所以一般选择红、绿、蓝作为三基色。

红、绿、蓝三基色按照不同的比例相加合成混色称为相加混色，其规律为：

红色+绿色=黄色
绿色+蓝色=青色
红色+蓝色=品红
红色+绿色+蓝色=白色

黄色、青色、品红都是由两种颜色相混合而成，所以它们又称相加二次色。

另外：

红色+青色=白色
绿色+品红=白色
蓝色+黄色=白色

所以青色、黄色、品红分别又是红色、蓝色、绿色的补色，如图 2-8 所示。

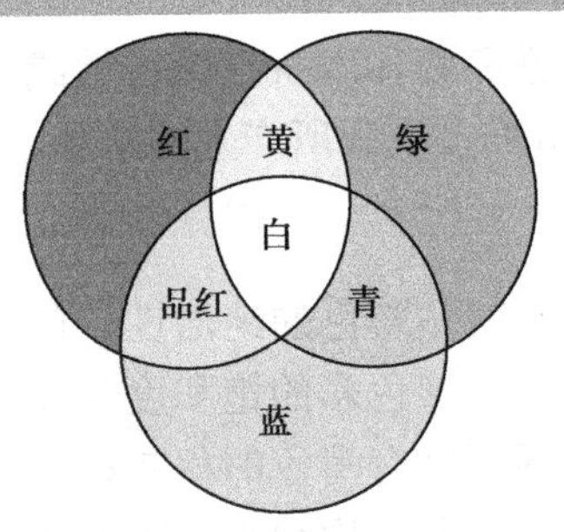

图 2-8　相加混色的三基色

除了相加混色法之外还有相减混色法，如图 2-9 所示。相减混色法利用了滤光特性，即在白光中减去不需要的彩色，留下所需要颜色，相减混色关系式如下：

白色-红色=青色

白色-绿色=品红

白色-蓝色=黄色

另外，如果把青色和黄色两种颜料混合，在白光照射下，由于颜料吸收了红色和蓝色，而反射了绿色，对于颜料的混合，表示如下：

颜料（黄色+青色）=白色-红色-蓝色=绿色

颜料（品红+青色）=白色-红色-绿色=蓝色

颜料（黄色+品红）=白色-绿色-蓝色=红色

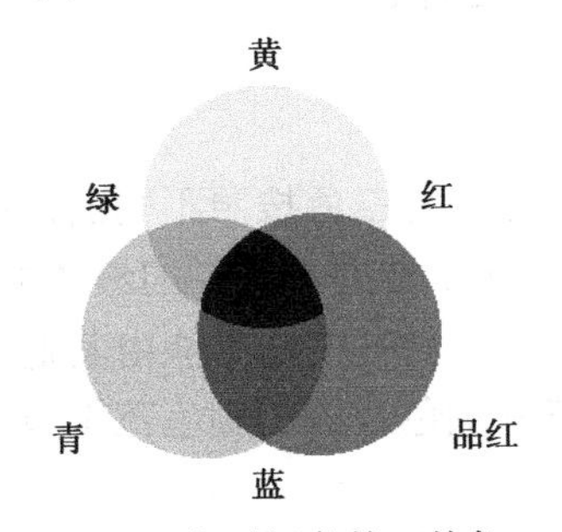

图 2-9　相减混色的三基色

用以上的相加混色三基色所表示的颜色模式称为 RGB 模式，而用相减混色三基色原理所表示的颜色模式称为 CMYK 模式，它们广泛运用于绘画和印刷领域。

2.4.4　颜色模型

为了科学地定量描述和使用颜色，人们提出了各种颜色模型。最常见的是 RGB 模型，它主要面向诸如视频监视器、彩色摄像机或打印机之类的硬件设备；另一种常用模型是 HIS 模型，它主要面向以彩色处理为目的的应用，如动画中的彩色图形。另外，在印刷工业和电视信号传输中，经常使用 CMYK 和 YUV 色彩系统。

1. RGB 颜色模型

RGB 颜色模型是由国际照明委员会（CIE）制定的。如图 2-10（a）所示，RGB 颜色模型就是三维直角坐标颜色系统的一个单位正方体，原点为黑色，距离原点最远的顶点（1，

1，1）对应的颜色为白色，两个点之间的连线是正方体的主对角线，从黑到白的灰度值分布在主对角线上，该线称为灰色线。正方体的其他六个角点分别为红、黄、绿、青、蓝和品红。在三维空间的任一个点都表示一种颜色，这个点有三个分量，分别对应了该点颜色的红、绿、蓝亮度值。

RGB 颜色模型称为与设备相关的颜色模型，因为不同的扫描仪扫描同一幅图像时，会得到不同颜色的图像数据；不同型号的显示器显示同一幅图像，也会有不同的颜色显示结果。这是因为显示器和扫描仪使用的 RGB 模型与 CIE RGB 真实三原色表示系统空间是不同的，后者是与设备无关的颜色模型。

2. HSI 颜色模型

HSI 模型反映了人的视觉系统观察彩色的方式，其中，H 表示色调（Hue），S 表示饱和度（Saturation），I 表示明度（Intensity）。人的视觉系统经常采用 HSI 模型，它比 RGB 颜色模型更符合人的视觉特性。HSI 模型的三个属性定义了一个三维柱形空间，如图 2-10（b）所示。灰度阴影沿着轴线从底部的黑变到顶部的白，具有最高亮度。最大饱和度的颜色位于圆柱上顶面的圆周上。

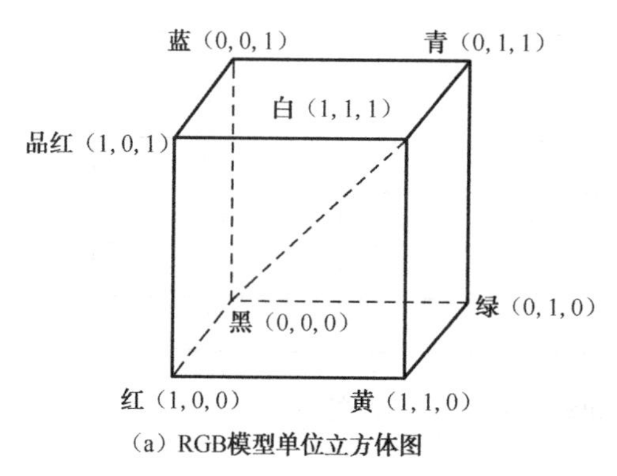

（a）RGB模型单位立方体图

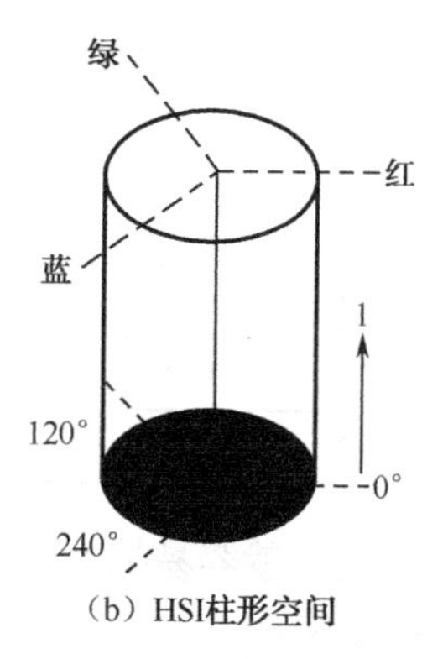

（b）HSI柱形空间

图 2-10　颜色模型

HSI 颜色模型和 RGB 模型只是同一种物理量的不同表示法，因此它们之间存在着转换关系。对任何 3 个[0，1]范围内的 R、G、B 值都可以用下面的公式转换为对应 HSI 模型中的 I、S、H 分量：

$$I=\frac{1}{3}(R+G+B) \tag{2-6}$$

$$S=I-\frac{3}{(R+G+B)}[\min(R,G,B)] \tag{2-7}$$

$$H=\arccos\left\{\frac{[(R-G)+(R-B)]/2}{\left[(R-G)^2+(R-B)(G-B)\right]^{1/2}}\right\} \tag{2-8}$$

由式（2-8）计算得到的 H 值应该是一个位于[0°，360°]之间的数，若 S=0 时对应的是无色彩的中心点，此时 H 没有意义，定义为 0。当 I=0 时，S 也没有意义。

3. CMYK 颜色模型

彩色印刷或彩色打印的纸张是不能发射光线的，因而印刷机或打印机就只能用一些能够吸收特定的光波而反射其他光波的油墨或颜料。油墨或颜料的三基色是青色（Cyan）、品红（Magenta）和黄色（Yellow），简称 CMY，这三基色能够合成吸收所有颜色并产生黑色。实际上因为所有打印油墨都会包含一些杂质，这三种油墨混合实际上产生一种土灰色，必须与黑色油墨（Black ink）混合才能产生真正的黑色，所以这种颜色模型称为 CMYK。CMYK 模型称为减色模型，是因为它减少了为视觉系统识别颜色所需要的反射光。

CMYK 空间正好与 RGB 空间互补，即用白色减去 RGB 空间中的某一颜色值就等于同样颜色在 CMYK 空间中的值。RGB 空间与 CMYK 空间的互补关系如表 2-2 所示。

表 2-2　RGB 空间与 CMYK 空间的互补关系

RGB 相加混色	CMYK 相减混色	对应颜色
（0，0，0）	（1，1，1）	黑色
（0，0，1）	（1，1，0）	蓝色
（0，1，0）	（1，0，1）	绿色
（0，1，1）	（1，0，0）	青色
（1，0，0）	（0，1，1）	红色
（1，0，1）	（0，1，0）	紫色
（1，1，0）	（0，0，1）	黄色
（1，1，1）	（0，0，0）	白色

根据这个原理，就容易把 RGB 空间转换成 CMYK 空间。

4. YUV 颜色模型

在现代彩色电视系统中，通常采用彩色 CCD 摄像机，它把得到的彩色图像信号，经分色、分别放大校正得到 RGB，再经过矩阵变换电路得到亮度信号 Y 和两个色差信号 $R\text{-}Y$、$B\text{-}Y$，最后发送端将亮度和色差三个信号分别进行编码，用同一信道发送出去，这就是常用的 YUV 颜色空间。

采用 YUV 颜色模型的重要性是它的亮度信号 Y 和色度信号 U、V 是分离的，如果只有 Y 信号分量而没有 U、V 分量，那么表示的图就是黑白灰度图。彩色电视机采用 YUV 空间正是为了用亮度信号 Y 解决彩色电视机和黑白电视机的兼容问题，使黑白电视机也能接收彩色信号。根据美国国家电视制式委员会 NTSC 制定的标准，当白光的亮度用 Y 来表示时，它和红、绿、蓝三色光的关系式可以用下式描述：

$$Y = 0.3R + 0.59G + 0.11B \tag{2-9}$$

这就是常用的亮度公式。YUV 颜色模型和 RGB 颜色模型的转换关系如下：

$$\begin{bmatrix} Y \\ U \\ V \end{bmatrix} = \begin{bmatrix} 0.3 & 0.59 & 0.11 \\ -0.15 & -0.29 & 0.44 \\ 0.61 & -0.52 & -0.096 \end{bmatrix} \begin{bmatrix} R \\ G \\ B \end{bmatrix} \tag{2-10}$$

$$\begin{bmatrix} R \\ G \\ B \end{bmatrix} = \begin{bmatrix} 1 & 0 & 1.140 \\ 1 & -0.395 & -0.581 \\ 1 & 2.032 & 0 \end{bmatrix} \begin{bmatrix} Y \\ U \\ V \end{bmatrix} \tag{2-11}$$

除了上面介绍的几种颜色模型外，还有 YIQ 颜色模型，它与 YUV 模型非常相似，是彩色电视制式中使用的另一种重要的颜色模型，NTSC 彩色电视制式中经常使用。这里的 Y 表示亮度，I、Q 是两个彩色分量。YIQ 和 RGB 的对应关系用以下方程式表示：

$$\begin{aligned} Y &= 0.299R + 0.587G + 0.114B \\ I &= 0.596R - 0.275G - 0.321B \\ Q &= 0.212R - 0.532G + 0.311B \end{aligned} \tag{2-12}$$

计算机显示器用的是 YCrCb 模型，它也是用 Y、Cr 和 Cb 来分别表示一种亮度分量信号和两种色度分量信号。

2.5　视觉的概念与功能特性

视觉是人类最基本的功能，它可以进一步分为视感觉和视知觉。其中感觉是较低层次的，它负责接受外部刺激，所考虑的主要是刺激的物理特性和对人眼的刺激程度。知觉处于较高层次，主要是通过人脑的神经活动将外部刺激转化为有意义的内容。在很多情况下，视觉主要是指视感觉。

人的视觉系统是一个结构精巧、性能卓越的图像处理系统，充分了解人眼的视觉原理、视觉特性及视觉模型，对人类设计更为合理的图像系统是非常有帮助的。

2.5.1　视觉功能的衡量指标

人们借助视觉器官完成一定的视觉任务的能力称为视觉功能。通常以视觉区别物体细节的能力和辨认对比的能力作为视觉功能的衡量指标。

1. 视角

物体的大小对眼睛形成的张角称为视角。视角的大小决定了视网膜上像的大小，而视网膜上像的大小又决定了人们视觉的清晰度。

图 2-11 中 A 为物体的大小，D 为眼睛角膜到该物体的距离，则视角可以用下式计算：

$$\tan\alpha = \frac{A}{2D} \tag{2-13}$$

当α很小时，tanα非常近似于α，即：

$$\alpha = \frac{A}{2D} \text{（弧度）} \tag{2-14}$$

式（2-14）表明视角的大小与物体的距离成反比。具有正常视觉的人能够分辨空间两点间所形成的最小视角 $a=l'$ 。

2. 分辨力

人眼的分辨力是指人眼在一定距离上能区分开相邻两点的能力，可以用能区分开的最小视角α的倒数来描述：

$$\alpha = \frac{d}{D} \tag{2-15}$$

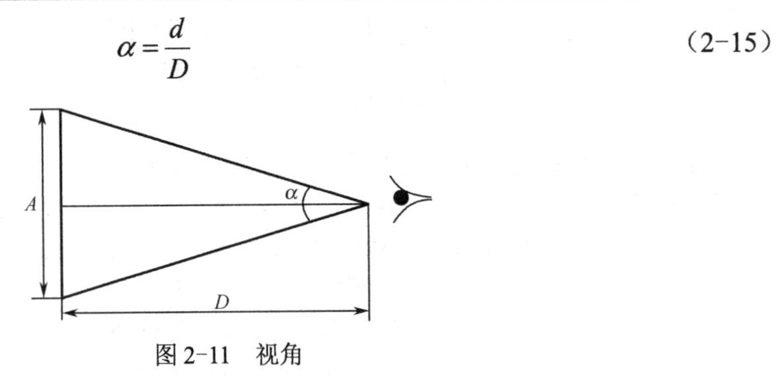

图 2-11　视角

式中：d 为能区分的两点间的最小距离；D 为眼睛和这两点连线的垂直距离。

人眼的分辨力和环境光线的强弱有关系，当光线比较暗时，只有杆状细胞起作用，则眼睛的分辨力下降；而当光线过于强烈时，则可能引起“眩目”现象。人眼的分辨力还和被观察对象的相对对比度有关，当相对对比度很小时，对象和背景亮度接近，从而导致分辨力下降。

此外，运动速度也会影响分辨力，速度大，则分辨力下降。

人眼对彩色的分辨力要比对黑白的分辨力低，如果把刚分辨得清的黑白相间的条纹换成红绿条纹，则无法分辨出红和绿的条纹来，而只能看出是一片黄色。

2.5.2　光觉与色觉

眼睛对光的感觉称为光觉，对颜色的感觉称为色觉，这是眼睛的基本特性。

1. 光觉门限

眼睛所能感受到的最低刺激光的强度，称为光觉门限。光觉门限的适应状态受生理条件、光的波长、光刺激的持续时间、刺激面积以及在视网膜上的位置等因素的影响。光觉门限值大约是 1×10^{-6} $\mathrm{cd/m^2}$（尼特）。人眼感觉光的范围的最大值和最小值之比可达到 10^{10} 以上。

2. 色觉

色觉是人眼的重要视觉功能之一，其表现及机制十分复杂。

色觉也有一个门限的概念，即颜色的分辨门限，即产生颜色差别所需要的最小波长差。人眼对波长在 500 nm 左右的蓝绿光段和 600 nm 的黄光波段最为敏感，其最低的波长变化为 1 nm。

2.5.3　人眼视觉的特性

1. 光学特性

人眼类似于一个光学系统，但由于有神经系统的参与，它又不是普通意义上的光学系统，而具有许多复杂的光学特性，概括起来主要有以下几点。

（1）视觉的空间频率效应。从空间频率的角度来看，人眼是一个低通型线性系统，分辨景物的能力是有限的。由于瞳孔有一定的几何尺寸和一定的光学像差，视觉细胞有一定的大小，所以人眼的分辨率不可能是无穷的，低亮度时，亮度辨别能力较弱，高亮度时，

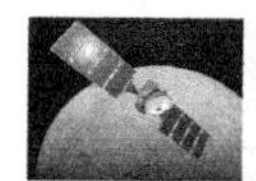

亮度辨别能力较强。

心理学试验表明，人眼感受到的亮度不是光强的简单函数。如马赫带效应，如图 2-12 所示，已知每一竖条宽度内的灰度分布是均匀的，但人眼总感觉到每一竖条内右边比左边稍暗一些，这就是所谓的马赫带效应。马赫带效应有增强图像轮廓、提高图像应反差的作用。

图 2-12　马赫带效应

（2）人眼对亮度的响应具有对数非线性性质，以达到其亮度的动态范围，因此它是一个非线性系统。由于人眼对亮度响应的这种非线性，在平均亮度大的区域，人眼对灰度误差不敏感。

（3）人眼对亮度信号的空间分辨率大于对色度信号的空间分辨率。即人眼更容易检查到灰度信息的变化，而对色彩的变化相对迟钝一些。

（4）由于人眼受神经系统的调节，从空间频率的角度来说，人眼又具有带通型线性系统的特性。由信号分析的理论可知，人眼视觉系统对信号进行加权求和运算，相当于使信号通过一个带通滤波器，结果会使人眼产生一种边缘增强感觉侧抑制效应。

（5）图像的边缘信息对视觉很重要，特别是边缘的位置信息。人眼容易感觉到边缘的位置变化，而对于边缘的灰度误差，人眼并不敏感。

（6）人眼的视觉掩盖效应是一种局部效应，受背景照度、纹理复杂性和信号频率的影响。具有不同局部特性的区域，在保证不被人眼察觉的前提下，允许改变的信号强度不同。

人眼的视觉特性是一个多信道（Multichannel）模型。或者说，它具有多频信道分解特性（Multifrequency Channel Decomposition ）。例如，对人眼给定一个较长时间的光刺激后，其刺激灵敏度对同样的刺激就会降低，但对其他不同频率段的刺激灵敏度却不受影响（此实验可以让人眼去观察不同空间频率的正弦光栅来证实）。视觉模型有多种，如神经元模型，黑白模型以及彩色视觉模型等，分别反映了人眼视觉的不同特性。Campbell 和 Robson 由此假设人眼的视网膜上存在许多独立的线性带通滤波器，使图像分解成不同频率段，而且不同频率段的带宽很窄。视觉生理学的进一步研究还发现，这些滤波器的频带宽度是递增的，换句话说，视网膜中的图像分解成某些频率段，它们在对数尺度上是等宽度的。视觉生理学的这些特征，也被我们对事物的观察所证实。一幅分辨率低的风景照，我们可能只分辨出它的大体轮廓；提高分辨率的结果，使我们有可能分辨出它所包含的房屋、树木、湖泊等内容；进一步提高分辨率，使我们能分辨出树叶的形状。不同的分辨率能够刻画出图像细节的不同结构。

2. 亮度和颜色感觉特性

除了上述介绍的内容之外，视觉特性还包括亮度和颜色感觉的视觉特性。

1）刺激强度与感觉的关系

人眼的视觉效果是由可见光刺激人眼引起的。如果光的辐射功率相同而波长不同，则引起的视觉效果也不同。例如，在等能量分布的光谱中，人眼感觉最暗的是红色，其次是蓝色和紫色，最亮的是黄绿色。

相对视敏函数用来反映人眼对不同波长的光的敏感程度。当光的辐射功率相同时，波长λ为 555 nm 的黄绿光的主观感觉最亮。

2）亮度适应和颜色适应

人的视觉系统能适应的亮度范围是很大的（1010 量级），但是人眼并不能同时感受很宽的亮度范围。客观亮度相同时，当背景亮度不同时，主观感受的亮度也不同。人眼的明暗感觉是相对的，从亮到暗的变化称为暗适应，从暗到亮的变化称为亮适应，一般亮适应时间较短，暗适应时间较长。

人眼在颜色刺激的作用下造成的颜色视觉变化称为颜色适应。眼睛对某一种颜色光适应以后，再观察另一种颜色时，在开始阶段感觉到的颜色会有些失真，而带有前一颜色的补色成分，这种现象就是颜色适应现象。例如，用强红光刺激眼睛后再看本来是黄色的物体，此时眼睛感到黄光会呈现出绿色，经过几分钟后，眼睛从红光的适应中恢复过来，绿色逐渐消失，慢慢看到物体的本来颜色。

3）亮度对比和颜色对比

视觉的主观亮度取决于视野中心（目标）与周围环境之间光照的相对强度。

（1）马赫带效应：基于视觉系统有趋向于过高或过低估计不同亮度区域边界值的现象。

（2）同时对比度现象：此现象表明人眼对某个区域感觉到的亮度不仅仅依赖它的强度，还与环境亮度有关，如图 2-13 所示。

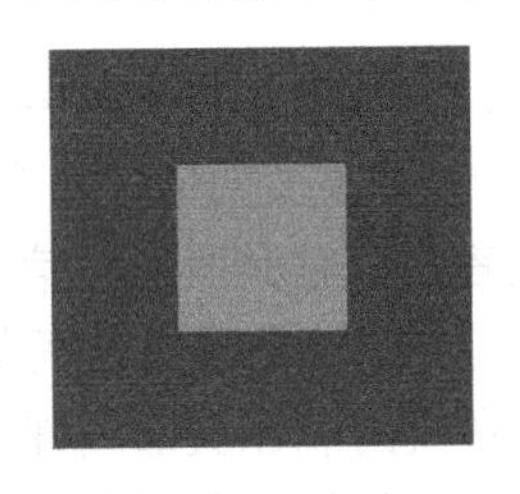
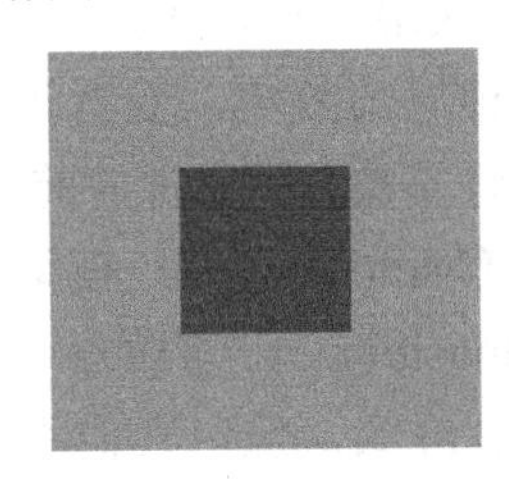

图 2-13　同时对比效应

4）亮度和颜色视觉的恒常性

外界条件在一定范围内发生了变化，而视知觉的映像仍保持相对稳定不变的特性，就是视知觉的恒常性。这里介绍最常见的视知觉恒常性：亮度恒常性和颜色恒常性。

亮度恒常性是指在照明条件改变时，物体的相对明度或视亮度保持不变。

颜色的恒常性是指在不同的照明条件下，人们一般可正确反映事物本身固有的颜色，而不受照明条件的影响。

5）颜色错觉

错觉是我们对外界刺激的一种不正确的知觉反映。色彩能够造成心理上各种不同的错觉感，如大小错觉、远近错范和重量错觉等。同样大小的物体，人们对某些颜色的物体感觉面积要小些，如黑色、绿色、紫色、青色，这类具有收敛性的颜色称为冷色；而对另一些颜色的物体感觉面积要大些，如白色、红色、橙色、黄色，这类具有扩散性的颜色称为暖色。

造成这一现象的原因是由于视觉适应而造成的错觉。因为光谱中各色光的波长不同，红色波长最长 （700 nm），紫色波长最短（400 nm），而眼睛的水晶体类似于一个不完善的透镜，当不同波长色光通过水晶体时有不同的折射率，它们通过水晶体聚焦在不完全相同的平面上，短波的冷色在视网膜前部成像，长波的暖色在视网膜后方成像，这就造成在视网膜上正确聚焦成像的条件下感觉红色比实际距离近，而蓝色比实际距离远。色彩在生

理、心理上产生错觉的这一性质有个著名的例子，据说法国成立时制成的第一面红、白、蓝三色旗，各色面积完全相等，但感觉上却显得不等，后来将三者之间的比例逐步调整到红：白：蓝=33：30：37，这时才感觉到三种颜色的面积相等。

2.5.4　空间深度与立体感

我们生活的世界是三维的，但是，这并不是大脑的视觉系统直接得到的结论，因为人眼是通过在视网膜上成像来观察物体的，由于视网膜是二维的，所以在它上面生成的图像也是二维的。从视网膜上得到的信息来看，出现在我们面前的世界应该是二维的，然而，我们的确看到的是三维世界。那么我们的大脑是怎样感知三维立体空间的？

人眼能产生立体视觉的重要基础是空间深度感。人眼在观察物体时，能在一定程度上定性产生距离远近的感觉，这种远近的感觉称为空间深度感。无论是单眼还是双眼，观察时都有空间深度感，但双眼的深度感比单眼的强而且更可靠。

1. 单眼深度感

单眼深度感源于以下几个方面的因素。

（1）依据几个物体之间的相互遮蔽关系，判断其相对远近。

（2）对高度相同的物体，可依据其对应的视角来区分远近，视角大者距离较近。这就是常说的“远小近大”原则。

（3）根据对物体细节的辨认程度，也能比较物体的远近。

（4）通过眼肌收缩的紧张程度感知远近，这种感觉只在二三米内有效。

（5）依据经验对熟悉的物体判定远近。

2. 双眼深度感与立体视觉

双眼观察时，除了以上因素产生深度感觉之外，最重要的因素是视差。

人有两只眼睛，两眼之间有一定距离，这就造成物体的影像在两眼中有一些差异，也就是左右眼会有一个视差，而大脑会根据这个视差来感觉到立体影像。如图 2-14（a）所示，当物体 1 和物体 2 距观察者距离相等时，通过几何重构发现，两个物体投在两个视网膜上的两点距离 d_1 和 d_2 是相同的，而图 2-14（b）中，当物体 1 和物体 2 距观察者的距离不相同时，两个物体投射到两个视网膜上两点之间的距离 d_1 和 d_2 是不同的，于是视觉中枢就产生了远近感觉。这种基于左右眼成像位置比较而产生的远近感知称为双眼立体视觉，也称为“体视效应”。由于体视效应，人眼就能精确地判定两个物点的距离远近。

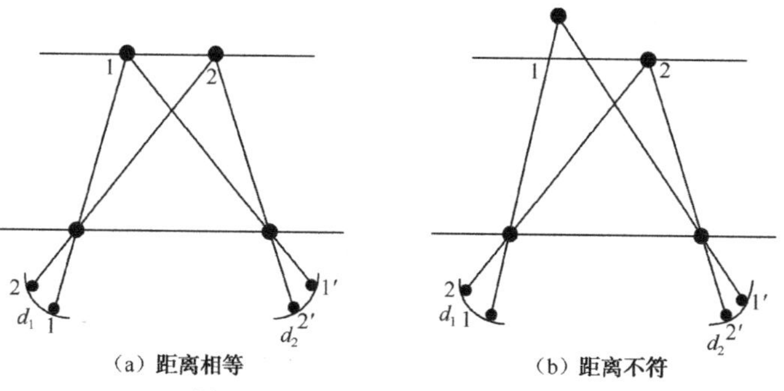

图 2-14　物体在视网膜上的成像

由于双眼观察时有体视效应，因此人们能够清楚地判断目标的远近，这种判断比单眼视觉敏锐得多。其原因如下。

（1）通过双眼收集到的信息更多、更全面。

（2）从信号探测的角度来讲，体视效应运用了“差值探测”的思想。它把双眼的视觉刺激进行比较，提取“差值信息”，这与信号探测技术中常用的“外差探测”方式很相似。相比之下，单眼视觉类似于“直接探测”。

（3）从图像理解的角度来说，双眼视觉利用了图像匹配方法。当两目标在同样的距离时，左右眼形成的目标图像是完全匹配的；当两目标不在同一距离时，则两眼形成的图像失配。视神经中枢对这种失配的感知非常敏感，使得双眼体视对目标远近的判断能力比单眼视觉强得多。

知识梳理与总结

本章介绍了光电图像处理中必要的基础知识，包括人眼基础知识、辐射度学与色度学基础知识以及视觉基础知识。

辐射度学和光度学主要介绍了光度量的基本知识、光度量和辐射度量之间的关系、视见函数等。

色度学是研究人类主观感受的学科，包括色度学基本术语、彩色基本属性、三基色原理和颜色模型。

视觉基础知识包括视觉功能、光觉与色觉、视觉特性、空间深度于立体感等。

思考与练习题 2

（1）光学中的主要计量单位有哪些？它们的含义是什么？

（2）人眼对彩色的感知来源于哪几个量？彩色来源于哪三色？

（3）什么是三基色原理？试描述相加混色和相减混色的原理。

（4）亮度和颜色感觉分别有哪些视觉特征？

第3章 图像的数字化

图像数字化是图像处理的必要前提，是指将连续色调的模拟图像经采样量化后转换成数字影像的过程。如果要将真实的图像使用计算机进行分析处理，那么图像必须转变成计算机支持的显示格式和存储格式，这种图像的电子化即通常意义上的图像数字化。图像数字化主要使用计算机图形和图像技术，广泛应用在医学、遥感学及测绘学等领域。本章介绍图像数字化的基本知识及概念，包括图像数字化器、图像信号、电视信号和图像的数字化过程等，从而初步了解图像数字化技术在图像处理中的应用。

教学导航

教	知识重点	1. 模拟图像和数字图像的区别 2. 常见的数字化器及图像数字化的方法 3. 图像的数字化过程 4. 常用的文件格式及使用场合
	知识难点	图像数字化的采样及量化过程
	推荐教学方案	以分析法为主，联系实际分析图像数字化的应用；针对图像数字化的过程，建议结合相应软件组织教学
	建议学时	8学时
学	推荐学习方法	以查找案例和小组讨论的学习方式为主，结合本章内容，通过自我总结，体会图像数字化的重要意义
	必须掌握的理论知识	1. 常见的数字化器及图像数字化的方法 2. 图像的数字化过程
	必须掌握的技能	图像的量化和采样方法

3.1 图像的分类与数字化设备

3.1.1 模拟图像和数字图像

为方便对图像进行处理，常将各种图像分为模拟图像和数字图像。

模拟图像是指通过客观的物理量表现颜色的图像，它是以连续形式存储的数据。我们日常所接触到的如照片、海报、书中的插图等都可以称为模拟图像。如果将模拟图像用电信号表示，所显示的波形是连续变化的信号波形。例如，用胶卷拍出的相片就是模拟图像，它具有空间连续性的特点，不同尺寸的图像均不影响视觉效果。在计算机出现以前，图像模拟运用到的技术主要有照相、光学、相片处理等，计算机的产生出现了数字图像，形成了单独的数字图像处理技术，在一定程度上代替了模拟图像。

在计算机出现以前，图像处理主要是依靠光学、照相、相片处理和视频信号处理等模拟的处理。随着多媒体计算机的产生与发展，数字图像代替了传统的模拟图像技术，形成了独立的“数字图像处理技术”。

数字图像，又称数码图像或数位图像，是二维图像用有限数字数值像素的表示。数字图像是由模拟图像数字化得到的、以像素为基本元素的、可以用数字计算机或数字电路存储和处理的图像。如果使用计算机对图像进行处理，必须将图像转换成计算机可以识别的二进制表示的图像，这个图像就是通常意义上的数字图像。我们知道，计算机是以数字的方式进行存储和工作的，针对图像处理也使用数字的方式。将模拟图像经过特殊设备的处理，如量化、采样等就可以转化成计算机可以识别的二进制表示的数字图像。同样如果把数字图像用电信号表示，那么所显示的波形就是方波。通常情况下，数字图像将图像按行与列分割成 $m\times n$ 个网格，即用一个 $m\times n$ 的像素矩阵来表达一幅图像，m 和 n 的值越大，图像的失真程度越小。每个像素点的颜色只能是所有可表达的颜色中的一种，这个过程称为图像颜色的离散化。颜色数越多，用以表示颜色的位数越长，图像颜色就越逼真。例如，数码相机拍出的就是数字图像，最明显的特征是空间离散性，比如 100×100 的图片，实际上图片是 1 万个像素点，长宽各放大一倍看就会有明显的锯齿，影响视觉效果。若要使图像的失真小，则应提高其像素。

由以上内容可知，图像分为模拟图像和数字图像，二者的区别如表 3-1 所示。

表 3-1 模拟图像和数字图像的区别

特　点	模拟图像	数字图像
处理速度	相对较快，拍照、录像、投影等闭合的系统内很快完成	处理（如扫描）相对较慢
灵活性	较差，处理方式很少，往往只能简单地放大、缩小等	可以精确、灵活多样地来进行处理
传输	由于以实物为载体，受到外界因素的制约，传输较难	以电子数字信息为载体，传输方便，特别是在网络上
再现性	保存性较差，胶片等会受时间、环境等影响，复制多次效果不同	不会因为保存、传输或复制而产生图像质量上的变化

要在计算机中处理图像，必须先把真实的图像（照片、画报、图书、图纸等）通过数字化转变成计算机能够接受的显示和存储格式，然后再用计算机进行分析处理，这个过程称为图像的数字化。图像的数字化有很多途径，通过扫描仪扫描、数码相机拍摄、网上下载等都可以完成图像的数字化，如表 3-2 所示。

表 3-2　图像数字化的途径及特点

序　号	图像数字化的途径	特　点
1	扫描仪扫描	方便快捷，需用扫描仪
2	数码相机拍摄	方便快捷，需用数码相机
3	网上搜索并下载	方便快捷
4	抓图工具抓拍	方便快捷
5	利用图像编辑软件自己加工或创作	专业性强，较慢

图像数字化过程如图 3-1 所示。

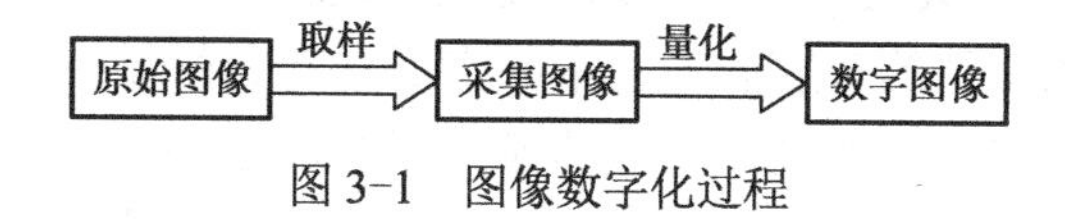

图 3-1　图像数字化过程

1. 采样孔

采样孔是指使数字化设备能单独观测特定图像元素而不受图像其他部分的影响，在整幅图像中扫描特定的独立像素。采样即将一幅连续图像在空间上分割成多个网格，每个网格用一个亮度值表示。此时图像平面分割成各个离散点，结果是一个样点值阵列，故又称点阵取样。

2. 扫描系统

扫描系统是指使采样孔按照预先规定的方式在图像上移动，按照规定的顺序观测每一个像素。目前采用的方式有机械式扫描和电子束扫描。机械扫描通过机械移动装置进行逐点扫描；电子束扫描是通过电子束在磁场的作用下进行的自左向右、自上而下的运动，从而将光、电信号互换。

3. 光传感器

光传感器通过采样孔检测图像每一个像素的亮度，并将光强转换为电压或电流。光传感器主要由发光的投光部和接受光线的受光部构成，如果接受的光线因检测物体的不同而被遮掩或反射，到达受光部的量将会发生变化，受光部检测出这种变化，并转变为电气信号进行输出。光传感器实现颜色辨别的原理如下：通过检测物体形成的光的反射率和吸收率根据被投光的光线波长和检测物体的颜色组合有所差异，从而进行颜色检测。光传感器按照产生转换的不同物理方式，可以分为 5 种：光电发射器件、光电池，光敏电阻、硅传感器和结器件。光电发射材料在受到光照射时发射电子；光电池材料暴露在光线中时产生电势；光敏电阻受光照时电阻会降低；硅传感器利用了纯晶体形式的硅的光敏特性；光电二极管和光电三极管在入射光的影响下改变其结特性。

4. 量化器

量化器将传感器输出的连续量转换成整数值，如 A/D 转换电路，它产生一个与输入电压或电流成比例的数值。经过抽样后的图像还不是数字图像，因为这些像素上的灰度值仍是一个连续量，需要将这些连续量进行量化。所谓量化是指将取样点的灰度离散化，使之由连续量转换为离散的整数值的过程。经过光传感器得到的模拟信号是连续信号，而数字信号是非连续即断续的信号，在进行模数转换时，先要把模拟信号根据抽样频率的要求，等间隔地将模拟信号各个时间点的值选出来，这就是抽样，量化是把抽样出来的模拟信号振幅值范围确定其对应的数值。

5. 输出介质

输出介质将量化器产生的灰度值按适当的格式存储起来，以便后续计算机处理。

此外，数字化器还应具备数字化接口来实现与其他数字化仪器的连接。常见的图像数字化器有数字摄像机、数码相机、扫描仪等。影响图像数字化器的性能参量如下。

（1）色度分辨率，也称灰色分辨率，是指区别灰度的能力。由于每种色彩通过红绿蓝通道灰度混合表现，所以器件的灰度能力基本决定还原真实色彩的能力大小。

（2）图像大小，是指扫描系统允许扫描的最大图像尺寸。

（3）空间分辨率，主要是指单位尺寸内能够采样的像素数量，最直观的理解就是通过仪器可以识别物体的临界几何尺寸。主要由采样间距的大小、采样孔径和可变范围等决定。

（4）扫描速度，是指扫描仪从预览开始到图像扫描完成后，光头移动的时间。扫描速度也是扫描系统的重要指标，与系统配置、扫描分辨率设置、扫描尺寸、放大倍率等有密切关系。一般情况下，扫描彩色图像，扫描速度为 5～200 ms/线；扫描黑白、灰度图像，扫描速度为 2～100 ms/线。

（5）图像噪声。图像中各种妨碍人们对其信息接受的因素即称为图像噪声。噪声在理论上可以定义为“不可预测，只能用概率统计方法来认识的随机误差。图像系统中的噪声来自多个方面，有真空器件引起的散粒噪声和闪烁噪声；电子元器件，如电阻引起的热噪声；场效应管的沟道热噪声；面结型晶体管产生的颗粒噪声；摄像管引起的各种噪声；等等。显示系统的电子噪声会引起显示点亮度与位置两个方面的变化。以点位置噪声举例，点位置噪声来自偏转电路，即点显示间距的不均匀。一般情形下，显示位置噪声不易被察觉，并不会给图像带来很严重的视觉影响。然而，当点相互影响与位置噪声组合时，将会产生相当大的幅值变化。所以通常对像素精度的要求控制均较高，否则因为点相互影响效应将会增大图像的噪声。

（6）其他参数，如线性度、操作性能、价格、物理参数等。

3.1.2 常用的数字化设备

通过前面的数字化的途径已经介绍了部分数字化设备，如扫描仪、摄像机、抓图工具等，其他的专用设备，如显微摄像设备、红外摄像机、高速摄像机、胶片扫描器等都属于常用的数字化设备。下面以扫描仪为例，介绍常用数字化器的工作原理。

扫描仪是利用光电技术和数字处理技术，以扫描方式将图形或图像信息转换为数字信号的装置。从外形上看，扫描仪的整体感觉十分简洁、紧凑，但其内部结构却相当复杂，

不仅有复杂的电子线路控制，而且还包含精密的光学成像器件，以及设计精巧的机械传动装置。它们的巧妙结合构成了扫描仪独特的工作方式。如图 3-2 所示为典型的平板式扫描仪的外部与内部结构。

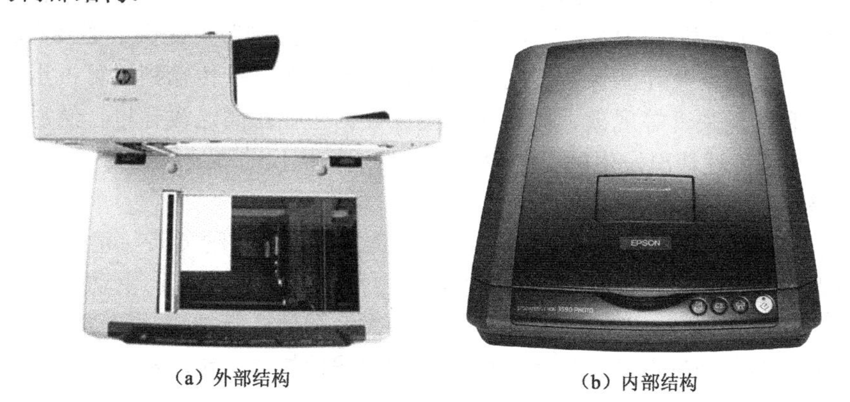

（a）外部结构　　（b）内部结构

图 3-2　扫描仪的组成

扫描仪主要由机盖、稿台、光学成像部分、光电转换部分、机械传动部分组成。

上盖主要是将要扫描的源稿压紧，以防止扫描灯光线泄漏。

源稿台主要是用来放置扫描源稿的地方，其四周设有标尺线以方便源稿放置，并能及时确定源稿扫描尺寸。

光学成像部分俗称扫描头，即图像信息读取部分，它是扫描仪的核心部件，其精度直接影响扫描图像的还原逼真程度。它包括以下主要部件：灯管、反光镜、镜头以及电荷耦合器件（CCD）。

扫描头还包括几个反光镜，其作用是将源稿的信息反射到镜头上，由镜头将扫描信息传送到 CCD 感光器件，最后由 CCD 将照射到的光信号转换为电信号。镜头是把扫描信息传送到 CCD 处理的最后一关，它的好坏决定着扫描仪的精度。扫描精度是指扫描仪的光学分辨率，主要由镜头的质量和 CCD 的数量决定。由于受制造工艺的限制，目前普通扫描头的最高分辨率为 20 000 像素，应用在 A4 幅面的扫描仪上，可实现 2 400 dpi 的扫描精度，这样的精度能够满足多数领域的需求。

光学部分是扫描仪的“眼睛”，它用来获取原稿反射的光信息。为保证图像反射的光线足够强，由一根冷阴极灯管提供所需的光源。扫描仪对灯管也有比较严格的要求，首先是色纯要好，如果色纯不够，不是完全的白色，再加上色彩调校系统没能起到应有的效果，那么扫描出来的稿件就可能偏向某种色彩。反过来说，一款扫描仪的所有扫描结果都有比较一致的偏色现象，这可能和灯管的色纯有关系。当然造成偏色的因素有很多，这只是在硬件方面的原因之一。其次是除了色纯要好，还需要强度均匀。如果强度不均匀，就会大大影响扫描的精度。第三个问题是能耗与色温，不管用什么原理，灯管肯定是扫描仪里面的主要能耗之一。要在节能上下功夫，就要涉及灯管方面的节能。当然最有效的节能方法之一就是在不使用扫描仪的时候让灯管不工作。扫描仪的结构如下。

（1）光电转换部分。光电转换部分是指扫描仪内部的主板。别看扫描仪的光电转换部分主板就这么一小块，但它却是扫描仪的心脏。它是一块安有各种电子元件的印制电路板。它是扫描仪的控制系统，在扫描仪扫描过程中，它主要完成 CCD 信号的输入处理，以

及对步进电机的控制，将读取的图像以任意的解析度进行处理或变换所需的解析度。

光电转换部分主板以一块集成芯片为主，其作用是控制各部件协调一致地动作，如步进电机的移动等。其中有 A/D 变换器、BIOS 芯片、I/O 控制芯片和高速缓存（Cache）。BIOS 芯片的主要功能是在扫描仪启动时进行自检，I/O 控制芯片提供了连接界面和连接通道，高速缓存则是用来暂存图像数据的。如果把图像数据直接传输到计算机里，那么就会发生数据丢失和影像失真等现象，如果先把图像数据暂存在高速缓存里，然后再传输到计算机中，就减少了上述情况发生的可能性。现在普通扫描仪的高速缓存为 512 KB，高档扫描仪的高速缓存可达 2 MB。

（2）机械传动装置。机械传动部分主要由步进电机、驱动皮带、滑动导轨和齿轮组成。步进电机是机械传动部分的核心，是驱动扫描装置的动力源；驱动皮带，扫描过程中，步进电机通过直接驱动皮带实现驱动扫描头，对图像进行扫描；滑动导轨，扫描装置经驱动皮带的驱动，通过在滑动导轨上的滑动实现线性扫描；齿轮组是保证机械设备正常工作的中间衔接设备。

多数平板式扫描仪使用光电耦合器（CCD）为光电转换元件，它在图像扫描设备中最具代表性。与数字相机类似，在图像扫描仪中，也使用 CCD 作为图像传感器。但不同的是，数字相机使用的是二维平面传感器，成像时将光图像转换成电信号，而图像扫描仪的 CCD 是一种线性 CCD，即一维图像传感器。

扫描仪对图像画面进行扫描时，线性 CCD 将扫描图像分割成线状，每条线的宽度大约为 10 μm。光源将光线照射到待扫描的图像源稿上，产生反射光（反射稿所产生的）或透射光（透射稿所产生的），然后经反光镜组反射到线性 CCD 中。CCD 图像传感器根据反射光线强弱的不同转换成不同大小的电流，经 A/D 转换处理，将电信号转换成数字信号，即产生一行图像数据。同时，机械传动机构在控制电路的控制下，步进电机旋转带动驱动皮带，从而驱动光学系统和 CCD 扫描装置在传动导轨上与待扫源稿进行相对平行移动，将待扫图像源稿逐条线扫入，最终完成全部源稿图像的扫描。

如图 3-3 所示为线性 CCD。CCD 图像传感器是平板式扫描仪的核心，其主要作用就是将照射到其上的光图像转换成电信号。将 CCD 图像传感器放大，可以发现在 10 μm 的间隔上并行排列着数千个 CCD 图像单元，这些图像单元规则地排成一线，当光线照射到图像传感器的感光面上时，每个 CCD 图像单元都接受照射其上的光线，并根据感应到的光线强弱，产生相应的电荷。然后，若干电荷以并行的顺序进行传输。

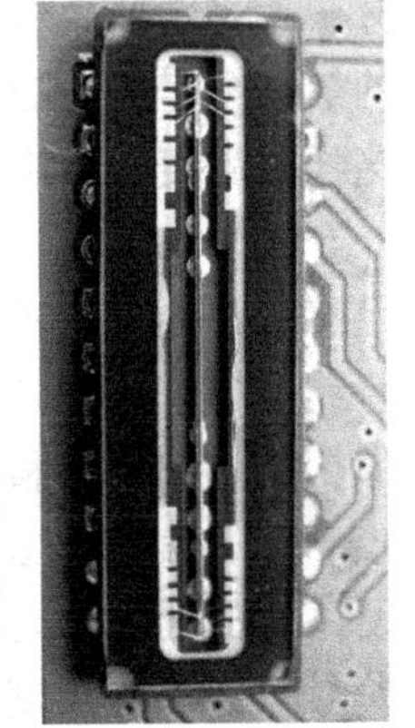
图 3-3　线性 CCD

一般扫描仪使用的光学成像系统有两种：缩小扫描型光学成像系统和等倍扫描型光学成像系统。缩小型光学系统成像采用长度为 2～5 cm 的线性 CCD 作为光学系统中的图像传感器，由于 CCD 的尺寸远不及扫描源稿的宽度，因此，这种成像系统中，在 CCD 的前面有一个镜头，像数字相机一样，用于在扫描时将源稿图像通过镜头缩小后投射到线性 CCD 上。等倍扫描型光学成像系统则采用与扫描源稿宽度相等的线性 CCD 作为图像传感器。这种光学成像系统中采用了一种特殊的镜头——特殊镜头组系列，它由上下排列整齐的两排棒状镜头组成。这种棒状镜头的直径为 1 mm，长约 6 mm，每一列都有 100 个以上这样的镜头阵列构成，这种成像系统在手持式扫描仪中较为常见。

目前，彩色扫描仪已成为市场的主流，它能够很真实地还原源稿图像的品质。通过彩色扫描仪扫描得到的数字图像，可以看到不论是形状还是色彩，扫描得到的图像都很好地保持了源稿的品质。

真实色彩的还原主要应归功于扫描仪独特的色分离技术。由于 CCD 只是将所感应的光的强弱转换成相应大小的电流，它不可能对所扫描图像的颜色进行识别。因此，扫描仪需要将这些颜色进行分离。我们都知道，红、绿、蓝是光的三基色，即用这 3 种颜色叠加可以组合出其他任意颜色。就是根据这个特点，扫描仪在扫描图像时，先生成分别对应于红（R）、绿（G）、蓝（B）的三基色的 3 幅图像，也就是说每幅图像中只包含相应的单色信息，红基色图像中只包含红色的信息、绿基色图像中只包含绿色信息，蓝基色图像中只包含蓝色信息。最后，将这 3 幅图像合成即得到了彩色的图像。其原理如图 3-4 所示。

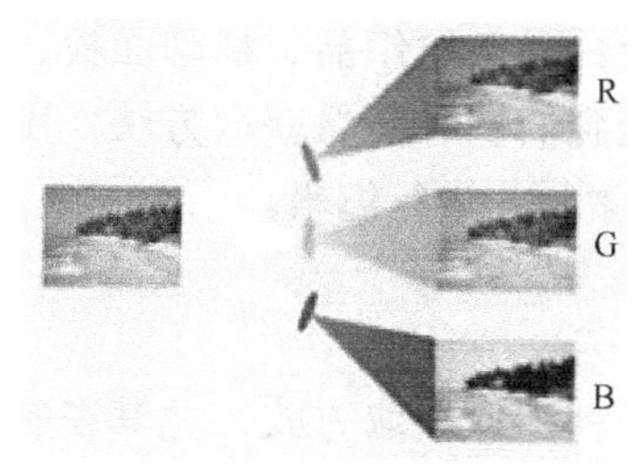

图 3-4　扫描仪独特的色分离技术

目前，应用于扫描仪的色分离技术常见的有 4 种：滤光片色分离技术、光源交替色分离技术、三 CCD 色分离技术和单 CCD 色分离技术。

此外还有接触式图像传感器 CIS 作为感光器件，CIS 扫描仪是利用微小光源发出的光经扫描源稿反射后由感光器件直接接收而成像，CIS 感光元件本身足以完成成像任务，不需要镜片和透镜的参与，因此产品的组装非常容易，技术含量和成本均较低。

扫描仪的工作过程如图 3-5 所示。

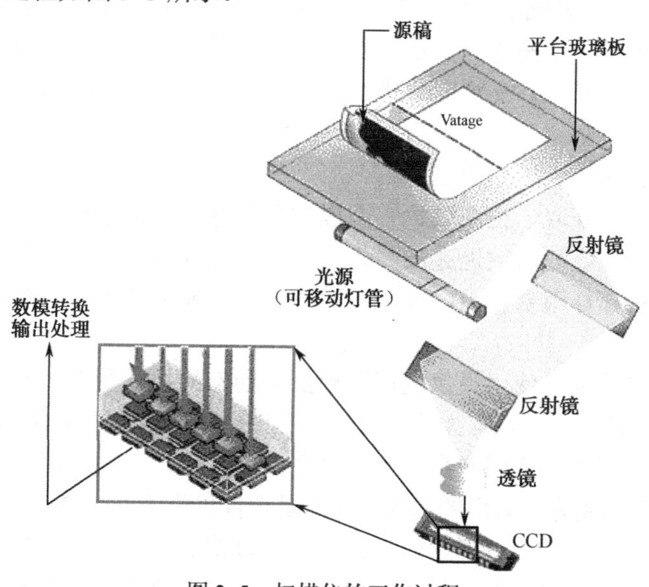

图 3-5　扫描仪的工作过程

3.2 图像信号的获取

图像信号主要通过下面两种形式来获取。

3.2.1 扫描图像

扫描仪是一种光机电一体化的典型静态图像输入设备，是将各种形式的图像信息输入计算机的重要工具之一。其最基本的功能就是将反映图像特征的光信号转换成计算机可以识别的数字信号。

许多物品都可以成为扫描仪的扫描对象，被转换成静态图像。例如，照片、文本页面、图纸、美术图画、照相底片，甚至纺织品、标牌面板、印制板样品等三维对象都可作为扫描对象。图像扫描是经常用到的一种图像获取方法，用这种办法可以使现有的图片或照片进入计算机变成人们需要的素材，进行编辑。

3.2.2 捕捉屏幕图像

捕捉屏幕图像是常用到的一种图像获取方式，尤其在制作关于计算机方面的多媒体课件时，几乎都要用到。捕捉屏幕图像常用的捕捉方式有键盘捕捉和软件捕捉。

（1）键盘捕捉。单击键盘上的 Print Screen 键，就可以把当前桌面上的图像捕捉下来，接着打开 Windows 系统自带的“画图”软件，再使用 Ctrl+V 组合键可以将捕捉到的图像粘贴到这个图像处理软件中，然后就可以对这幅图像进行编辑处理了。如果单击键盘上的 Alt+Print Screen 组合键，就可以把当前活动窗口捕捉下来，但视频图像不能用这个方法捕捉。

（2）软件捕捉。软件捕捉可以更加精确和随意地捕捉屏幕图像，功能比键盘捕捉方式强大很多。捕捉屏幕图像的软件有很多，如 HyperSnap，它提供专业级影像效果，并可以轻松地抓取屏幕画面。HyperSnap 软件的优点在于：首先，它操作简便，支持热键操作，特别是支持复制、粘贴等简单化操作；其次，支持多种区域性抓图方式，如矩形、正方形、椭圆形、自定义图形等；其三，支持图片格式广，能够广泛适应当前的制图需要；其四，能够对图片进行适当的修改、注释；最后，具有连续捕屏、快速保存的功能。

此外，我们还常用下述方式获取图像。

（1）使用数码相机获取。在获取数字图像的众多方式中，数码相机是目前最为快捷、简便的方式。它既可以随心所欲地完成照相功能，也可以方便地将照片导入计算机，而且不用担心像传统相机那样浪费胶卷。因此，它具有图像捕捉范围广，图像存储、编辑与导入方便等特点。

（2）使用摄像机捕捉。使用摄像机可以拍摄到动态的视频图像。通过帧捕捉卡，可以利用摄像机实现单帧捕捉，并保存为数字图像。其工作原理与方法同数码相机类似。

（3）从互联网上下载。互联网是一个信息资源的宝库。在互联网上，利用搜索引擎可以按照我们的要求搜索到许多有用的图像，这也是图像采集的一个重要手段。

（4）绘图软件。很多图像处理软件都允许用户直接利用软件自带的各种工具来绘制各种各样的图像，可以根据需要对图像的类型、大小、颜色等特性进行设置。著名的软件有 Photoshop、CorelDraw 等。

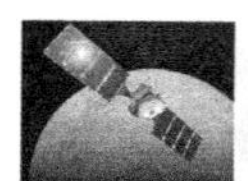

（5）其他途径。除了以上介绍的各种途径外，还可以通过捕捉 VCD 或 DVD 的图像，通过素材光盘或商品图像库来获取想要的图像。例如，柯达公司就专门建立有 Photo CD 素材库，其中的图像内容广泛，质量精美。

3.3　电视成像过程

电视成像与图像显示的方式利用了人眼的视觉暂留特性。当光脉冲消失后，光的感觉还会暂留 0.1～0.4 S 的时间。在电视成像中，电光信号之间的转换过程都是按一定扫描方式顺序实现的。

3.3.1　摄像与显像方式

摄像管的结构图如图 3-6 所示。

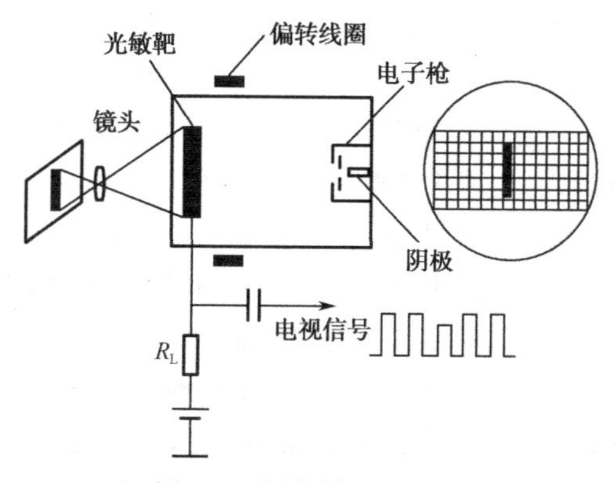

图 3-6　摄像管的结构图

摄像管是电视摄像机中将光的图像转换成电视信号的专用电子束管，是摄像机中的主要元件。摄像管主要由光电转换（光电变换与存储部分）和电子束扫描系统（阅读部分）组成。光电转换系统利用光电发射作用或光电导作用，将摄像机镜头所摄景物的光影像在靶上转换为相应的电位分布图。扫描系统使电子束在靶上扫描，将此电位分布图逐行逐点地转换为电信号。

显像管的结构示意图如图 3-7 所示。

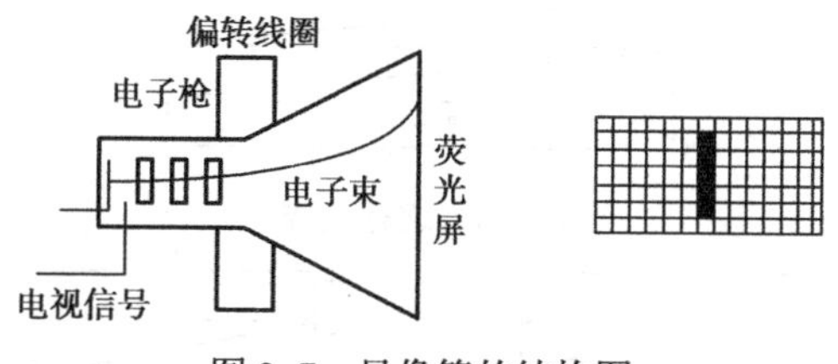

图 3-7　显像管的结构图

彩色显像管主要由管内组件和管外组件构成，管内组件主要有电子枪和荧光屏，阴罩组件；管外组件主要有偏转线圈、会聚调节线圈及静会聚调节组件。

彩色显像管是彩色电视接收机中重现彩色图像的关键部件，目前彩色电视机中广泛采用的是三色彩色显像管。它的基本原理是把红、绿、蓝三种基色图像同时显示在同一支显

像管的屏幕上，利用混色效应来显现彩色图像。彩色显像管的外形和黑白显像管基本相似，但其内部就要复杂得多。它除了要在同一支管子内完成差不多相当于三个单色显像管的功能外，为了避免失真，还要求具有好的“色纯度”和“会聚”等功能，即在结构上要求产生三种颜色的三束电子束的每一束电子束准确地轰击与它相对应颜色的荧光点上。否则，就会发生颜色偏差，影响色纯度，形成彩色失真。

它除了要在同一支管子内完成差不多相当于三个单色显像管的功能外，还要求具有好的“色纯度”和“会聚”等功能。

3.3.2 扫描与同步

所谓扫描是指电子束按照一定的顺序在摄像管或显像管的屏面上做周期性运动的过程。对于液晶和等离子电视而言，属于固定像素显示设备，显示图像时不需要扫描，而且各个像素点可以认为是同时发光的，如果非要和隔行逐行的概念联系在一起，可以认为液晶和大多数等离子电视都是逐行扫描的。电子束要求在偏转磁场的作用下进行从左到右、从上到下逐行逐帧的匀速扫描。

隔行扫描由场组成帧，一帧为一幅图像。定义每秒钟扫描多少行称为行频 fH，每秒钟扫描多少场称为场频 ff，每秒钟扫描多少帧称为帧频 fF。ff 和 fF 是两个不同的概念。

我国现行电视系统的传输率是每秒 25 帧、50 场。25 Hz 的帧数能以最少的信号容量有效地满足人眼的视觉残留特性；50 Hz 的场频隔行扫描，把一帧图像分成奇、偶两场。这样，亮度闪烁现象不明显，同时也解决了带宽的问题。

逐行扫描方式中，电子束从显示屏的左上角逐行地扫到右下角，在显示屏上扫一遍就显示一幅完整的图像，如图 3-8 所示。所谓隔行扫描，就是在每帧扫描行数不变的情况下，将每帧图像分为两场来传送，这两场分别称为奇场和偶场。奇数场传送 1、3、5、…奇数行；偶数场传送 2、4、6、…偶数行，如图 3-9 所示。两场扫描中，第一场扫描的光栅与第二场扫描的光栅并不重合，而是均匀镶嵌的，两场光栅合成为一帧光栅。每一场扫描屏幕亮一次，故一帧扫描屏幕亮两次。隔行扫描技术在降低信号带宽的情况下起了很大的作用。

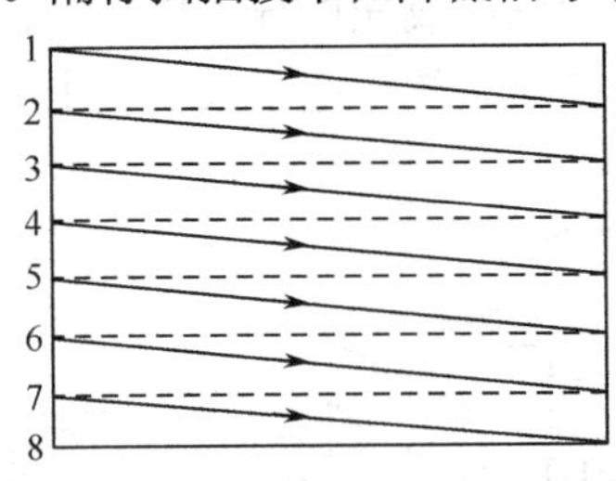

图 3-8 逐行扫描

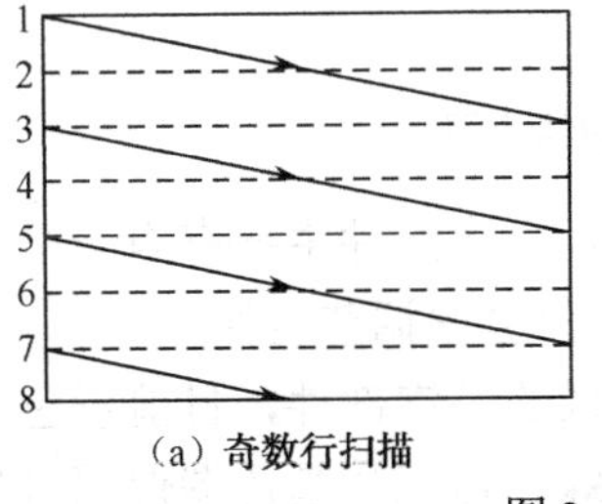

(a) 奇数行扫描

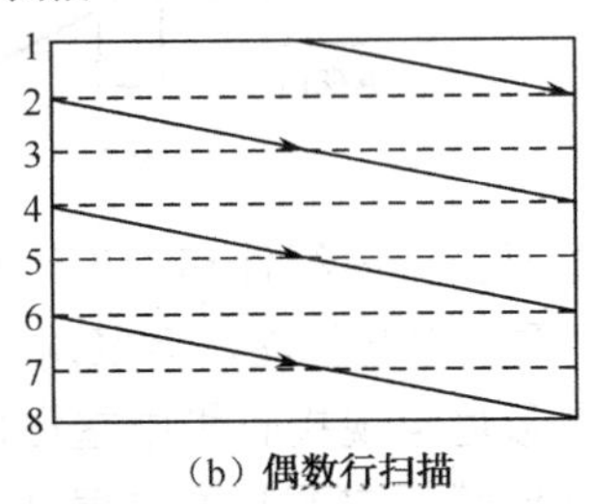

(b) 偶数行扫描

图 3-9 隔行扫描

扫描过程中，对同步性的要求很高。同步是指电视信号收、发端扫描的频率和相位完全一致，只有达到上述要求才能保证收端与发端的像素在时间和空间几何位置上一一对应。在电视系统中，应保证二者的扫描波形一致，并有相同的起始相位。例如，若行扫描的频率出现不一致，假设收端频率稍低，收端第一行右边将会出现第二行左边的像素，导致图像发生扭曲、杂乱无章甚至无法辨认。若起始相位不同，各像素的位置将不会变，但整幅图像会因为被撕裂而发生畸变。为了避免出现不同步问题，须将图像信号和同步信号一起传送。此外同步信号要有干扰信号能力强、振荡频率稳定等特性。通常情况同步扫描包括同步分离电路、行频自动控制电路、行激励放大和行输出电路、场振荡电路等。以同步分离电路为例，其作用是将视频中的行、场信号进行提取，并发送至行、场扫描电路，从而使接收端的行、场扫描被发送的同步信号所同步。

3.4　图像的数字化步骤与主要参数

数字化图像，就是将图像上每个点的信息按某种规律（模数转换）编成一系列二进制数码（0 和 1），即用数码来表示图像信息。这种用数码来表示的图像信息可以存储在磁盘、光盘等存储设备里，也可以不失真地进行通信传输，更可以有利于计算机进行分析处理。图像在进行数字化的过程中，一般需要经过采样、量化和编码三个步骤。

3.4.1　采样

计算机在处理图像模拟量时，首先就是要通过外部设备如扫描仪、数码相机等来获取图像信息，即对图像进行采样。所谓采样就是计算机按照一定的规律，采集一幅原始图像模拟信号的样本。每秒钟的采样样本数称为采样频率。采样频率越高，丢失的信息越少，采样后获得的样本更细腻逼真，图像的质量更好，但要求的存储量也就更大。

采样的实质就是要用多少点来描述一幅图像，采样质量的高低用图像的分辨率进行衡量。简单来讲，对二维空间上连续的图像在水平和垂直方向上等间距地分割成矩形网状结构，所形成的微小方格称为像素点。一副图像就被采样成有限个像素点构成的集合。例如：一副 640×480 分辨率的图像，表示这幅图像是由 640×480=307 200 个像素点组成的。

如图 3-10 所示，左图是要采样的物体，右图是采样后的图像，每个小格即为一个像素点。

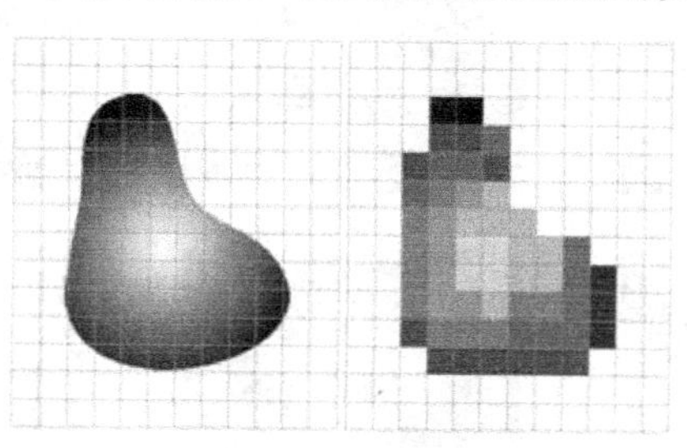

图 3-10　图像采样

采样原理如图 3-11 所示。其中 M 和 N 分别代表点阵行数和列数，其值大小关系到采样图像的质量高低。M 和 N 的取值过小会使图像失真。高质量的图像往往保留更多的细节，也就是使用较密集的像素点阵，即增加 M 和 N 的取值。但过高的 M 和 N 的取值会增加图像的数据量，成本也随之提高。所以应采用合适的 M 和 N，使数字化图像损失最小。需要选择合适的值来同时满足视觉效果和存储空间的要求。一般 M 和 N 的取值应满足奈奎斯特（Nyquist）定理，即图像采样的频率必须大于或等于源图像最高频率分量的两倍。

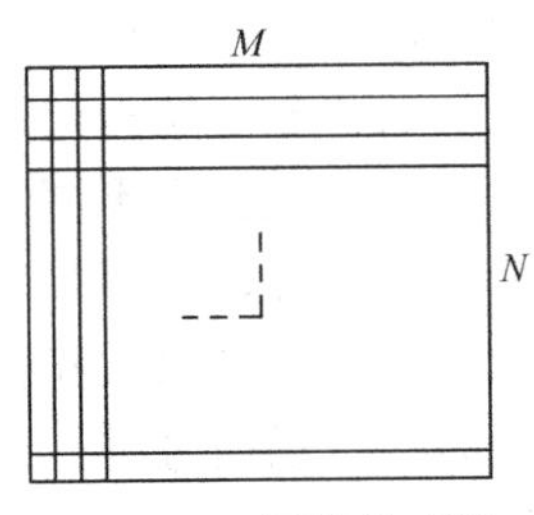

图 3-11　图像的采样

3.4.2　量化

采样后得到的亮度值在取值空间上仍然是连续的，需要将此连续量变成离散化的整数值，这个过程即为图像的量化。量化实际上是对样本点的颜色或灰度进行等级划分，然后用多位二进制数表示出来。量化等级是图像数字化过程中非常重要的一个参数。它描述的是每帧图像样本量化后，每个样本点可以用多少位二进制数表示，反映图像采样的质量。

转化后的二进制数与图像灰度相关。例如，设 k 为二进制的位数，2^k 代表了图像量化后的整数灰度值。假设图像 $f(x, y)$的空间分辨率是 $M×N$（为方便计算机处理，一般将这些量取为 2 的整数幂），存储一幅数字图像所需的位数：

$$b=M×N×\mathrm{k}\ (\mathrm{B}) \tag{3-1}$$

例如，一幅 256×256、64 个灰度级的图像需要 327 680 B 的存储空间。

如图 3-12 所示说明了减少图像的灰度级对图像质量的影响。六张图像的灰度级依次减少，从 256 降至 128 的量化级别时，人眼对其很难分辨，但若将图像灰度级继续降低，如图 3-12（c）所示，在图像色阶逐渐变缓的区域会形成类似于马赛克的虚假结构。将灰度级继续降低，从图 3-12（d）至图 3-12（f）可以观察到图像的质量越来越差。

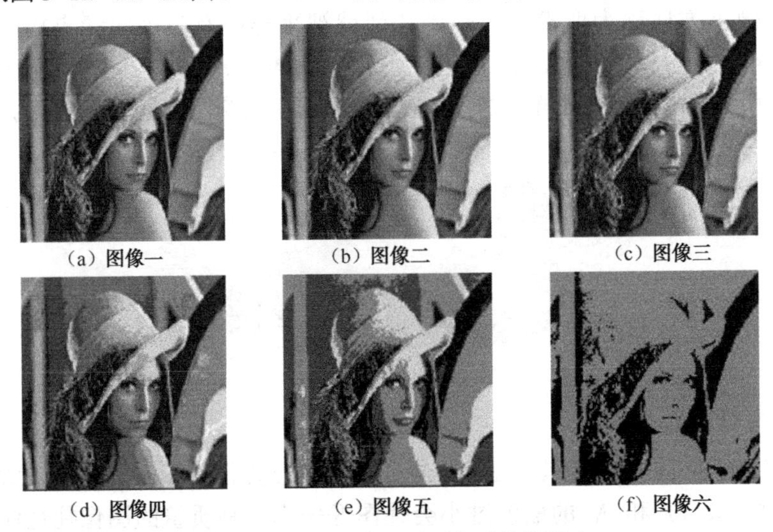

（a）图像一　（b）图像二　（c）图像三

（d）图像四　（e）图像五　（f）图像六

图 3-12　不同灰度级对图像质量的影响

3.4.3　编码

图像在完成采样和量化两个步骤后，需要对每个样本点按照它所属的灰度级别，进行二进制编码，形成数字信息，这个过程就是编码。数字化后得到的图像数据量巨大，必须采用编码技术来压缩其信息量。图像压缩将数据冗余信息去掉后，可以有效压缩图像。如果图像的量化等级是 256 级，那么每个样本点都会分别属于这 256 级中的某一级，然后将这个点的等级值编码成一个 8 位的二进制数即可。从一定意义上讲，编码压缩技术是实现图像传输与储存的关键。一般图像压缩编码可分为有损压缩和无损压缩。有损压缩不能精确重建原始图像，存在一定程度的失真。常用的编码方法有哈夫曼编码、二分法编码和行程编码等。

3.4.4　空间和灰度级分辨率

空间分辨率是遥感影像上能够识别的两个相邻地物的最小距离。对于摄影影像，通常用单位长度内包含可分辨的黑白“线对”数表示（线对/毫米）；对于扫描影像，通常用瞬时视场角（IFOV）的大小来表示（毫弧度 mrad），即像元，它是扫描影像中能够分辨的最小面积。用以描述图像细节分辨能力，同样适用于数字图像、胶卷图像以及其他类型图像。常用“线每毫米”、“线每英寸”等来衡量。

取样值是决定一幅图像空间分辨率的主要参数，基本上，空间分辨率是图像中可辨别的最小细节。假定我们画一幅宽度为 W 的垂直线的图，在线间还有宽度为 W 的线，线对是由一条线与它紧邻的线组成的，这样，线对的宽度为 $2W$，并且每单位距离有 $1/2W$ 对线。广泛使用的分辨率的意义是在每单位距离可分辨的最小线对数目，例如，每毫米 100 线对。

灰度值分辨率是指灰阶的详细程度。利用图像多级亮度来表示分辨率的方法，机器能分辨给定点的测量光强度，所需光强度越小，则灰度值分辨率就越高，一般采用 256 级灰度值，它具有很强的精密区别目标特征的能力。而人眼处理的灰度值仅在 50～60 左右，因此机器的处理能力远高于人眼的处理能力。

3.5　图像文件格式

要进行数字图像处理，必须先了解图像文件的格式，目前数字图像有多种存储格式，如 BMP、JPG、BIF、JPEG 等。一般说来，图像文件都由文件头和图像数据两部分组成，文件头的内容和格式是由制作该图像文件的公司决定的，大致包括文件类型、文件大小、版本号等内容。下面介绍几种常见的图像文件格式。

3.5.1　BMP 图像文件格式

BMP（全称 Bitmap）是 Windows 操作系统中的标准图像文件格式，可以分成两类：设备相关位图（DDB）和设备无关位图（DIB）。由于 BMP 文件不能进行图像压缩，因此，该文件所占用的存储空间很大。BMP 文件采用位映射存储格式，除了图像深度可选（如 1 bit、4 bit、8 bit 及 24 bit）以外，不采用其他任何压缩。这种格式的文件进行数据存储时，采用从左到右、从下到上的图像扫描顺序。BMP 文件通常是不压缩的，所以它们通常

比同一幅图像的压缩图像文件格式要大很多。例如，一个 800×600 像素的 24 位几乎占据 1.4 MB 空间。因此它们通常不适合在因特网或者其他低速或者有容量限制的媒介上进行传输。

典型的 BMP 图像文件也称为位图文件，包括 4 部分：文件头、位图信息、调色板和位图数据。

1. 文件头

BMP 文件头长度固定为 14 B，含有 BMP 文件的类型、大小和位图数据的起始位置等信息。

2. 位图信息

位图信息给出图像的长、宽、每个像素的位数（可以是 1、4、8、24，分别对应单色、16 色、256 色和真彩色的情况）、压缩方法、目标设备的水平和垂直分辨率等信息。这一部分的 *L* 度也是固定的，为 40 B。它包含 BMP 图像的宽、高、压缩方法，以及定义颜色等信息。

3. 调色板

调色板用于说明位图的颜色，用数组进行表示。这部分是可选的，例如，有些位图需要调色板，但真彩色图无须此功能。对于调色板中的每个表项，用下述方法来描述 RGB 的值：

1 B 用于蓝色分量；

1 B 用于绿色分量；

1 B 用于红色分量；

1 B 用于填充符（设置为 0）。

对于 24 位真彩色图像就不使用彩色板，因为位图中的 RGB 值就代表了每个像素的颜色。

例如，彩色板为 00F8 0000 E007 0000 1F00 0000 0000 0000，其中：

00F8 为 F800h=1111100000000000（二进制），是蓝色分量的掩码；

E007 为 07E0h=0000011111100000（二进制），是绿色分量的掩码；

1F00 为 001Fh=0000000000011111（二进制），是红色分量的掩码；

0000 总设置为 0。

将掩码跟像素值进行“与”运算再进行移位操作就可以得到各色分量值。看看掩码，就可以明白事实上在每个像素值的两个字节 16 位中，按从高到低取 5 位、6 位、5 位分别就是 *r*、*g*、*b* 分量值。取出分量值后把 *r*、*g*、*b* 值分别乘以 8、4、8 就可以补齐各分量为一个字节，再把这 3 个字节按 *rgb* 组合，放入存储器（同样要反序），即可转换为 24 位标准 BMP 格式。

4. 位图数据

这一部分的数据描述了每个像素点的颜色，内容根据 BMP 位图使用的位数不同而不同，在 24 位图中直接使用三基色，而其他小于 24 位的使用调色板中颜色索引值。对于调色板不为空的位图像，每个数据就是该像素颜色在调色板中的索引值。例如，2 色位图只有 0、1 两种情况，所以 1 个字节可以表示 8 个像素；对于 16 色位图，用 4 位可以描述 1 个像素点的颜色，所以 1 个字节可以表示 2 个像素：对于 256 色位图，1 个字节刚好可以表示 1

个像素。在生成位图文件时，Windows 从位图的左下角开始逐行扫描位图，把位图的像素值一一记录下来。因此，对 BMP 文件的数据存放是从下到上、从左到右的。在文件中最先读到的是图像最下面一行的左边第 1 个像素，最后得到的是最上面一行的最右边的 1 个像素。

图像数据在存储时有非压缩和压缩两种格式。用非压缩格式存储，图像的每个像素对应于图像数据的若干位，一般说来存储量比较大。Windows 支持两种压缩位图存储格式：当 biCompression=l 时，位图文件采用 BI RLE8 压缩格式，压缩编码以 2 个字节为基本单位，其中第 1 个字节规定了第 2 个字节指定的颜色出现的连续像素的个数，如压缩编码 0405 表示从当前位置开始连续显示 4 个像素，这 4 个像素的像素值均为 04；当 biCompression=2 时，位图文件采用 BI RLE4 压缩编码，它与 BI RLE8 编码方式的不同之处在于 BI RLE4 的 1 个字节包含了 2 个像素的颜色，当连续显示时，第 1 个像素按字节高四位规定的颜色画出，第 2 个像素按字节低四位规定的颜色画出，而后依此类推。

3.5.2　GIF 文件格式

GIF（Graphics Interchange Format）是 CompuServe 公司开发的图像文件存储格式，以数据块（Block）为单位来存储图像的相关信息。一个 GIF 文件由表示图形/图像的数据块、数据子块以及显示图形/图像的控制信息块组成，称为 GIF 数据流（Data Stream）。数据流中的所有控制信息块和数据块都必须在文件头（Header）和文件结束块（Trailer）之间。GIF 文件格式采用了 LZW（Lempel-Ziv Walch）压缩算法来存储图像数据，定义了允许用户为图像设置背景的透明（Transparency）属性。此外，GIF 文件格式可在一个文件中存放多幅彩色图形/图像。如果在 GIF 文件中存放多幅图，它们可以像演幻灯片那样显示或者像动画那样演示。

GIF 文件内部是按块划分的，包括控制块（Control Block）和数据块（Data Sub-blocks）两种。控制块用来控制数据块行为，不同的控制块包含不同的控制参数；数据块包含以 8 B 为单位的数字流，其功能由控制块来控制，每个数据块大小从 0 到 255 个字节不等。

GIF 的文件结构可分为三部分，分别是文件头、GIF 数据流和文件终结器（Trailer）三部分。文件头包含 GIF 文件署名（Signature）和版本号（Version)；GIF 数据流由控制标识符、图像块（Image Block）和其他的一些扩展块组成；文件终结器只有一个值为 0x3 B 的字符（';'）表示文件结束。

值得一提的是，GIF 格式的所有图像数据采用 LZW 算法进行压缩。这种算法能动态地标记数据流中出现的重复串，它把压缩过程中遇到的字符串记录在字符串表中，在下次遇到同一字符串时，就用一短代码表示它，从而达到了压缩数据量的目的。压缩比范围为 1∶1～1∶3，因此，压缩效率较高。

3.5.3　TIFF 文件格式

TIFF（Tagged Image Format File）图像格式应用广泛，可以描述多种类型的图像，而且拥有一系列的压缩方案可供选择，并不依赖具体的硬件。TIFF 支持黑白、灰度、彩色的图像格式，同时还可以接受 RGB CMYK 等色彩系统，同时支持图像数据的 LZW、哈夫曼等压缩算法或者不压缩。

TIFF 文件由三部分构成：图像文件头 Image File Header（IFH)、图像文件目录 Image

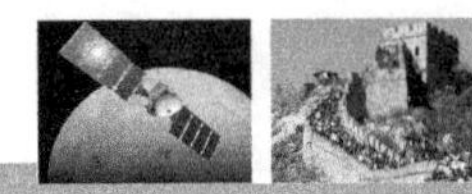

File Directory（IFD）和目录项 Directory Entry（DE）。每一幅图像是以 8 B 的 IFH 开始的，这个 IFH 指向了第一个 IFD。IFD 包含图像的各种信息，同时也包含一个指向实际图像数据的指针。

TIFF 具有可扩展性。例如，TIFF 6.0 版本扩展了以下通用功能：多种彩色表示方法、图像质量增强、特殊图像效果；文档的存储和检索帮助；等等。但这种文件的复杂性增加了程序设计的复杂度。

3.5.4 JPEG 文件格式

JPEG 是（Joint Photographic Experts Group）联合摄影专家小组的首字母缩写。JPEG 的主要作用是用于数字化图像的标准编码技术。JPEG 图像文件是一种像素格式文件格式，但它比 GIF、BMP 等图像文件要复杂得多。我们在使用由 JPEG 组成的 JPEG 库时，只要对该文件格式有个一般的了解就可以了，而没有必要对 JPEG 文件格式做一个全面细致的了解。由于 JPEG 的高压缩比和良好的图像质量，使得它在多媒体和网络中得到广泛应用。

JPEG 文件的格式是分为一个一个的段来存储的（但并不是全部都是段），段的多少和长度并不是一定的。只要包含足够多的信息，该 JPEG 文件就能够被打开，呈现给人们。JPEG 文件的每个段都一定包含两部分：一个是段的标识，它由两个字节构成，第一个字节是十六进制 0xFF，第二个字节对于不同的段，这个值是不同的；紧接着的两个字节存放的是这个段的长度（除了前面的两个字节 0xFF 和 0xXX，X 表示不确定。它们是不算到段的长度中的）。注意，这个长度的表示方法是按照高位在前，低位在后的，与 Intel 的表示方法不同。例如，一个段的长度是 0x12AB，那么它会按照 0x12、0xAB 的顺序存储。但是如果按照 Intel 的方式：高位在后，低位在前会存储成 0xAB、0x12，而这样的存储方法对于 JPEG 是不对的。这样，如果一个程序不认识 JPEG 文件某个段，它就可以读取后两个字节，得到这个段的长度，并跳过忽略它。

3.6 数字图像的变换

数字图像通常可以通过数字形式和光学形式进行图像变换。数字形式的变换对应二维离散运算，而光学形式的图像变换与连续函数运算相对应。

图像的频率是表征图像中灰度变化剧烈程度的指标，是灰度在平面空间上的梯度。例如，大面积的沙漠在图像中是一片灰度变化缓慢的区域，对应的频率值很低；而对于地表属性变换剧烈的边缘区域在图像中是一片灰度变化剧烈的区域，对应的频率值较高。

数字图像的处理可以在空间域和频率域内进行，但很多时候，图像的特征在空域内表现得不是很明显，或者空域处理计算量很大，此时频域处理就变得特别有效和重要了。空域处理属于模板运算，直接对采集得到的图像处理，即直接对像素灰度处理。频域处理-滤波运算：对图像进行某种变换，在变换域处理，即直接对像素灰度处理。如傅里叶变换域，即频域。下面介绍几种常见的图像变换方法。

1. 傅里叶变换

傅里叶变换在实际中有非常明显的物理意义，设 f 是一个能量有限的模拟信号，则其傅

里叶变换就表示 f 的谱。从纯粹的数学意义上看，傅里叶变换是将一个函数转换为一系列周期函数来处理的。从物理效果看，傅里叶变换是将图像从空间域转换到频率域，其逆变换是将图像从频率域转换到空间域。换句话说，傅里叶变换的物理意义是将图像的灰度分布函数变换为图像的频率分布函数，傅里叶逆变换是将图像的频率分布函数变换为灰度分布函数。

傅里叶变换是数字信号处理领域一种很重要的算法。要知道傅里叶变换算法的意义，首先要了解傅里叶原理的意义。傅里叶原理表明：任何连续测量的时序或信号，都可以表示为不同频率的正弦波信号的无限叠加。而根据该原理创立的傅里叶变换算法利用直接测量到的原始信号，以累加方式来计算该信号中不同正弦波信号的频率、振幅和相位。

2. 离散余弦变换

对信号和图像进行有损数据压缩时，离散余弦变换是最常用的方法。这是由于离散余弦变换可以使大多数的声音和图像信号的能量集中在离余弦变换后的低频部分，把这个特性称为离散余弦变换的能量集中特性。例如，静止图像编码标准和运动图像编码标准中都利用了余弦离散变换原理。

3. 离散沃尔什—哈达玛变换

离散沃尔什—哈达玛变换（Walsh Hadamard Transform）简称 WHT。WHT 是将一个函数变换成取值为+1 或-1 的基本函数构成的级数，用它来逼近数字脉冲信号时要比 FFT 有利。前面所讲的余弦变换和傅里叶变换都是基于正交函数展开的，实际计算机对实部、虚部是进行分开运算的，这两种变换将会影响运算速度。而 WHT 是一种对应二维离散的数字变换，只需要进行实数运算，可在很大程度上提高运算速度。

知识梳理与总结

（1）模拟图像是指通过客观的物理量表现颜色的图像，是以连续形式存储的数据。

（2）数字图像是由模拟图像数字化得到、以像素为基本元素、可以用数字计算机或数字电路存储和处理的图像。

（3）要在计算机中处理图像，必须先把真实的图像（照片、画报、图书、图纸等）通过数字化转变成计算机能够接受的显示和存储格式，然后再用计算机进行分析处理，这个过程称为图像的数字化。

（4）在日常生活中较为常见的数字化仪器有扫描仪、数字摄像机、数码摄像机等。

（5）图像的数字化过程包括采样、量化和编码。

（6）图像信号的获取方式可以分为图像扫描和图像屏幕捕捉。

（7）在电视成像中，电光信号之间的转换过程都是按一定扫描方式顺序实现的。

（8）目前数字图像有多种存储格式，如 BMP、JPG、BIF、JPEG 等。

思考与练习题 3

（1）图像数字化器的组成部分有哪些？每部分的功能是什么？

（2）图像的数字化步骤有哪些？

（3）图像有哪些获取方式？

（4）试列举三种常用的图像变换的方法，并对其进行比较分析。

（5）常用的图像文件格式都有哪些？

第4章　图像增强与复原

在图像信息采集、传输和转换的过程中，由于信号本身的强弱和外界噪声信号的干扰，得到的图像效果常常不能满足观测要求，需要对图像信息进行处理。改善图像视觉效果的方法有两类，分别是图像增强和图像复原。

教学导航

教	知识重点	1. 灰度变换 2. 图像空域平滑 3. 频域滤波增强 4. 图像复原方法
	知识难点	频域滤波增强
	推荐教学方案	以案例分析为主，通过分析不同的图像处理方法，使学生掌握图像增强与复原技术，利用图像
	建议学时	6学时
学	推荐学习方法	以听老师讲解和小组讨论的学习方式为主，结合本章内容，通过对不同图像的质量进行分析，使同学掌握选择图像处理技术的能力
	必须掌握的理论知识	1. 灰度变换 2. 频域滤波增强
	必须掌握的技能	分析图像噪声特点，选择合适的处理方法

4.1 图像增强

为了改善图像的视觉效果，便于人眼或机器的观察和分析，可以对图像进行增强处理。利用图像增强技术可以人为地突出图像中的部分细节，有目的地强调图像的整体或局部特性，抑制其他噪声信号，扩大图像中不同物体特征之间的差别。图像增强的本质就是对图像数据附加一些信息或进行数据变换，使图像函数与“视觉”响应特性匹配，以用来突出图像中的某些目标特征而抑制另一些特征。

根据增强处理所在的空间不同，图像增强技术可以分为空域处理和频域处理两大类；根据所处理的对象不同，可以分为灰度图像增强和彩色图像增强；按照增强的目的不同，可以分为光谱信息增强、空间纹理信息增强和时间信息增强。

4.1.1 灰度变换

反映图像清晰度的一个重要参数就是对比度，它是指图像灰度的最大值与最小值之间的比值。在曝光情况不理想时（不足或过度），图像中所有像素的灰度值分布在一个很小的数值范围内，此时呈现出来的图像就表现为对比度低、层次不分明、细节信息不清楚。若能将图像中不同像素点的灰度值差值变大，使得灰度分布范围得到扩展，则能在一定程度上改善图像的视觉效果。改善图像灰度质量的方法有很多，灰度变换是其中一种简便实用的方法，它通过用函数Φ把输入图像的灰度函数变换成对比度合适的灰度函数来实现，函数Φ称为映射函数。

1. 线性拉伸

线性灰度变换能将输入图像的灰度值的动态范围线性拉伸至指定范围或整个动态范围。如果源图像$f(x, y)$的灰度范围为$[a,b]$，令线性变换后图像$g(x, y)$的范围为$[a', b']$，线性变换公式为：

$$g(x,y)=a+\frac{b'-a'}{b-a}[f(x,y)-a] \tag{4-1}$$

将源图像的灰度值翻转属于一种比较特殊的线性变换，其实质就是图像的反色变换。通俗地说，就是将黑色的像素点的变成白色的，将白色的像素点变成黑色的。黑白照片和底片之间就是一种反色变换。

2. 分段线性变换

分段线性变换可以根据需要突出需要强调的目标或灰度区，抑制不重要的灰度区。通常采用的方法是分三段进行线性变换。

3. 非线性拉伸

在实际应用中，线性变换不一定能满足图像灰度变换的全部要求，此时可以采用一些非线性的数学函数，如对数函数、指数函数等，即可实现图像灰度的非线性变换。非线性拉伸对图像的扩展或者压缩不是在整个图像范围内的，而是有选择地放大某一范围的灰度，其他范围的灰度值则有可能被压缩。但非线性拉伸在整个灰度值范围内采用统一的变换函数，即只要一个变换函数就可同时实现不同区域的扩展和压缩，这和分段线性变换在

不同的灰度值区间采用不同的变换方程来实现不同灰度值区间的扩展和压缩不同。最常见的非线性变换是对数变换和指数变换。

对数变换的一般形式为：

$$g(x,y)=a+\frac{\ln[f(x,y)+1]}{b\ln c} \tag{4-2}$$

式中：参数 a、b、c 是用于调整曲线的位置和形状的参数。对数变换可以拉伸图像的低亮度值区域并且压缩图像的高灰度值区域，从而使低灰度值的图像细节更容易看清楚。因此，当需要增强图像中比较暗的区域时，可以采用对数变换法。

指数变换的一般形式为：

$$g(x,y)=b^{c[f(x,y)-a]}-1 \tag{4-3}$$

式中：参数 a 可以改变曲线的起始位置；参数 c 可以改变曲线的变化速率。指数变换使图像的高灰度区域得到大幅扩展。当需要图像中高灰度值区域更加清晰时，可采用指数变换，如图 4-1 所示。

（a）输入图 1　（b）λ=0.5 变换结果　（c）λ=5 变换结果

（d）输入图 2　（e）λ=0.5 变换结果　（f）λ=5 变换结果

图 4-1　指数变化的图像增强

4.1.2　直方图修正

灰度直方图是关于灰度的函数，反映数字图像中所有像素点的亮度分布情况，它被认为是进行图像灰度分布分析的重要技术手段。在数字图像处理过程中，经常会遇到一些对比度很小、缺乏细节信息的图像，这些图像的灰度一般集中在一个很小的区间范围内，通过对图像进行直方图均衡化、归一化修正，可以使图像的灰度间距拉开或分布更为均匀，从而提高图像的对比度，达到图像增强的目的。直方图修正法主要有直方图均衡化和直方图规格化两种。

1. 直方图的概念

直方图是对图像中所有像素灰度级与出现这种灰度级的概率的统计，是一种统计关系的图表。直方图的横轴是灰度级 r_k，纵轴是图像中出现该灰度级的像素数量或这个灰度级出现的概率 $P(r_k)$。

直方图是图像统计的重要特征，是对图像的灰度密度函数的近似，是对图像中具有某

种灰度级的像素点的个数的直观表示，是对图像灰度分布状态的整体描述。灰度直方图的计算公式为：

$$P(r_k)=n_k/N \tag{4-4}$$

式中：N 为一幅图像中像素的总数；n_k 是第 k 级灰度的像素数。

通过分析一幅图像的直方图，可以知道这幅图像的对比度和清晰度。但是，直方图描述的只是灰度级出现的概率，并不能体现像素的空间位置分布情况，也就是说，一幅二维图像在直方图中就失去了其空间信息。任意一幅图像，其直方图都是唯一确定的，但对于一个直方图，可能会有多幅图像与之对应。如果一幅图像由多个不连续的区域组成，则整幅图像的直方图是这几个区域的直方图之和。

2. 直方图修正

直方图修正可以应用到很多领域，如在医学方面，在采集 X 射线图像时一般使用低强度的 X 射线曝光，但这样的 X 光片一般比较暗，图像细节看不清楚，使用直方图修正，可以使灰度级分布在适合人眼观察的区域。

在使用直方图修正之前，习惯上要先将直方图归一化，即让直方图上像素灰度级分布在 [0,1]范围内。源图像归一化的灰度级用 r 表示，修正后的归一化灰度级用 s 表示，则：

$$0\leqslant r\leqslant 1，0\leqslant s\leqslant 1$$

直方图修正公式为：

$$s=T(r) \tag{4-5}$$

式中：$T(r)$为变换函数，在 $0\leqslant r\leqslant 1$ 范围内；$T(r)$必须为单调递增函数，且 $0\leqslant T(r)\leqslant 1$。

令 $P_\mathrm{r}(r)$和 $P_\mathrm{s}(s)$分别表示源图像和变换后图像灰度级的概率密度函数，则有：

$$P_\mathrm{s}(s)=P_\mathrm{r}(r)\left.\frac{\mathrm{d}r}{\mathrm{d}s}\right|_{r}=T^{-1}(s) \tag{4-6}$$

3. 直方图均衡

直方图均衡化是通过均匀性变换使原本灰度范围较窄的图像形成近似的均匀分布。经过灰度均衡变换后，图像中各个像素点之间的间隔被拉大，使灰度值分布比较均衡，这样的效果是使原本偏暗的图像亮度得到较大的提高。

设变换函数为：

$$s=T(r)=\int_0^{\Gamma} P_\mathrm{r}(\omega)\mathrm{d}\omega \qquad (0\leqslant r\leqslant 1) \tag{4-7}$$

上式两端对 r 求导：

$$\frac{\mathrm{d}s}{\mathrm{d}r}=T(r) \tag{4-8}$$

将上式代入式（4-6），则有：

$$P_\mathrm{s}(s)=P_\mathrm{r}(r)\left.\frac{\mathrm{d}r}{\mathrm{d}s}\right|_{r}=T^{-1}(s)=1 \tag{4-9}$$

4.1.3 图像空域平滑

在图像的形成、传输和接收的过程中，会受到外部干扰和内部干扰，因此在图像中包含大量的噪声信息，这些噪声一般是随机产生的，因此具有分布和大小不规则的特点。这些噪声的存在直接影响着后续的处理过程，使图像失真。图像平滑就是针对图像噪声的操作，其主要作用是为了消除噪声。图像平滑的常用方法是采用均值滤波或中值滤波，均值滤波是一种线性空间滤波，它用一个有奇数点的掩模在图像上滑动，将掩模中心对应像素点的灰度值用掩模内所有像素点灰度的平均值代替，如果规定了在取均值过程中掩模内各像素点所占的权重，即各像素点所乘系数，这时就称为加权均值滤波。中值滤波是一种非线性空间滤波，其与均值滤波的区别是掩模中心对应像素点的灰度值用掩模内所有像素点灰度值的中间值代替。

1. 邻域平均

邻域平均也称线性滤波，是用一个像素邻域内所有像素灰度值的平均值来代替该像素灰度值的方法，所以也称均值滤波。设一幅大小为 $N\times N$ 的图像 $f(x, y)$，邻域平均的计算为：

$$g(x,y)=\frac{1}{M}\sum_{i,j\in s}f(i,j) \tag{4-10}$$

式中：S 为像素的邻域，M 为邻域 S 中像素点的个数。

对一些图像进行线性滤波可以去除图像中某些类型的噪声，如采用邻域平均法的均值滤波器就非常适用于去除通过扫描得到的图像中的颗粒噪声。

2. 中值滤波

中值滤波是基于排序统计理论的一种能有效抑制噪声的非线性信号处理技术，中值滤波的基本原理是把数字图像或数字序列中一点的值用该点的一个邻域中各点值的中值代替，让周围的像素值接近的值，从而消除孤立的噪声点。其方法是用某种结构的二维滑动模板，将板内像素按照像素值的大小进行排序，生成单调上升（或下降）的二维数据序列。二维中值滤波输出为 $g(x, y)=\text{med}\{f(x-k, y-l),(k,l\in W)\}$，其中 $f(x, y)$，$g(x, y)$分别为原始图像和处理后图像。W 为二维模板，通常为 2×2、3×3 区域，也可以是不同的形状，如线状、方形、圆形、十字形、圆环形、菱形等。

中值滤波窗口的大小和形状对于滤波效果有很大的影响。一般来说，小于滤波器面积一半的物体会被滤除，而较大的物体会被保存下来。因此滤波器的大小要根据待处理的图像中的噪声大小和有用信息的大小进行选择。一般说来，对于变化缓慢、具有较长轮廓线物体的图像，可选用方形或圆形，对于有尖角物体的图像则宜采用十字形窗口。

对椒盐噪声图像滤波复原如图 4-2 所示。不同噪声及其直方图如图 4-3 所示。

（a）椒盐噪声图像

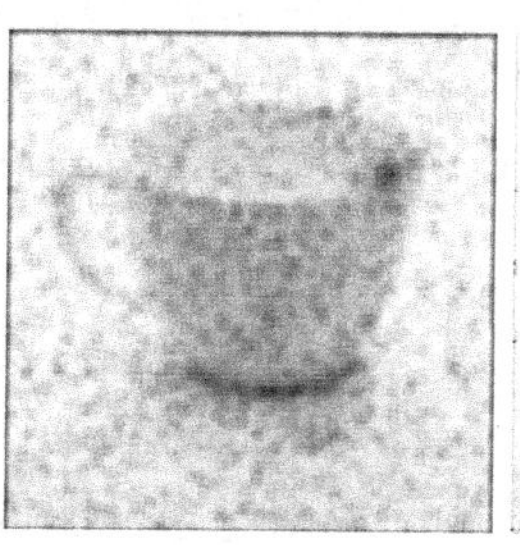
（b）均值滤波结果

（c）中值滤波结果

（d）再次中值滤波结果

图 4-2　对椒盐噪声图像滤波复原

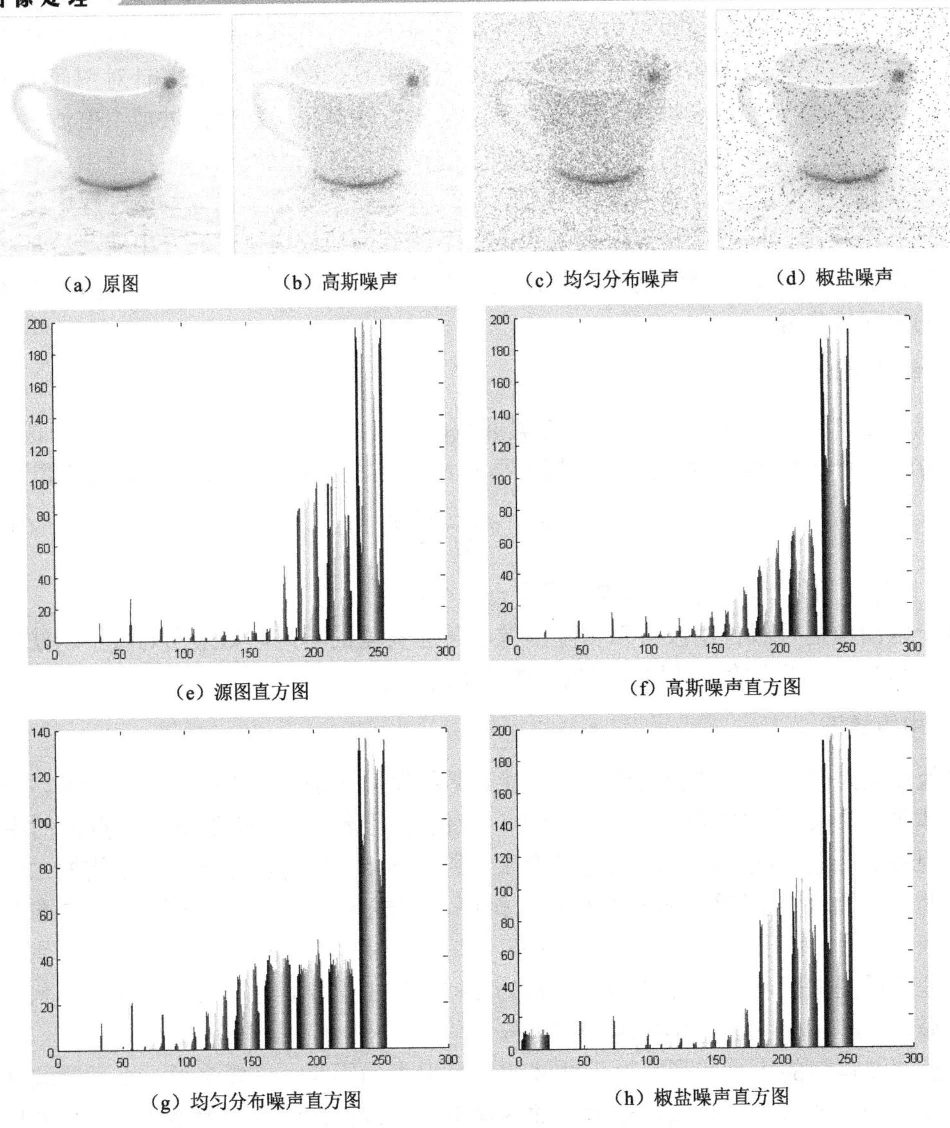

（a）原图　（b）高斯噪声　（c）均匀分布噪声　（d）椒盐噪声

（e）源图直方图　（f）高斯噪声直方图

（g）均匀分布噪声直方图　（h）椒盐噪声直方图

图 4-3　不同噪声及其直方图

4.1.4　图像锐化

一般来说，图像的主要信息主要为低频信号，而噪声处在高频段，同时图像边缘信息也主要分布在其高频部分。在利用各类图像平滑算法消除噪声的过程中，可能将图像的边缘等高频信息滤除，这将导致原始图像在平滑处理之后，出现图像边缘和图像轮廓模糊的情况。

为了增强图像的边缘和轮廓，使图像的边缘变得清晰，就需要利用图像锐化技术。经过平滑的图像变得模糊是因为图像受到了积分运算，因此对其进行逆运算（如微分运算）就可以使经过平滑变模糊的轮廓变得清晰。从频率域来考虑，图像模糊的实质是因为其高频分量被衰减，因此可以用高通滤波器来使图像清晰。但要注意能够进行锐化处理的图像必须有较高的信噪比，否则锐化后图像信噪比反而更低，从而使得噪声增加得比信号还要

多，因此一般是先去除或减轻噪声后再进行锐化处理。

1. 微分运算锐化

从灰度变换曲线上可以得到，画面逐渐由亮变暗时，其灰度值的变换是斜坡变化；若出现孤立点，一般是噪声点，其灰度值的变化是一个突起的尖峰；若进入平缓变化的区域，则其灰度变化为一个平坦段；如果图像出现一条细线，则其灰度变化是一个比孤立点略显平缓的尖峰；若图像由黑突变到亮，则其灰度变化是一个阶跃。通过分析可知，图像中的细节是指画面的灰度变化情况，因此如果要对图像进行锐化，保留其细节信息，就可采用微分算子来描述这种数据变化，从而达到锐化的目的。微分法也是空域锐化的基本方法。

微分运算是求信号的变化率，由傅里叶变换的微分性质可知，微分运算具有较强高频分量作用。在实际应用中，我们常采用一阶微分运算和二阶微分运算来对图像进行锐化。二阶微分一般指拉普拉斯算子。拉普拉斯锐化法是属于常用的微分锐化法。

1）一阶微分运算

一阶微分主要是指梯度模运算，图像的梯度模值包含了边界及细节信息。梯度模算子用于计算梯度模值，通常认为它是边界提取算子，具有极值性、位移不变性和旋转不变性。

图像 $f(x,y)$ 在点 (x,y) 处的梯度定义为一个二维列矢量 $G[f(x,y)]$：

$$G[f(x,y)]=\left[\frac{\partial f}{\partial x}\times\frac{\partial f}{\partial y}\right]^{\mathrm{T}} \tag{4-11}$$

梯度的幅值即模值，为：

$$|G[f(x,y)]|=\left[\left(\frac{\partial f}{\partial x}\right)^2+\left(\frac{\partial f}{\partial y}\right)^2\right]^{\frac{1}{2}} \tag{4-12}$$

梯度的方向在 $f(x,y)$ 最大变化率方向上，方向角 θ 可表示为：

$$\theta=\arctan\left(\frac{\partial f}{\partial y}\bigg/\frac{\partial f}{\partial x}\right) \tag{4-13}$$

对于离散函数 $f(i,j)$，也有相应的概念和公式，只是用差分代替微分。差分可取为后向差分或前向差分。

在 x，y 方向上的一阶后向差分分别定义为：

$$\nabla_x f(i,j)=f(i,j)-f(i-1,j) \tag{4-14}$$

$$\nabla_y f(i,j)=f(i,j)-f(i,j-1) \tag{4-15}$$

梯度定义为：

$$G[f(i,j)]\overset{\Delta}{=}[\nabla_x f(i,j)\quad \nabla_y f(i,j)]^{\mathrm{T}} \tag{4-16}$$

其模和方向分别为：

$$|G[f(x,y)]|=[(\nabla_x f(i,j))^2+(\nabla_y f(i,j))^2]^{\frac{1}{2}} \tag{4-17}$$

$$\alpha=\arctan\left[\frac{\nabla_x f(i,j)}{\nabla_y f(i,j)}\right] \tag{4-18}$$

在不引起歧义时，为了方便，一般将梯度矢量的模值简称为梯度。在实际应用中，梯

度模还有很多近似式，此处不予列举。

对图像f使用梯度模算子，便可产生所谓的梯度图像g。g与f像素之间的关系为：

$$g(i,j)=G[f(i,j)] \tag{4-19}$$

式中 G 为梯度模算子。由于梯度图像 g 反映了图像 f 的灰度变化分布信息，因此对其进行某种适当的处理和变换，或将变换后的梯度图像和源图像组合作为f锐化后的图像。

2）二阶微分运算

二阶微分一般是指拉氏算子。拉氏算子是一个刻画图像变化的二阶微分算子。它是线性算子，具有各向同步性和位移不变性。拉氏算子是点、线、边界提取算子。通常图像和对它实施拉氏算子后的结果组合产生一个锐化图像。

3）一阶微分与二阶微分的性质与区别

第一，图像过渡的边缘（也就是沿整个斜坡），一阶微分都不为零，经过二阶微分后，非零值只出现在斜坡的起始处和终点处。可以得出结论：一阶微分产生较粗的边缘，二阶微分则细。

第二，孤立的噪声点。在孤立点及其周围点，二阶微分比一阶微分响应要强。

第三，细线。这也是一种细节。对线的响应要比对阶梯强，且点比线强。

综上，我们看到一阶微分和二阶微分的区别为：

（1）一阶微分处理通常会产生较宽的边缘，二阶微分处理得到的边缘则细。

（2）二阶微分处理对细节有较强的响应，如细线和孤立点。

（3）一阶微分处理一般是对灰度阶梯有较强的响应。

（4）二阶微分处理对灰度级阶梯变化产生双响应。

（5）二阶微分在图像中灰度值变化相似时，对线的响应要比对阶梯强，且点比线强。

在大多数应用中，对于图像增强来说，二阶微分处理比一阶微分好，因为它形成细节的能力强，而一阶微分处理主要用于提取边缘。

2. 拉氏算子

基于拉氏算子的图像锐化原理。拉普拉斯算子是最简单的各向同性微分算子，具有旋转不变性，比较适用于改善因为光线的漫反射造成的图像模糊。其原理是，在摄像记录图像的过程中，光点将光漫反射到其周围区域，这个过程满足扩散方程：

$$\frac{\partial f}{\partial t}=k\nabla^2 f \tag{4-20}$$

经过推导，可以发现当图像的模糊是由光的漫反射造成时，不模糊图像等于模糊图像减去它的拉普拉斯变换的常数倍。另外，人们还发现，即使模糊不是由于光的漫反射造成的，对图像进行拉普拉斯变换也可以使图像更清晰。

拉普拉斯锐化的一维处理表达式：

$$g(x)=f(x)-\frac{\mathrm{d}^2 f(x)}{\mathrm{d}x^2} \tag{4-21}$$

在二维情况下，拉普拉斯算子使走向不同的轮廓能够在垂直的方向上具有类似于一维那样的锐化效应，其表达式为：

$$\nabla^2 f = \frac{\partial^2 f}{\partial x^2} + \frac{\partial^2 f}{\partial y^2} \tag{4-22}$$

由于拉普拉斯是一种微分算子，它的应用强调图像中灰度的突变即降低灰度缓慢变化的区域，这将产生一幅把图像中的浅灰色边线和突变点叠加到暗背景中的图像。将原始图像和拉普拉斯图像叠加在一起的方法可以保护拉普拉斯锐化处理的效果，同时又能复原背景信息，因此，记住拉普拉斯定义是很重要的。如果所使用的定义具有负的中心系数，那么就必须将原始图像减去经拉普拉斯变换后的图像，从而得到锐化的结果；反之，如果拉普拉斯定义的中心系数为正，则原始图像要加上经拉普拉斯变换后的图像。故使用拉普拉斯算子对图像增强的基本方法可以表示为下式：

$$G(i,j) = \begin{cases} f(i,j) + \nabla^2 f(i,j) & \text{如果拉普拉斯模板中心系数为正} \\ f(i,j) - \nabla^2 f(i,j) & \text{如果拉普拉斯模板中心系数为负} \end{cases} \tag{4-23}$$

灰度图像的平滑和锐化如图 4-4 所示。不同锐化方式的效果图如图 4-5 所示。

（a）源图

（b）均值低通滤波

（c）高斯低通滤波

（d）源图—低通滤波

（e）源图—高通滤波

（f）Prewitt 增强

（g）Sobel 增强

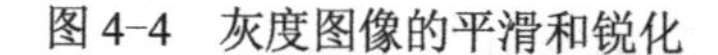

图 4-4　灰度图像的平滑和锐化

（a）原始图像

（b）Roberts 锐化

图 4-5　不同锐化方式效果图

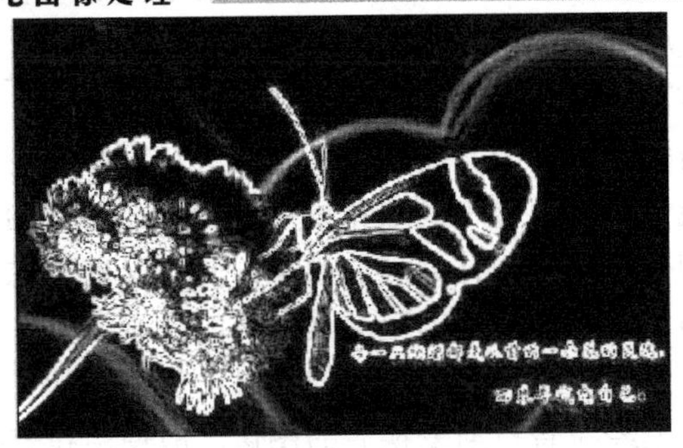

（c）Sobel 锐化

（d）Prewitt 锐化

图 4-5　不同锐化方式效果图（续）

4.1.5　频域滤波增强

图像的边缘、细节以及噪声在图像的频域上对应于高频部分，而背景区域对应于低频部分，因此可以在频率域通过滤波实现图像的平滑或锐化。一般可以用傅里叶变换实现图像的变换。

频域滤波增强同空域滤波增强的目的完全相同，所不同的仅仅是图像处理的空间；空域滤波采用模板方式运算，而且设计模板不容易实现原来的滤波器。

如果把图像用 FFT 变化到频域，乘以滤波函数再变回到空域，就实现了滤波。从概念上讲，频域设计滤波器直截了当。

设函数 $f(x, y)$，其傅里叶变换为 $F(u,v)$，选择合适的滤波器 $H(u, v)$对 $F(u,v)$进行处理后再经过逆变换就得到增强后的图像 $g(x, y)$。如果 $H(u,v)$突出 $F(u,v)$的低频分量，就可以使图像信息显得比较平滑，即低通滤波；如果 $H(u,v)$突出 $F(u,v)$的高频分量，以增强图像的边缘信息，即高通滤波。

1. 低通滤波

图像的噪声对应图像频谱的高频成分，因此可以用低通滤波器 $H(u,v)$来抑制高频成分，实现图像的平滑。不同的 $H(u,v)$可以产生不同的平滑效果，常用的低通滤波器有以下几种。

1）理想低通滤波器

一个理想的低通滤波器的传递函数由下式表达：

$$\mathrm{H}(u,v)=\begin{cases}1 & D(u,v)\leqslant D_0\\0 & D(u,v)>D_0\end{cases} \tag{4-24}$$

式中：D_0 是一个预先设定的非负量，称为理想低通滤波器的截止频率；$D(u,v)$代表从频率平面的原点到(u,v)点的距离。

2）巴特沃思（Butterworth）低通滤波器

n 阶 Butterworth 滤波器的传递函数为：

$$H(u,v)=\frac{1}{1+\left[\dfrac{D(u,v)}{D_0}\right]^{2n}} \tag{4-25}$$

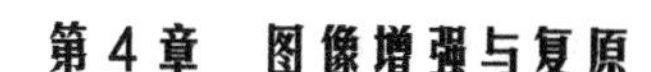

D_0为截止频率。一般情况下，取使 $H(u,v)$最大值降至原来的 1/2 时的 $D(u,v)$为截止频率。

3）指数低通滤波器

指数低通滤波器的传递函数为：

$$H(u,v) = \mathrm{e}^{-\left[\frac{D(u,v)}{D_0}\right]^n} \tag{4-26}$$

通常取使 $H(u,v)$最大值降至原来的 1/2 时的 $D(u,v)$ 为截止频率。

4）梯形低通滤波器

梯形低通滤波器的传递函数介于理想低通滤波器和具有平滑过渡带的低通滤波器之间，它的传递函数为：

$$H(u,v) = \begin{cases} 1 & D(u,v) < D_0 \\ \dfrac{1}{D_0 - D_1}[D(u,v) - D_1] & D_0 \leqslant D(u,v) \leqslant D_1 \\ 0 & D(u,v) > D_1 \end{cases} \tag{4-27}$$

在规定 D_0和 D_1时，要满足 $D_0<D_1$的条件，一般可以把 $H(u,v)$的第一个转折点定义为截止频率，D_1可以选任意大于 D_0的正数。

使用低通滤波器去除噪声，会使图像变得比较模糊，这是由于图像的细节信息属于高频信号，与噪声的能量混在一起，使用低通滤波器去除高频噪声的同时也会损失图像原有的高频信息。

2. 高通滤波

图像中边缘或线条等细节部分与图像频谱的高频分量相对应，因此，在频率域中可以采用高通滤波方法让高频分量通过，使图像的边缘或轮廓变得清楚，实现图像锐化。高通滤波可以在空间域和频率域实现。高通滤波器有以下几种。

1）理想高通滤波器

二维理想高通滤波器的传递函数为：

$$H(u,v) = \begin{cases} 0 & D(u,v) \leqslant D_0 \\ 1 & D(u,v) > D_0 \end{cases} \tag{4-28}$$

它和理想低通滤波器相反，在 D_0 内的频率分量完全被去掉，而 $D>D_0$ 的分量则无损通过。

2）Butterworth 高通滤波器

Butterworth 高通滤波器的传递函数为：

$$H(u,v) = \frac{1}{1 + \left[\dfrac{D_0}{D(u,v)}\right]^{2n}} \tag{4-29}$$

式中：D_0为截止频率；n 为阶数。截止频率的取值和 Butterworth 低通滤波器完全相同。

3）指数高通滤波器

指数高通滤波器的传递函数为：

$$H(u,v)=\mathrm{e}^{-\left[\frac{D_0}{D(u,v)}\right]n} \tag{4-30}$$

4）梯形高通滤波器

梯形高通滤波器的定义为：

$$H(u,v)=\begin{cases}1 & D(u,v)<D_1 \\ \dfrac{1}{D_0-D_1}[D(u,v)-D_1] & D_1 \leqslant D(u,v) \leqslant D_0 \\ 0 & D(u,v)>D_0\end{cases} \tag{4-31}$$

4.1.6 彩色图像增强

人眼对色彩非常敏感，可以分辨出几千种不同的颜色，但是却只能分辨出几十种不同的灰度级。因此，如果能将一幅灰度图像变成彩色图像，就可以明显地增强图像。彩色图像增强分为两大类：假彩色增强及伪彩色增强。假彩色增强是将一幅彩色图像通过映射使某些部分的颜色更加醒目，以达到增强色彩对比的目的；伪彩色增强是把一幅灰度图像根据灰度级的不同变为具有多种颜色的彩色图像。

1. 假彩色图像处理

假彩色增强的处理对象是自然彩色图像或同一景物的多光谱或超光谱图像。通过映射函数将图像的原基色变换成新的三基色分量，使图像中各目标呈现出与源图像中不同的彩色（称为假彩色）。

多光谱图像假彩色处理可以表示为：

$$\begin{aligned}R_{\mathrm{F}}&=f_{\mathrm{R}}\{g_1,g_2,\cdots,g_i,\cdots\}\\G_{\mathrm{F}}&=f_{\mathrm{G}}\{g_1,g_2,\cdots,g_i,\cdots\}\\B_{\mathrm{F}}&=f_{\mathrm{B}}\{g_1,g_2,\cdots,g_i,\cdots\}\end{aligned} \tag{4-32}$$

式中：g_i表示第 i 波段图像；R_{F}、G_{F}、B_{F}表示假彩色图像的三基色亮度；$f_{\mathrm{R}}\{\cdot\}$、$f_{\mathrm{G}}\{\cdot\}$、$f_{\mathrm{B}}\{\cdot\}$为变换关系。

对于自然景物图像，可以把需要突出的目标赋予人眼较敏感的颜色，以提高对目标的分辨力。如人眼最为敏感的颜色是绿色，因此可以把原来不易辨认的目标经过假彩色处理呈现绿色，图像的清晰度和层次感自然得到提升。自然彩色图像假彩色映射的一般表示为：

$$\begin{bmatrix}R_{\mathrm{F}}\\G_{\mathrm{F}}\\B_{\mathrm{F}}\end{bmatrix}=\begin{bmatrix}a_1 & b_1 & c_1\\a_2 & b_2 & c_2\\a_3 & b_3 & c_3\end{bmatrix}\begin{bmatrix}R_{\mathrm{f}}\\G_{\mathrm{f}}\\B_{\mathrm{f}}\end{bmatrix} \tag{4-33}$$

式中：R_{f}、G_{f}、B_{f} 和 R_{F}、G_{F}、B_{F} 分别表示源图像某个像素点在假彩色处理前后对应的三基色亮度；a_i、b_i、c_i组成系数矩阵。例如，采用如下的映射关系：

$$\begin{bmatrix}R_{\mathrm{F}}\\G_{\mathrm{F}}\\B_{\mathrm{F}}\end{bmatrix}=\begin{bmatrix}0 & 0 & 1\\1 & 0 & 0\\0 & 1 & 0\end{bmatrix}\begin{bmatrix}R_{\mathrm{f}}\\G_{\mathrm{f}}\\B_{\mathrm{f}}\end{bmatrix} \tag{4-34}$$

则源图像中的红色物体被映射为绿色，蓝色物体被映射为红色，绿色物体被映射为蓝色。

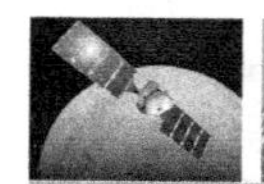

2. 伪彩色增强

伪彩色处理是指将黑白图像转化为彩色图像，或者是将单色图像变换为给定彩色分布图像。由于人眼对彩色的分辨能力远远高于对灰度的分辨能力，所以将灰度图像转化成彩色表示，就可以提高对图像细节的辨别力。因此，伪色彩处理的主要目的是为了提高人眼对图像细节的分辨能力，以达到图像增强的目的。

伪彩色处理的基本原理是将黑白图像或者单色图像的各个灰度级匹配到彩色空间中的一点，从而使单色图像映射成彩色图像。对黑白图像中不同的灰度赋予不同的色彩。

设 $f(x, y)$为一幅黑白图像，$R(x, y)$、$G(x, y)$、$B(x, y)$为 f。

值得注意的是，伪彩色虽然能将黑白灰度转化为彩色，但这种彩色并不是真正表现图像的原始颜色，而仅仅是一种便于识别的伪彩色。

伪彩色处理技术的实现方法有多种，如密度分层法、灰度级-彩色变换法、频域滤波法等。其中灰度级-彩色变换伪色彩处理技术可以将灰度图像变为具有多种颜色渐变的连续彩色图像。该方法先将灰度图像送入具有不同变换特性的红、绿、蓝三个变换器，然后再将三个变换器的不同输出分别送到彩色显像管的红、绿、蓝枪，再合成某种颜色。同一灰度由三个变换器对其实施不同的变换，使三个变换器输出不同，从而不同大小的灰度级可以合成不同的颜色。这种方法变换后的图像视觉效果好。

1）密度分割

密度分割作为伪彩色增强技术中最简单的一种，它将图像的灰度动态范围分割成几部分，使分割后的每一个灰度区间都与某一个颜色对应。如图 4-6 所示，用灰度级 l_1 将原灰度图像分割成两部分，对于灰度级 $f(x, y)>l_1$ 的像素分配成红色，对于灰度级 $f(x, y)<l_1$ 的像素分配成蓝色，这样，密度分割的结果就将原灰度图像映射为只有两个颜色的伪彩色图像。

密度分割处理虽然简单易行，但是处理后图像的视觉效果生硬，量化噪声也比较大。密度分割技术的效果与分割的层数成正比，层次越多，细节就越丰富，彩色也越柔和。密度分割示意图如图 4-6 所示。

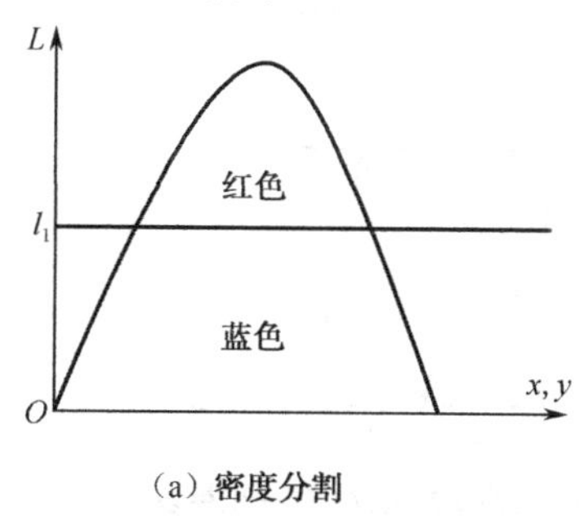

（a）密度分割

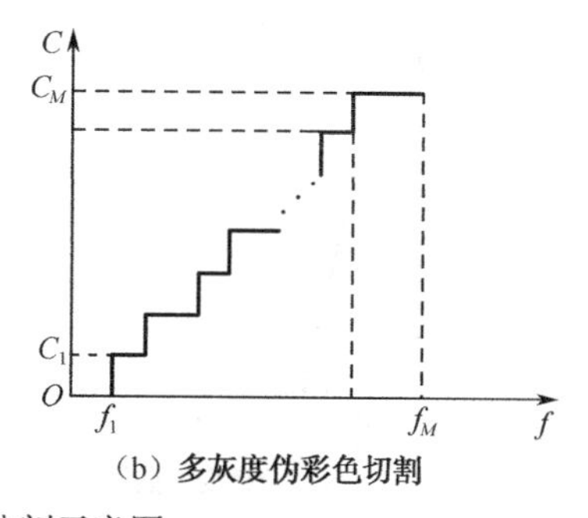

（b）多灰度伪彩色切割

图 4-6　密度分割示意图

2）空间域灰度-彩色变换合成法

空间域灰度-彩色变换合成法可以将黑白灰度图像转换为具有多种颜色渐变的连续彩色图像，视觉效果比密度分割法好。

由图 4-6 所示可以总结出以下映射函数。下式表示 $R(x, y)$、$G(x, y)$、$B(x, y)$的 R、G、B 通道的颜色值，其中，$f(x, y)$表示特定点灰度图像的灰度值，f 为所选灰度图像的灰度值。

$$0 \leqslant f \leqslant 63 \text{ 时 } R(x,y)=0，G(x,y)=4f(x,y)B(x,y)=255$$
$$64 \leqslant f \leqslant 127 \text{ 时 } R(x,y)=0，G(x,y)=255，B(x,y)=511-4f(x,y)$$
$$128 \leqslant f \leqslant 191 \text{ 时 } R(x,y)=4f(x,y)-511，G(x,y)=255，B(x,y)=0$$
$$192 \leqslant f \leqslant 255 \text{ 时 } R(x,y)=255，G(x,y)=1\,023-4f(x,y)，B(x,y)=0$$

通过上面的映射变换曲线，可以实现对灰度图像的着色。最后再将每一个像素三个通道得到的值相加，就可以将每一个像素进行伪彩色处理。最终得到伪彩色图像。伪彩色变换过程如图 4-7 所示。

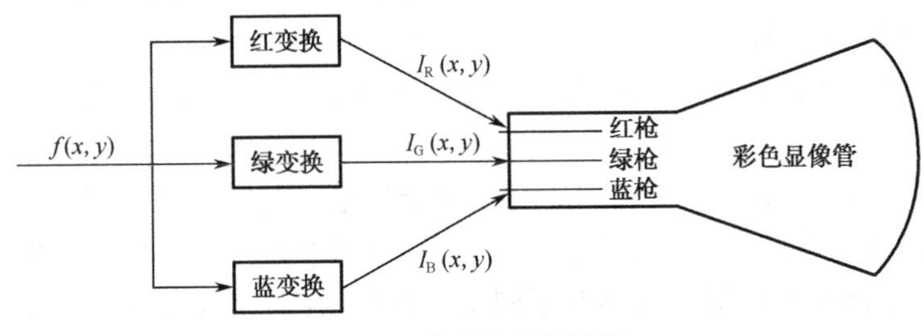

图 4-7　伪彩色变换过程

如图 4-8 所示是典型的变换特性曲线，其中，图 4-8（a）、图 4-8（b）、图 4-8（c）分别是红、绿、蓝三基色的变换曲线，由图 4-8（d）是把三种变换函数画在同一坐标系。可见，灰度为不同值时，通过变换将由三基色混合成不同的色调。

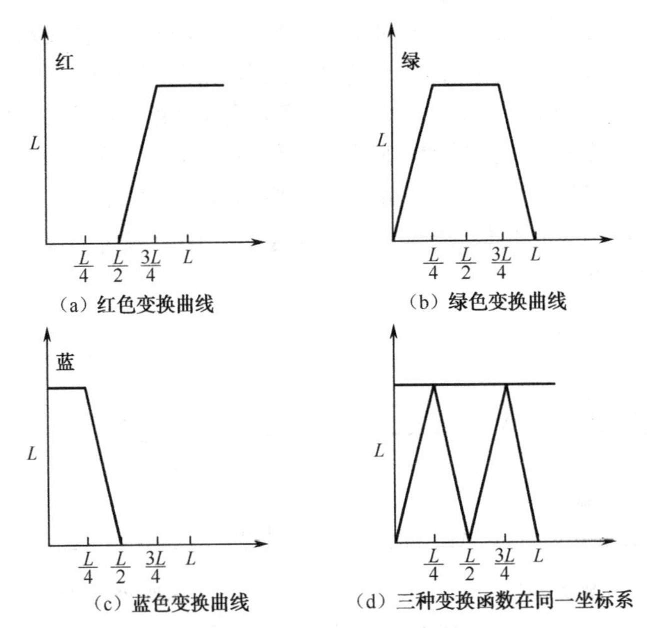

图 4-8　典型的变换函数

3）频率域伪彩色增强

频率域伪彩色增强的方法是：首先把灰度图像经傅里叶变换到频率域，在频率域内用三个不同传递特性的滤波器分离成三个独立分量；然后对它们进行逆傅里叶变换，便得到三幅代表不同频率分量的单色图像；接着对这三幅图像进一步处理（如直方图均衡化）；最后将它们作为三基色分量分别加到彩色显示器的红、绿、蓝显示通道，得到一幅彩色图像。

频率域滤波法实现伪彩色处理示意图如图 4-9 所示。

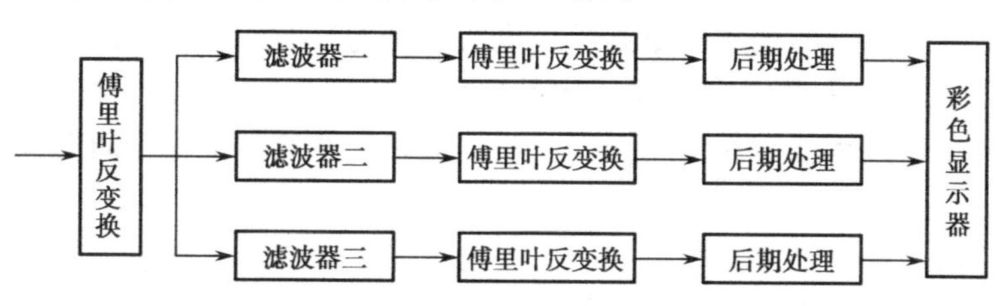

图 4-9　频率域滤波法实现伪彩色处理示意图

4.2　图像复原

数字图像恢复是数字图像处理中的一个重要分支，它的主要目的是改善退化图像的质量。图像由于成像系统的缺陷以及成像过程中各传播媒体中的杂质，如空中的云雾、尘埃，图像录取装置和被成像目标之间的相对运动等因素的影响，不可避免地会带来某些失真和程度不同的降质。对于这些降质的图像，进行一定的加工处理，使其恢复出真实的景物，称为图像恢复，也称图像复原。

图像恢复的任务是使退化了的图像去掉退化因素，以最大的保真度恢复成原来的图像。图像恢复不同于图像增强，虽然二者的目的都是要改善图像的质量，但是图像增强不考虑图像是如何退化的，而是直接使用各种技术来增强图像的视觉效果，以适应人类视觉系统的生理、心理性质以及保持被摄物体的原貌，从而感觉观看效果的不失真；图像恢复则需要知道图像退化的机制和图像退化过程的先验知识，根据这些找出一种相应的反演方法，从而得到原来的图像。恢复图像的质量不仅根据人的主观感觉来判断，而且也根据某种客观的衡量标准，如恢复图像和源图像的平方误差等来评价。

4.2.1　图像退化的原因与复原方法

图像退化的典型表现是图像出现模糊、失真、附加噪声等。由于图像的退化，在图像接收端显示的图像已不再是传输的原始图像，图像效果明显变差。造成图像退化的原因主要有如下几点。

（1）成像系统的畸变、带宽不够、系统相差等。

（2）成像器件拍摄姿态和扫描的非线性等引起的图像几何失真。

（3）成像系统与被拍摄景物之间的相对运动引起的图像运动模糊。

（4）光学系统或成像传感器本身特性不均匀，造成同样亮度景物成像灰度不同。

（5）辐射失真。

（6）图像在成像、数字化、采集和处理过程中引入噪声。

图像复原是试图利用退化过程的先验知识使已退化的图像恢复本来面目，即根据退化的原因，分析引起退化的环境因素，建立相应的数学模型，并沿着使图像降质的逆过程恢复图像。其目的在于消除或减轻在图像获取以及传输过程中造成的图像品质下降，恢复图像的本来面目。因此，复原技术就是把退化模型化，并采用相反的过程进行处理，以便复原出源图像。

图像复原技术是图像处理领域中一类非常重要的处理技术，与图像增强等其他基本图像处理技术类似，也以获取视觉质量某种程度的改善为目的，所不同的是图像复原过程实际上是一个估计过程，需要根据某些特定的图像退化模型，对退化图像进行复原。简言之，图像复原的处理过程就是对退化图像品质的提升，并通过图像品质的提升来达到图像在视觉上的改善。

图像复原算法是整个技术的核心部分。目前，国内在这方面的研究才刚刚起步，而国外却已经取得了较好的成果。早期的图像复原是利用光学的方法对失真的观测图像进行校正，而数字图像复原技术最早则是从对天文观测图像的后期处理中逐步发展起来的。其中一个成功例子是 NASA 的喷气推进实验室在 1964 年用计算机处理有关月球的照片。照片是在空间飞行器上用电视摄像机拍摄的，图像的复原包括消除干扰和噪声，校正几何失真和对比度损失以及反卷积。另一个典型的例子是对肯尼迪遇刺事件现场照片的处理。由于事发突然，照片是在相机移动过程中拍摄的，图像复原的主要目的就是消除移动造成的失真。

早期的复原方法有：非邻域滤波法、最近邻域滤波法，以及效果较好的维纳滤波和最小二乘滤波等。随着数字信号处理和图像处理的发展，新的复原算法不断出现，在应用中可以根据具体情况加以选择。

4.2.2 图像退化模型

图像恢复处理的关键问题在于建立退化模型。我们知道一幅静止的、单色的二维图像可以用数学表达式 $F=f(x, y)$表示。基于这个表达式可以建立退化模型，如图 4-10 所示。

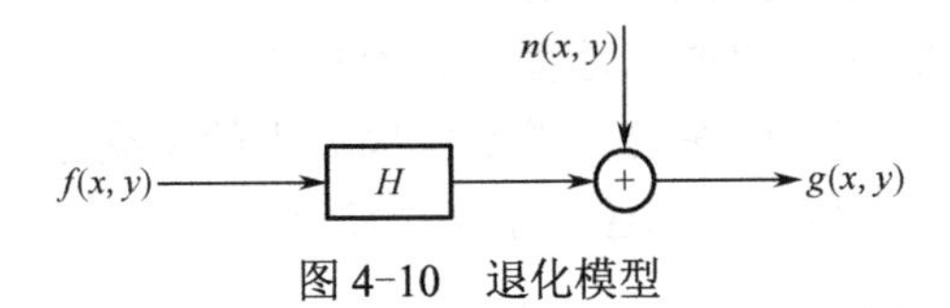

图 4-10　退化模型

由图 4-10 所示模型可以知道，一幅纯净的图像 $f(x,y)$ 是由于通过了一个系统 H 以及加性噪声 $n(x,y)$ 的作用而使其退化为一幅图像 $g(x,y)$ 的。

图像恢复可以看成是一个估计过程。如果已经给出了退化图像 $g(x,y)$ 并估计出系统参数 H，则可以近似地恢复源图像 $f(x,y)$ 。这里 $n(x,y)$ 是一种统计性质的信息。

知识梳理与总结

本章主要介绍了图像增强的方法和图像复原技术，说明了不同图像技术的特点以及适用范围，给出了图像处理公式，为之后的实践操作奠定了理论基础。图像增强技术包括灰度变换、直方图修正、图像空域平滑、图像锐化、频域滤波增强和彩色图像增强。图像复原技术包括三种模型。本章的重点内容如下。

（1）灰度变换。

（2）图像空域平滑。

（3）频域滤波增强。

（4）图像复原方法。

思考与练习题 4

（1）什么是中值滤波？它有何特点？中值滤波器的原理以及实现中值滤波的步骤是什么？

（2）利用线性灰度变换求把灰度范围(0,30)拉伸为(0,50)，把灰度范围(30,60)移动到(50,80)，把灰度范围(60,90)压缩为(80,90)的变换方程。

（3）引起图像退化的原因有哪些？

（4）常见的退化模型包含哪些种类？

（5）比较维纳滤波复原方法和反滤波复原方法的特点和适用范围。

（6）除了本书的复原方法，还有哪些新兴的图像复原技术？

第5章 图像分割与描述

教学导航

教	知识重点	1. 边缘检测的常用算子 2. 图像阈值分割的常用方法 3. 区域分割的常用方法 4. 图像特征描述的常用方法
	知识难点	1. 边缘检测算子的用法 2. 分裂-分割方法 3. 形态学分割原理
	推荐教学方案	以列举法为主，多举例子阐述边缘检测算子的用法并加入相应的练习；给出实际的练习让学生了解图像分割于描述的一些基本方法与思想
	建议学时	4学时
学	推荐学习方法	以小组讨论和学习为主，结合课本中的理论知识，以组为单位进行自主强化学习
	必须掌握的理论知识	1. 边缘检测的常用算子 2. 图像阈值分割的常用方法 3. 区域分割的常用方法 4. 图像特征描述的常用方法
	必须掌握的技能	掌握图像分割和描述的基本方法

5.1　图像分割的概念与分类

根据需要将图像划分为有意义的若干区域或部分的图像处理技术称为图像分割（Image Segmentation）。图像分割是一种重要的图像技术，在理论研究和实际应用中都得到了人们的广泛重视。

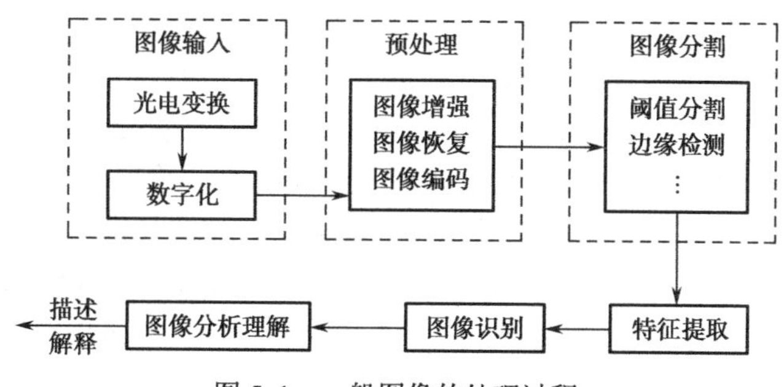

图 5-1　一般图像的处理过程

图像分割在图像处理过程中有很重要的地位，可从不同的角度和特征进行分类。

（1）运算策略不同：并行分割算法，串行分割算法。

（2）实现技术不同：基于直方图的分割，基于边界的分割，基于区域的分割。

（3）应用要求不同：粗图像分割，细图像分割。

（4）对象属性不同：灰度图像分割，彩色图像分割。

（5）是否借助像素灰度模式：纹理图像分割，非纹理图像分割。

（6）对象状态不同：静态图像分割，动态图像分割。

图像分割的方法和种类有很多，有些分割运算可直接应用于任何图像，而有些只能适用于特殊类别的图像。有些算法需要先对图像进行粗分割，因为需要从图像中提取出信息。例如，可以采用对图像的灰度级设置门限的方法分割。值得提出的是，没有唯一标准的分割方法。许多不同种类的图像或景物都可作为待分割的图像数据，不同类型的图像已经有相对应的分割方法对其分割，同时，某些分割方法也只是适合于某些特殊类型的图像分割。分割结果的好坏需要根据具体的场合及要求衡量。图像分割是从图像处理到图像分析的关键步骤，可以说，图像分割结果的好坏直接影响对图像的理解。

虽然图像分割没有唯一的标准，但目前广为人们所接受的是通过集合所进行的定义：

令集合 R 代表整个图像区域，对 R 的图像分割可以看作将 R 分成 N 个满足以下条件的非空子集 R_1，R_2，R_3，…，R_N。

（1）在分割结果中，每个区域的像素有着相同的特性；

（2）在分割结果中，不同子区域具有不同的特性，并且它们没有公共特性；

（3）分割的所有子区域的并集就是原来的图像；

（4）各个子集是连通的区域。

根据实现技术不同进行的分类是目前常用的分类，基于边界的图像分割，首先检测图像边界，再连接目标边界的轮廓线。边界检测的方法有 Robert 算子、Prewitt 算子、梯度算子、拉普拉斯算子、Canny 算子、高斯-拉普拉斯算子等。基于阈值的图像分割是基于图像

直方图的分割方法。分割问题实际上就是像素分类的参数估计问题，易受噪声干扰。基于区域的图像分割是检测满足特定预设条件的区域。常用的检测方法有区域增长法、区域分裂合并法、分水岭算法等。三种基本的图像分割既可单独使用，也可综合使用。

5.2 边缘检测

边缘检测（Edge Detection）是使用数学方法提取图像像元中具有亮度值（灰度）空间方向梯度大的边、线特征的过程。边缘检测是利用导数对图像中灰度的变化进行检测，边缘粗略地分为两大类：阶跃状边缘位于其两边像元灰度值有明显不同的地方；屋顶状边缘位于灰度值从增加到减少的转折处。利用边缘灰度变化的一阶或二阶导数的性质，可以将边缘点检测出来，从而提取目标地物的边界信息。其中，一阶导数有 Roberts Cross 算子、Prewitt 算子、Sobel 算子、Kirsch 算子、罗盘算子；二阶导数有 Marr-Hildreth、在梯度方向的二阶导数过零点、Canny 算子、Laplacian 算子。下面介绍几种常用的检测算子。

5.2.1 Sobel 算子

Sobel 算子是由两个卷积核 $g_1(x,y)$ 与 $g_2(x,y)$ 对源图像 $f(x,y)$ 进行卷积运算而得到的。其数学表达式为：

$$S(x,y)=\mathrm{MAX}\left[\sum_{m=1}^{M}\sum_{n=1}^{N}f(m,n)g_1(i-m,j-n),\sum_{m=1}^{M}\sum_{n=1}^{N}f(m,n)g_2(i-m,j-n)\right] \tag{5-1}$$

实际上 Sobel 边缘算子所采用的算法是先进行加权平均，然后进行微分运算。实际应用中，图像中的每一个像素点都用这两个卷积核进行卷积运算，取其最大值作为输出。运算结果是一幅体现边缘幅值的图像。Sobel 算子的特点是，不仅能够检测边缘点，而且能进一步抑制噪声的影响，但检测的边缘较宽。

5.2.2 Marr 算子

在实际应用中，由于噪声的影响，对噪声敏感的边缘检测点检测算法（如拉普拉斯算子法）可能会把噪声当边缘点检测出来，而真正的边缘点会被噪声淹没而未被检测出。为此 Marr 和 Hildreth 提出了马尔算子，因为它是基于高斯算子和拉普拉斯算子的，所以也称高斯-拉普拉斯（Laplacian of Gaussian，LOG）边缘检测算子，简称 LOG 算子，如图 5-2 所示。马尔算子的具体实施方法是对待检测图像 $f(x,y)$ 采用高斯滤波器 $g(x,y)$ 进行平滑（降低噪声影响），然后再用拉普拉斯算子进行二阶微分，其表达式为：

$$\nabla^2\{g(x,y)*f(x,y)\}=\nabla^2\{g(x,y)\}*f(x,y) \tag{5-2}$$

其中，$g(x,y)=\dfrac{1}{2\pi\sigma^2}\exp\left(-\dfrac{x^2+y^2}{2\sigma^2}\right)$。

这里，把 $\nabla^2\{g(x,y)\}$ 称成为高斯-拉普拉斯滤波算子及 LOG 算子，从图 5-2 可以看到 LOG 算子为轴对称图形，各向同性，形状酷似草帽，所以也称“墨西哥草帽”函数，而相应的算法则称为 LOG 算法，模板一般取 8～32 个像素。与其他边缘检测算子一样，LOG 算子也是先对边缘做出假设，然后在这个假设下寻找边缘像素。但 LOG 算子对边缘的假设条

件最少，因此它的应用范围更广。另外，其他边缘检测算子检测得到的边缘是不连续的、不规则的，还需要连接这些边缘，而 LOG 算子的结果没有这个缺点。

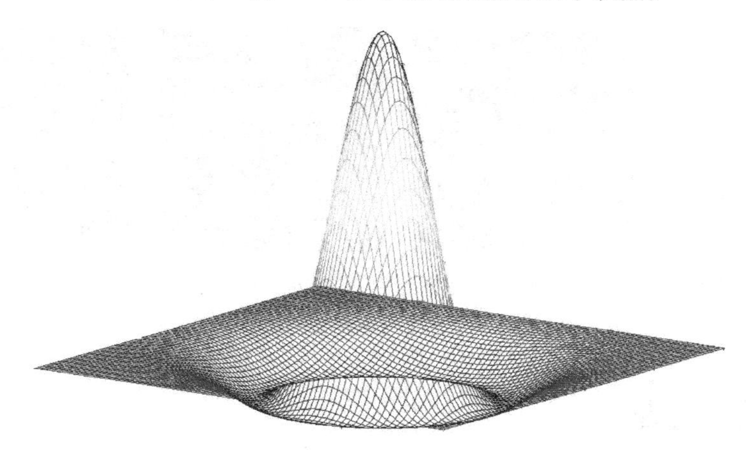

图 5-2　LOG 算子

5.2.3　Canny 算子

前面介绍的 LOG 边缘检测算子是局域窗口梯度算子，由于对噪声敏感，所以在处理实际图像时效果并不是十分理想。根据边缘检测的有效性和定位的可靠性，Canny 研究了设计一个用于边缘检测最优预平滑滤波器中的问题，后来他说明这个滤波器能够很好地被一阶高斯导数核优化。因此，Canny 算子（或者这个算子的变体）是目前最常用的边缘检测方法。这里 Canny 研究了最优边缘检测器所需的特性，给出了评价边缘检测性能优劣的三个指标。

（1）高准确性，在检测的结果中应尽量多包含真正的边缘，而尽量少包含假边缘。

（2）高精确度，检测到的边缘应该在真正的边界上。

（3）单像素宽，要有很高的选择性，对每个边缘有唯一的响应。

针对这三个指标，Canny 提出了用于边缘检测的一阶微分滤波器的三个最优化标准准则，即最大信噪比准则、最优过零点定位准则和单边缘响应准则。

当一个像素满足以下三个条件时，则被认为是图像的边缘点。

（1）该点的边缘强度大于沿该点梯度方向的两个相邻像素点的边缘强度。

（2）与该点梯度方向上相邻两点方向差小于 45°。

（3）以该点为中心的领域中的边缘强度极大值小于某个阈值。

此外，如果条件（1）和（2）同时被满足，那么在梯度方向上的相邻像素就从候选边缘点中取消，条件（3）相当于区域梯度最大值组成的阈值图像与边缘点进行匹配，这一过程消除了许多虚假的边缘点。

Canny 边缘检测算子步骤如下。

步骤 1：用高斯滤波器对图像进行滤波消噪。

步骤 2：用一阶偏导的有限差分来计算梯度的幅值和方向。

步骤 3：对梯度幅值进行非极大值抑制。

步骤 4：用双阈值算法检测和连接边缘。

如图 5-3 所示是 Sobel、Marr 及 Canny 算子对图像 Lena 的边缘检测结果，可以看到 Canny 算子提取的边缘较完整，而且边缘的连续性较好，效果优于其他方法。

（a）Lenna 原始图像

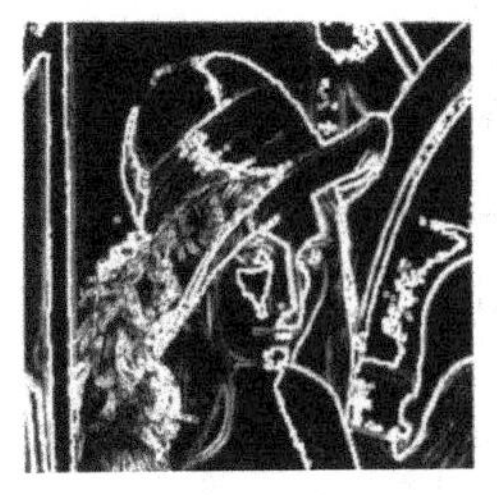
（b）Sobel 算子检测结果

（c）Marr 算子检测结果

（d）Canny 算子检测结果

图 5-3　边缘检测结果的比较

5.3　图像阈值分割

基于阈值的图像分割方法是提取物体与背景在灰度上的差异，把图像分为具有不同灰度级的目标区域和背景区域（也就是我们常说的二值化）的一种图像分割技术。图像阈值化分割是一种最常用，同时也是最简单的图像分割方法，它特别适用于目标和背景占据不同灰度级范围的图像。它不仅可以极大地压缩数据量，而且也大大简化了分析和处理步骤，因此在很多情况下，是进行图像分析、特征提取与模式识别之前必要的图像预处理过程。如图 5-4 所示为指纹图像阈值分割的效果。

（a）采集的灰度指纹图像

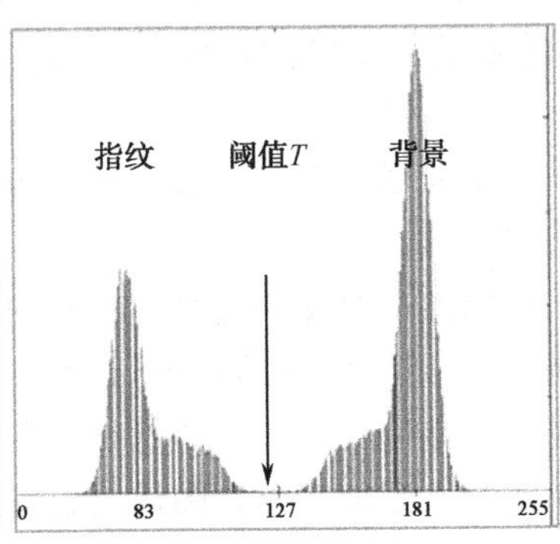

（b）指纹图像的直方图

（c）阈值分割结果

图 5-4　指纹图像阈值分割的效果

图像阈值分割方法有很多，分类也各式各样，这里，按阈值选取的不同将图像阈值分割分为全局阈值法（固定的阈值）和自适应阈值法（变化的阈值）两类。如果背景的灰度值在整个图像中可合理地看为恒定，且所有目标与背景都具有几乎相同的对比度，那么只要选择了正确的阈值，使用一个固定的全局阈值就会有较好的分割效果。如果背景的灰度值并不是常数，目标和背景的对比度在图像中也有变化。在这种情况下，可把灰度阈值设置成一个随位置变化而缓慢变化的函数值。可以看到阈值选定的好坏是图像阈值分割方法成败的关键，下面介绍几种常见的阈值选取方法。

5.3.1　双峰法

如果目标区域和背景区域为灰度区别明显的“双峰”和“一谷”状直方图，则可选取两峰值之间“谷底”所对应的灰度级作为阈值，将目标和背景分开，得到分割后的图像，这就是双峰法，如图 5-5 所示。

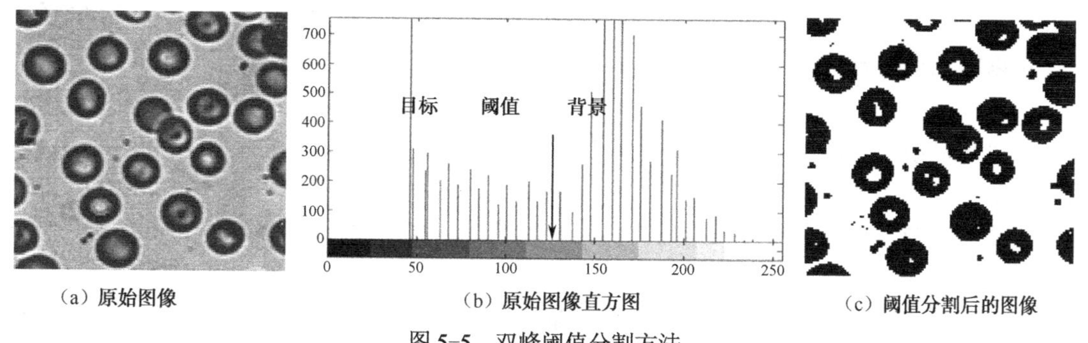

（a）原始图像　（b）原始图像直方图　（c）阈值分割后的图像

图 5-5　双峰阈值分割方法

双峰法还可以推广到具有不同灰度均值的多目标图像中，如图 5-6 所示，根据直方图多个波峰、波谷的分布，选择不同的阈值对图像进行分割，可以得到多个有意义的区域。

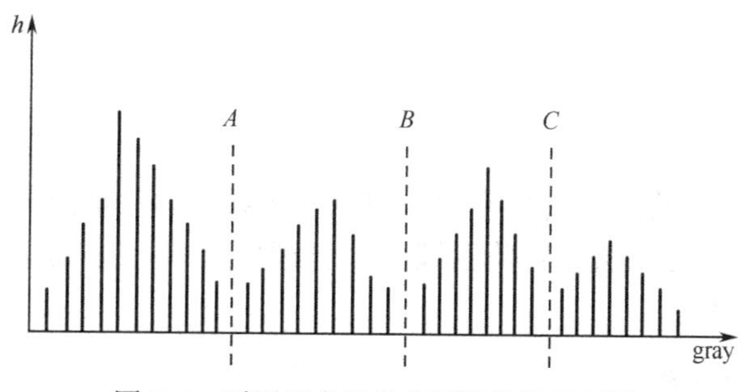

图 5-6　适用于多阈值分割图像的直方图

可以看到，对于直方图双峰明显、谷底较深的图像，该方法可以较快地得到满意的结果，但对于直方图双峰不明显或双峰间的谷底较为宽广而平坦的图像以及单峰直方图的情况，该方法不适用。同时，若图像收到噪声影响时，直方图上原本分离的峰之间的谷底被填充，或者目标和背景的峰相距很近，此时很难检测到谷底，无法确定阈值。

5.3.2　最大类间方差法

最大类间方差法是由日本学者大津（Nobuyuki Otsu）于 1979 年提出的，是一种自适应的阈值确定的方法，又称为大津阈值分割法。它是在灰度直方图的基础上用最小二乘法原理推导得出的，具有统计意义上的最佳分割阈值。

最大类间方差法的原理是以最佳阈值将图像的灰度直方图分割成两部分，使两部分之间的方差取得最大值，即分离性最大。该方法不需要人为设定其他参数，是一种自动选择阈值的方法，而且无论有无明显的双峰都会得到较好的结果。

下面来看看如何寻找最佳阈值。最佳阈值应当产生最佳的目标类与背景类的分离性能。假设阈值 T 将图像各像素按灰度分成两类 C_0 和 C_1：

$$\omega_0 = \sum_{i=0}^{z} P_i \text{，} \quad \mu_0 = \frac{1}{\omega_0}\sum_{i=0}^{z} i \times P_i \tag{5-3}$$

$$\omega_1 = \sum_{i=z+1}^{K-1} P_i \text{，} \quad \mu_1 = \frac{1}{\omega_1}\sum_{i=z+1}^{K-1} i \times P_i \tag{5-4}$$

由式（5-3）、式（5-4）可得图像的总平均灰度为：

$$\mu = \omega_0\mu_0 + \omega_1\mu_1 \tag{5-5}$$

可以得到类间方差：

$$\sigma^2 = [\omega_0 \times (\mu_0 - \mu)^2 + \omega_1 \times (\mu_1 - \mu)^2] \tag{5-6}$$

这里从最小灰度值 0 到最大灰度值 K-1，遍历所有灰度值，其中使得式（5-6）中σ最大时的灰度 z 即为分割的最佳阈值 T。因为类间方差最大的分割意味着错分概率最小，方差越大，说明构成图像的两部分差别越大，错分越严重。在实际应用中，将式（5-6）近似，最佳阈值 T 为使得下式为最大时的 z：

$$\max_{z}[\omega_0\omega_1(\mu_0 - \mu_1)^2] \tag{5-7}$$

上述为一维 Otsu 分割法，这里只考虑了像素的灰度信息，推广到二维或者高维的 Otsu 分割法，又增加了邻域像素的空间信息等，性能更好。

5.4 区域分割

所谓区域分割就是把图像分割为有意义的区域，而属于同一区域的像素应具有相同的或相似的属性，不同区域的像素属性不同。因此，区域分割就是把相同属性归属同一区域的过程。区域分割的具体定义如下：将区域 R 划分为若干个子区域 R_1，R_2，…，R_n，这些子区域满足以下 5 个条件。

（1）完备性：$\bigcup_{i=1}^{n} R_i = R$。

（2）连通性：每个 R_i 都是一个连通区域。

（3）独立性：对于任意 $i \neq j$，$R_i \cap R_j = \varnothing$。

（4）单一性：每个区域内的灰度级相等，$P(R_i)$=TRUE，i=1,2,…,n。

（5）互斥性：任两个区域的灰度级不等，$P(R_i \cup R_j)$=FALSE，$i \neq j$。

（6）区域分割：利用图像的空间性质，认为分割出来属于同一区域的像素应具有相似的性质。

这里需要说明的是，当只利用像素的一个属性进行分割时，区域分割就变成确定属性阈值的问题。因此，在本节中不讨论此类问题。

常用的区域分割方法有边界跟踪和区域生长。边界跟踪（Boundary Tracking）或边缘点连接（Edge Point Linking）的思想是：由图像梯度出发，依次搜索并连接相邻边缘点，从而逐步检测出边界，其目的是要求目标轮廓边界细、连续无间断、准确。与边界跟踪不同，边界跟踪基于梯度得到的是边界，而区域生长基于灰度得到的是区域。其思想是将具有相似性质的像素集合起来构成区域，目的是从单个像素出发，逐渐合并以形成所需的分割区域。下面将以区域生长为主进行讲解。

5.4.1　区域描述

图像的像素间存在多种不同的几何关系，如邻接、连通和距离等。

1．邻接与连通

邻接是像素间最基本的关系。处理图像边缘上的点，每个像素都有 8 个自然邻点，图像处理技术中采用 4 邻接和 8 邻接两种定义。4 邻接包括一个像素上、下和左、右 4 个像点，8 邻接则包括像素点垂直、水平、45°、135° 4 个方向上相邻的 8 个像点。如果 2 个像点是 4 邻接的，则称它们为 4 连通；若是 8 邻接的，则称它们为 8 连通。对于同一幅图像，采用不同的连通定义会得到不同的理解。如图 5-7 所示的二值图，若按 4 连通定义，由 1 所表示的目标是 4 个不连通的直线段；若按 8 连通定义，则是一个闭合的环。

0 0 0 0 0 0
0 0 1 1 0 0
0 1 0 0 1 0
0 1 0 0 1 0
0 0 1 1 0 0
0 0 0 0 0 0

图 5-7　图像点集的连通性

2．距离

距离是描述像点相互关系的重要几何量。设 A、B 两点间的距离为 $d(A,B)$，则 $d(A,B)$满足三条性质：

（1）$d(A,B)\geq 0$，只有当 A、B 为同一点时才取等号；

（2）$d(A,B)=d(B,A)$；

（3）$d(A,C)\leq d(A,B)+d(B,C)$。

距离的定义有很多种具体方式，最常用的有三种，设 A、B 两点的坐标分别为(x_1, y_1)和(x_2, y_2)，有：

（1）欧式距离

$$d(A,B)=[(x_1-x_2)^2+(y_1-y_2)^2]^{1/2} \tag{5-8}$$

（2）街区距离

$$d(A,B)=|x_1-x_2|+|y_1-y_2| \tag{5-9}$$

（3）棋盘距离

$$d(A,B)=\max[|x_1-x_2|+|y_1-y_2|] \tag{5-10}$$

3．曲线的描述

在数字图像处理中，用链码来描述曲线是一种最容易和直观的方法。由于数字图像其实是一个矩形的阵列，线条或边界是由一串离散的像素点组成的，若用网格覆盖图像，并使像素点位于网格的交点上，如图 5-8（a）所示，则离散图像的线条可以看成是短的线段组成的链，这样任何一条开曲线或闭合曲线都可以用链码来描述了。

链码又称为 Freeman 链码，根据不同的连通性定义，有 4 链码和 8 链码之分。以 8 链码为例，链码可以看成是一串指向符。指向符如图 5-8（b）所示，它用 0、1、2、3、4、5、6、7 这 8 个数字来表示 0°、45°、90°、135°、180°、225°、270°、315° 8 个方

向。链码表示就是从一条曲线的起点开始，观察每一线段的走向并用相应的指向符来表示，其结果就形成一个数列。如图 5-8（a）所示的曲线，可以用链码表示为：

23221000076656

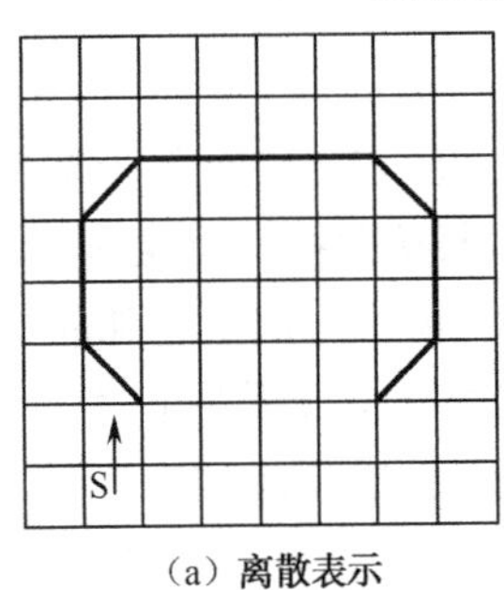

（a）离散表示

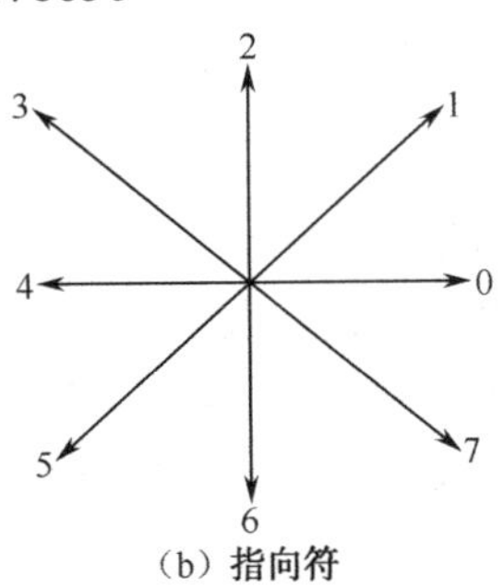

（b）指向符

图 5-8　线条的离散表示与方向指示

在有些场合，用链码来描述闭合边界时，往往不关心起点的具体位置，这样即可使链码与位置无关。如果用链码来表示封闭边界，可以通过选择起始点实现“起始点归一化”，选择的准则是要求最终得到的方向码序列成为一个数值最小的正数，这种归一化措施有助于匹配。

链码的“导数”不随边界旋转运动变化，因此非常有用。对于 8 链码来说，它的导数是对每个码元做后向差分，并对结果做模 8 运算，它表明了链码段之间的相对方向变化。为了使一段链码能与下一段链码有相同的方向，需要将它逆时针旋转，旋转次数（每次 π/2 或 π/4）就是导数数码序列的值。

5.4.2　区域生长

区域生长（Region Growing）是将图像分成许多小区域，将具有相似性质的像素集合起来构成目标区域。区域生长的基本步骤如下。

步骤 1：对像素进行扫描，找出尚没有归属的像素。

步骤 2：以该像素为中心检查它的邻域像素，即将邻域中的像素逐个与它比较，如果灰度差小于预先确定的阈值 T，则将它们合并。

步骤 3：以新合并的像素为中心，返回到步骤 2，检查新像素的邻域，直到区域不能进一步扩张。

步骤 4：返回到步骤 1，继续扫描，直到所有像素都有归属，结束整个生长过程。

区域生长过程结束，图像分割也随之完成。从上述步骤可以看到，区域生长的实质是把具有某种相似性质的像素连通起来，从而构成最终的分割区域。区域生长实例如图 5-9 所示。

1	0	4	7	5
1	0	4	7	7
0	1	5	5	5
2	0	5	6	5
2	2	5	6	4

（a）原始图像和种子像素

1	1	5	7	5
1	1	5	7	7
1	1	5	5	5
2	1	5	5	5
2	2	5	5	5

（b）T=1区域生长结果

1	1	1	1	1
1	1	1	1	1
1	1	1	1	1
1	1	1	1	1
1	1	1	1	1

（c）T=6区域生长结果

图 5-9　区域生长实例

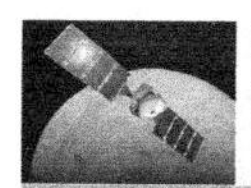
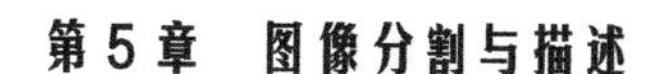

从上述步骤可以看到，区域生长法需要确定三个因素：合理选择最初的种子像素；确定生长过程中合并相邻像素的相似性准则；确定生长过程停止的条件。一般按照邻域和相似性准则的不同，可分为单一型（像素与像素）、质心型（区域与像素）和混合型（区域与区域）三种区域增长方法。

1. 单一型区域生长

单一型区域生长是把图像的某个像素为生长点，通过比较相邻像素的特征，将特征相似的相邻像素合并为同一区域，再以合并的像素为生长点，继续比较合并，不断重复这个过程，直到没有满足生长准则的点为止。这种生长法的特点是方法简单，但如果区域之间的边缘灰度变化很平缓时，两个区域会合并起来。

2. 质心型区域生长

这个方法是对单一型区域生长方法的改进，改进了上述方法的不足，即在种子像素的选择中使用已存在区域的像素灰度平均值与邻像素灰度值进行比较。其他步骤与上述相同。其缺点是区域增长的结果与起始像素有关，起始位置不同则分割结果也不同。

3. 混合型区域生长

混合型区域生长的基本思想是把图像分割成若干子块，比较相邻子块的相似性，相似则合并。也就是选定的一个区域作为初始生长点，其具体步骤如下。

（1）划分图像，通常用左上角第一个子区域作为初始生长点。

（2）计算子区域和相邻子区域的灰度统计量，然后进行相似性判别，合并符合相似性准则的子区域，形成下一轮判定合并时的当前子区，把不符合相似性准则的相邻子区域视为未分割标记。

（3）重复第（2）步的操作。

这种方法的难点在于合并的次数很难确定，合并次数太多，区域的形状会不自然，小的目标可能会遗漏；反之，可靠性下降，分割质量不够理想。一般合并 5～10 次。同时，分割的子区域大小也影响到最终的分割效果，当子区域尺寸很小时就相当于单连接区域生长，不能体现子区域合并生长的优势，当子区域尺寸较大时，会把一些不属于同一区域的像素包括进来，影响分割的精度。

5.4.3　分裂-合并

前面讲述了图像的阈值分割法，它是将图像从大到小，让整幅图像“分裂”成不同区域；而图像的区域生长法则正好相反，它是将图像从小到大，从种子像素出发，最后“合并”成整幅图像。而这里所讲的分裂-合并（Slit and Merge）方法则是由这两种方法结合形成的，它先把图像分成任意大小而且不重叠的区域，再合并或分裂这些区域以满足分割的要求。分裂-合并法弥补了前两种方法的不足，并适用于完全不了解区域形状和区域数目的情况。此方法采用基于四叉树思想，把源图像作为树根或零层，每次将图像四等分进行分裂，而后在此基础上再进行子块合并的过程。

按照上述思想，如图 5-10 所示，首先把图片 R 等分成四个子块 R_1、R_2、R_3 和 R_4，然后考察每个子块的属性，若像素属性小于阈值则不再等分，如果属性大于阈值，则子块再分裂

成相等的四块作为第二层，如此循环进行。这种分割方法用四叉树形式表示最为方便。

（a）被分割的图像

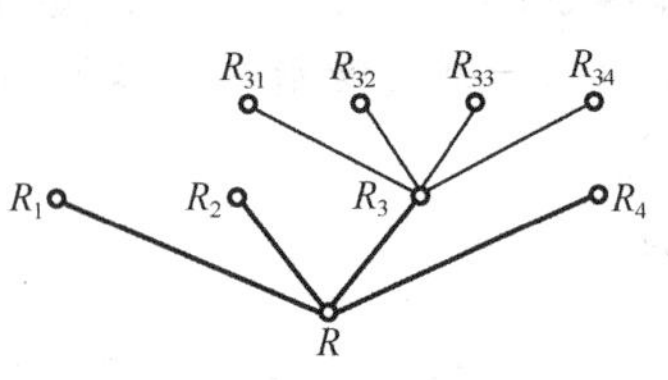

（b）对应的四叉树

图 5-10　图像的分裂

按照上述办法，可将图片分成很多个子块，即完成了图像的分裂；接下来对相邻的任意两个子区域进行比较，如果它们的平均像素属性之差或者方差小于阈值，则将它们合并起来。如果进一步的分裂或合并都再也不可能了，则图像的分裂-合并结束。

下面举一个简单的例子，如图 5-11（a）所示的图像 R，首先将其分裂为 4 个子块，如图 5-11（b）所示。然后再对不均匀的子块进行二次分裂，如图 5-11（c）所示，将符合阈值条件的二次分裂子块进行合并，再将不均匀的二次分裂子块进行三次分裂；最后如图 5-11（d）所示，所有的子块无法再进行分裂-合并，整个图片处理完毕。

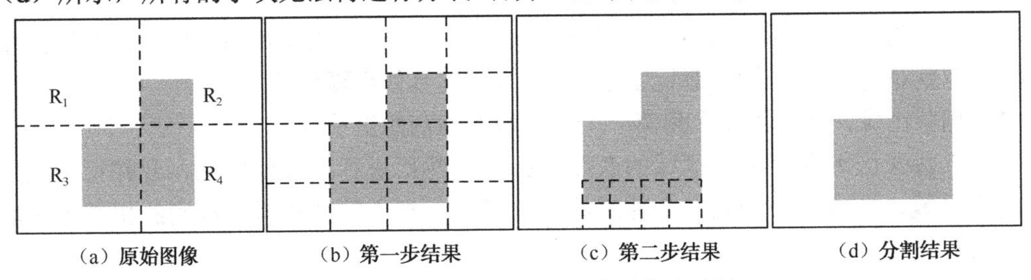

（a）原始图像　（b）第一步结果　（c）第二步结果　（d）分割结果

图 5-11　简单的区域分裂与合并算法过程

几点说明：一幅图像初始分割多少层，视图像的大小决定；在消失小区时，会给区域边缘带来误差；在处理简单图像时，与前面几种方法相比，此方法较为复杂；对于复杂图像来说，效果较好。另外，分裂-合并法不需要种子像素，但是分割后的区域可能具有不连续的边界。

5.5　形态学分割

形态学分割是根据数学形态学原理提出的一种基于区域的分割方法，又称分水岭（Watershed Algorithm）分割算法。该算法的特点是直观、速度快且适于并行处理，对图像中弱边界敏感，可以得到单像素宽的连通、封闭的区域边界，但是容易产生过度分割。分水岭算法不是简单地将图像在最佳灰度级进行阈值处理，而是从一个偏低但仍然能正确分割各个物体的阈值开始。随着阈值逐渐上升到最佳值，使各个物体不会被合并。这个方法可以解决那些由于物体靠得太近而不能用全局阈值解决的问题。其原理是将图像等效为图像的三维模型，像素的灰度值表示该点的海拔高度，每一个局部极小值及其影响区域称为“集水盆”，集水盆的边界则形成“分水岭”。如图 5-12 所示，首先将图像在低灰度阈值（L）上二值化，随后阈值逐渐增加，物体的边界逐渐扩展，当边界相互接触时，在此处建

筑一道防水的大坝，即分水岭，保持这些物体直到最高水位都没遭到“淹没”（合并）。这些初次接触的点变成了相邻物体间的最终边，这些边界就称为“分割线”或“分水线”，也是分水岭算法分割法的主要目标。

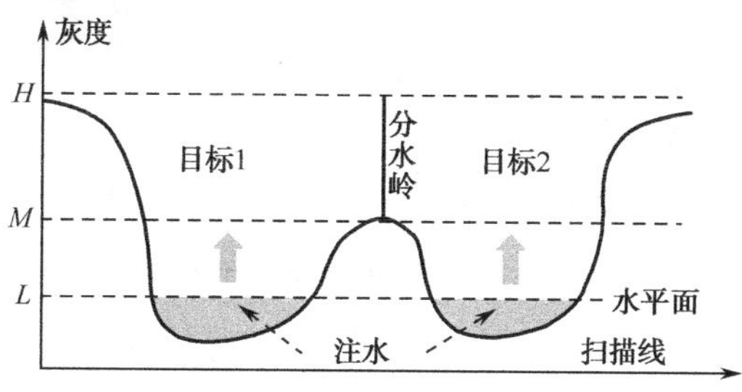

图 5-12　分水岭算法示意图

这些思想可以用图 5-13 所示作为辅助给出进一步的解释。图 5-13（a）显示了一个简单的灰度级图像。图 5-13（b）是地形图。其中“山峰”的高度与输入图像的灰度级值成比例。为了易于解释，这个结构的后方被遮蔽起来。这是为了不与灰度级值相混淆。三维表达式对一般地形学是很重要的。为了阻止上升的水从这些结构的边缘溢出，可想象将整幅地形图的周围用比最高山峰还高的大坝包围起来。最高山峰的值是由输入图像灰度级可能具有的最大值决定的。

假设在每个区域最小值中打一个洞，并且让水以均匀的上升速率从洞中涌出，从低到高淹没整个地形。图 5-14（c）说明被水淹没的第一个阶段。在图 5-13（d）和图 5-13（e）中，看到水分别在第一个和第二个汇水盆地中上升。由于水持续上升，最终水将从一个汇水盆地中溢出到另一个中。图 5-13（f）中显示了溢出的第一个征兆。这里，水确实从左边的盆地溢出到右边的盆地，并且两者之间有一个短“坝”（由像素构成）阻止这一水位的水聚合在一起。由于水位不断上升，实际的效果要超出我们所说的。如图 5-13（g）所示，在两个汇水盆地之间显示了一条更长的坝，另一条水坝在右上角。这条水坝阻止了盆地中的水和对应于背景的水聚合。这个过程不断延续，直到到达水位的最大值（对应于图像中灰度级的最大值）。水坝最后剩下的部分对应于分水线，这条线就是要得到的分割结果。对于这个例子，在图 5-13（h）中显示为叠加到源图上的一个像素宽的深色路径。注意一条重要的性质就是分水线组成一条连通的路径，由此给出了区域间的连续边界。分水岭分割法的主要应用是从背景中提取近乎一致（类似水滴）的对象。那些在灰度级上变化较小的区域的梯度值也较小。因此，实际上，我们经常可以见到分水岭分割方法与图像的梯度有更大的关系，而不是图像本身。有了这样的表示方法，汇水盆地的局部最小值就可以与关注对象的小的梯度值联系起来了。

（a）原始图像

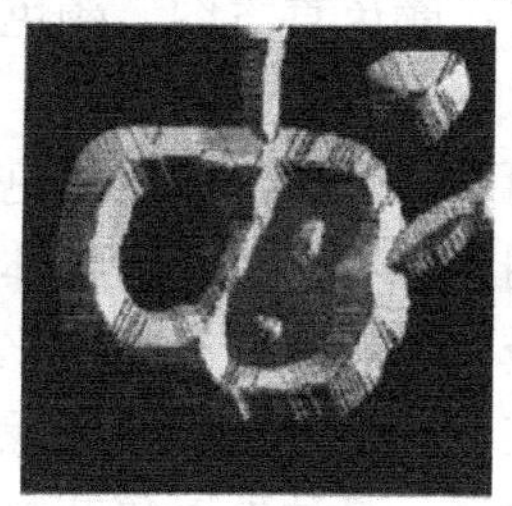
（b）地形俯视图

（c）被水淹没阶段 1

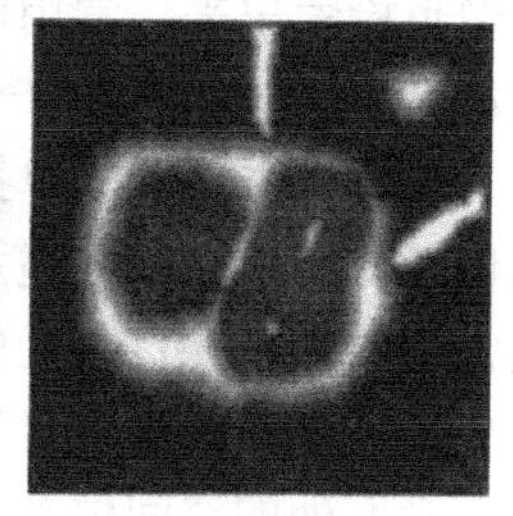
（d）被水淹没阶段 2

图 5-13　分水岭算法

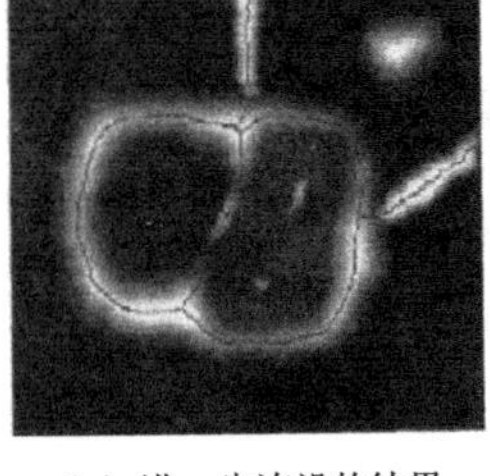
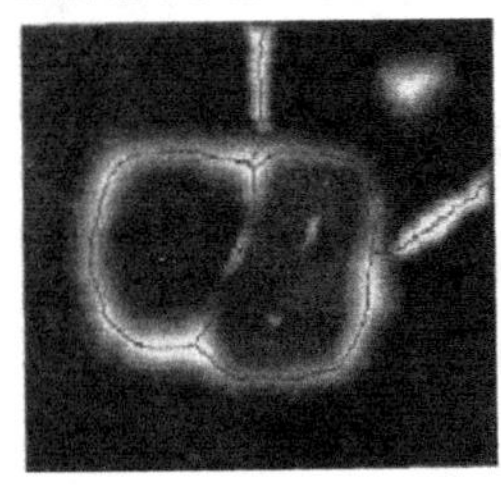
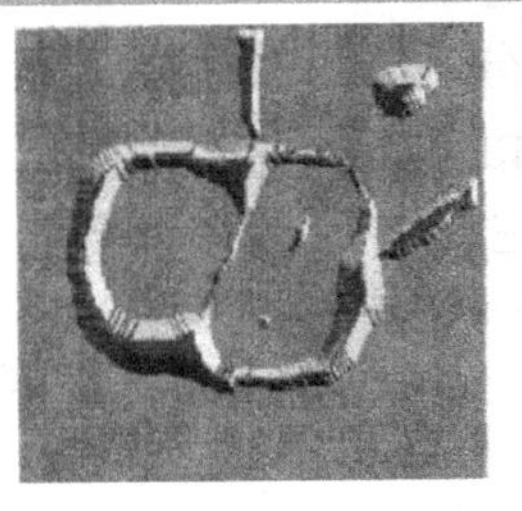

（e）进一步淹没的结果　（f）汇水盆水开始聚合　（g）长一些的水坝　（h）最后的分水线

图 5-13　分水岭算法（续）

前面讲过分水岭算法容易产生过度分割，这里有两种克服过度分割的方法：一是利用先验知识去除无关边缘信息；二是修改梯度函数使得集水盆只响应想要探测的目标。

5.6　图像特征描述

图像特征是表征一个图像最基本的属性或特征，图像特征可以是人类视觉能够识别的自然特征，也可以是人为定义的某些特征。图像特征描述是用数据、符号、形式语言来表示具有不同特征的图像小区（目标）。通常可以分为对区域本身的描述、对区域边界的描述和对区域之间的关系及结构的描述等。

图像特征描述在图像处理中的目的是让计算机具有认识或者识别图像的能力，即图像识别。特征选择是图像识别中一个关键的问题。特征选择和提取的基本任务是如何从众多特征中找出最有效的特征。原始特征的数量很大，或者说原始样本处于一个高维空间中，通过映射或变换的方法可以将高维空间中的特征用低维空间的特征来描述，这个过程称特征提取。而从一组特征中挑选出一些最有效的特征以达到降低特征空间维数的目的，这个过程称特征选择。选取的特征应具有如下特点：可区别性、可靠性、独立性好以及数量少。常用的图像特征有颜色特征、纹理特征、形状特征、物体识别等。

5.6.1　颜色特征

颜色特征是一种全局特征，它描述了图像或图像区域所对应景物的表面性质。一般颜色特征是基于像素点的特征，此时所有属于图像或图像区域的像素都有各自的贡献。由于颜色对图像或图像区域的方向、大小等变化不敏感，所以颜色特征不能很好地捕捉图像中对象的局部特征。另外，仅使用颜色特征查询时，如果数据库很大，常会将许多不需要的图像也检索出来。常用的颜色特征提取方法有：颜色直方图、颜色集、颜色矩、颜色聚合向量等。下面再具体讲一下颜色直方图和颜色矩。

颜色直方图能简单描述一幅图像中颜色的全局分布，即不同色彩在整幅图像中所占的比例，特别适用于描述那些难以自动分割的图像和不需要考虑物体空间位置的图像。它是最常用的表达颜色特征的方法，其优点是不受图像旋转和平移变化的影响，进一步借助归一化还可不受图像尺度变化的影响。其缺点在于，它无法描述图像中颜色的局部分布及每种色彩所处的空间位置，即无法描述图像中的某一具体的对象或物体。最常用的颜色空间为 RGB 颜色空间、HSV 颜色空间。

颜色矩提取方法的数学基础在于，图像中任何的颜色分布均可以用它的矩来表示。此外，由于颜色分布信息主要集中在低阶矩中，因此，仅采用颜色的一阶矩（Mean）、二阶矩（Variance）和三阶矩（Skewness）就足以表达图像的颜色分布。

5.6.2　纹理特征

纹理特征是许多自然图像具有类似人为图形的"图案"特性，它是一个重要而又难以描述的特征，目前有精确的定义，纹理特征表现在区域内呈现不规则性，在整体上表现出某种规律性，可以用统计结构尺度来量化它的特征。多种自然纹理图像如图 5-14 所示。

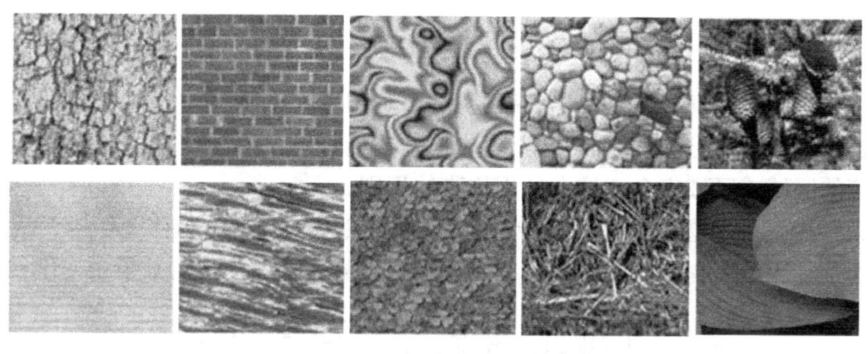

图 5-14　多种自然纹理图像

纹理特征也是一种全局特征，它描述了图像或图像区域所对应景物的表面性质。但由于纹理只是一种物体表面的特性，并不能完全反映出物体的本质属性，所以仅仅利用纹理特征是无法获得高层次图像内容的。作为一种统计特征，纹理特征常具有旋转不变性，并且对于噪声有较强的抵抗能力。但是，纹理特征也有其缺点，一个很明显的缺点是当图像的分辨率变化时，所计算出来的纹理可能会有较大偏差。

纹理的定义大体可以从三个方面来描述。

（1）某种局部的序列性在比该序列更大的区域内不断重复出现。

（2）序列由基本部分（即纹理单元）非随机排列组成。

（3）在纹理区域内各部分具有大致相同的结构。

纹理分析可以在空间域进行，如直方图分析、灰度共生矩阵法、行程长度统计法等，也可以在频率域进行，如傅里叶频谱分析法、小波分析法，而利用分形技术来分析图像的纹理是目前应用较为广泛的方法。

5.6.3　形状特征

形状特征的特点是，基于形状特征的检索方法都可以有效地利用图像中感兴趣的目标来进行检索，但它们也有一些共同的问题：目前基于形状的检索方法还缺乏比较完善的数学模型；如果目标有变形时，检索结果往往不太可靠；许多形状特征仅描述了目标局部的性质，要全面描述目标则对计算时间和存储量有较高的要求；许多形状特征所反映的目标形状信息与人的直观感觉不完全一致，或者说，特征空间的相似性与人视觉系统感受到的相似性有差别。

常用的形状特征提取方法如下。

（1）边界特征法。通过对边界特征的描述来获取图像的形状参数。

（2）傅里叶形状描述法。用物体边界的傅里叶变换作为形状描述，利用区域边界的封闭性和周期性，将二维问题转化为一维问题。

（3）几何参数法。形状的表达和匹配采用更为简单的区域特征描述方法。例如，采用有关形状定量测度（如矩、面积、周长等）的形状参数法。

（4）形状不变矩法。利用目标所占区域的矩作为形状描述参数。

（5）其他方法。近年来，在形状的表示和匹配方面的工作还包括有限元法、旋转函数和小波描述法等。

5.6.4 物体识别

了解了如何描述图形的特征，接下来就需要利用取得的特征进行图像识别。给定一幅包含一个或多个物体的图像和一组对应物体模型的标记，然后计算机将标记正确地分配给图像中对应的区域或区域集合，这个过程称物体识别。

物体识别的基本思想是，首先建立物体模型，然后在给定的物体图像中使用匹配算法从图像中识别出相似的物体，同时标出在图像中找出某类物体出现的数量及出现的位置。

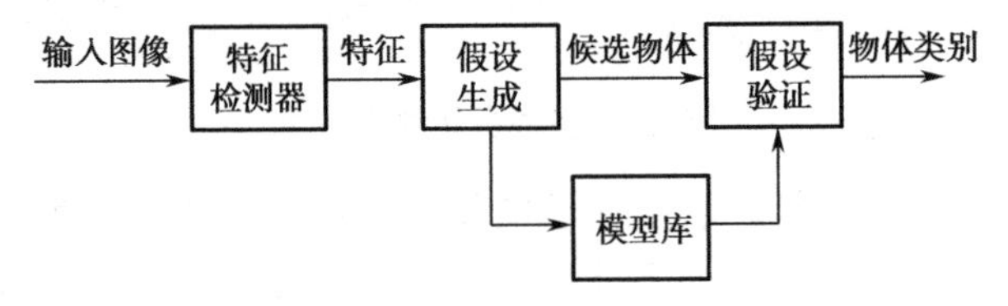

图 5-15　物体识别流程图

知识梳理与总结

本章主要介绍图像分割与描述的基础知识，包括边缘检测、图像阈值分割、区域分割、形态学分割和图像特征描述。

边缘检测主要介绍一些常用的边缘检测算子的用法与优缺点。

图像阈值分割主要介绍常用的双峰法和最大类间方差法。

形态学分割主要介绍分水岭算法的基本思想与方法。

图像特征描述主要介绍常用的图像特征与识别方法。

思考与练习题 5

（1）边缘检测的理论依据是什么？有哪些常用的方法？

（2）阈值分割技术适用于哪种类型的图像分割？

（3）简述双峰法的基本思想。

（4）简述分裂-合并法的基本思想。

第6章 图像的压缩与编码技术

本章主要介绍有关图像压缩与编码介绍的基本知识，包括图像压缩的基本概念、常用压缩编码方法以及图像压缩的国际标准。通过本章的学习，使学生能够对图像压缩编码技术有个全面的了解。

教学导航

教	知识重点	1. 图像压缩基本概念 2. 常用的压缩编码方法 3. 常见的图像压缩标准
	知识难点	图像压缩编码的具体方法
	推荐教学方案	以案例分析为主，联系实际，通过对列举图像的具体说明和操作来讲解相关的理论知识，同时鼓励学生多进行相关方法的实际案例查找和分析
	建议学时	6～8 学时
学	推荐学习方法	以对所找图像的具体分析和小组讨论的学习方式为主；结合本章理论知识，通过观察和分析，总结出来各种方法的特点和效果
	必须掌握的理论知识	1. 常用的图像压缩方法及其分类 2. 无损压缩与有损压缩的区别 3. 常用图像压缩标准
	必须掌握的技能	至少掌握一种图像压缩编码方法

6.1 图像压缩的概念与方法

随着科技的快速发展，计算机的大量普及，人们越来越习惯于从网络上浏览自己所需的信息。由于网上的许多信息都是以图片的形式来存储的，而图片存储所需的数据量是海量的，因此，随着人们需求的增加，图像的压缩就显得越来越重要。要将图像在计算机中存储、传输，就必须将模拟图像转换成数字图像，这是因为数字图像不仅能够最大限度地减少来自外界的各种干扰和噪声，而且具有精度高、处理方便、重复性好、灵活性大等优点。在数字图像处理中，图像压缩编码是最重要的技术之一。

所谓图像压缩，就是在满足一定保真度要求的前提下，对图像数据进行变换、编码和压缩，去除多余数据，减少表示数字图像时需要的数据量，以便于图像的存储和传输。即以较少的数据量有损或无损地表示原来的像素矩阵的技术，也称图像编码。

6.1.1 图像压缩的必要性和可行性

必要性。多媒体图像数据的特点之一是信息量大，例如，一张彩色相片的数据量可达10MB；视频影像和声音由于连续播放，数据量更加庞大。这对计算机的存储以及网络传输都造成了极大的负担，因此在存储和传输上会造成很大的困难。

可能性。图像信息之所以可以压缩是因为图像数据是高度相关的，存在很大的冗余度。这些冗余信息包括无用信息和已经表达的信息（即重复信息）。如果能够很好地抑制这些冗余信息，也就实现了对数据的有效压缩，同时又不会对图像的有用信息造成太大的损失。也就是说，在解压缩过程中，能够解压出源图像或源图像的近似图像。

图像内部及视频序列中相邻图像之间的信息冗余包括如下内容。

时间冗余。连续的视频序列，在 1/25 s 或 1/30 s 的帧间间隔内，景物运动部分在画面上的位移量或当场景交替时整幅景物切换的概率极小。大多数像素点的亮度及色度信号帧间变化很小或基本不变。因此，前后两帧之间的相似性较大，这表现为时间冗余。还如，在声音中，由于人在说话时发音的音频是一个连续的渐变过程，也是一种时间冗余。

空间冗余。在同一幅图像中，规则物体或规则背景的表面物理特性相关性。这些相关性在相应的数字图像数据中表现为数据冗余。例如，一幅图像的某一点区域中的所有点（像素）有着相同的光强度、色彩以及饱和度，该区域的图像数据具有很大的冗余。相邻像素之间、行与行之间都存在空间冗余。

结构冗余。在有些图像的部分区域内存在非常强的纹理结构，或是图像的各部分之间存在着某种关系，如自相似性等。

知识冗余。有许多图像的理解与某些基础知识有相当大的相关性。例如，人脸的图像有固定的结构，嘴的上方有鼻子，鼻子的上方有眼睛，鼻子位于正面图像的中线上等。这类规律性的结构可由先验知识和背景知识得到，我们称此类冗余为知识冗余。

视觉冗余。视觉冗余是指人类的视觉系统不能感知的不是特别敏感的那部分信息。人在观察图像时，只是主观地去找一些明显的目标特征，而不是对每个像素进行等同的分析。因此，在图像中存在大量不被人类的视觉系统感知的信息，这部分信息完全可以去掉。去掉它们之后，人类是不会察觉的，同时又可以节约大量的内存空间。

利用各种冗余信息，压缩编码能够很好地解决将模拟信号转换为数字信号后所产生的各种问题，是使数字信号走向实用化的关键技术之一。常用电视信号的码率如表 6-1 所示。

表 6-1　常用电视信号的码率

应 用 种 类	bit/像素	像素数/行	行数/帧	帧数/秒	亮 色 比	b/s（压缩前）	b/s（压缩后）
电视电话	8	128	112	30	4：1：1	5.2M	56k
会议电视	8	352	228	30	4：1：1	36.5M	1.5～2.0M
普通电视	8	720	480	30	4：1：1	167M	4.0～8.0M
高清电视	8	1920	1080	30	4：1：1	1.18G	20.0～25.0M

6.1.2　图像压缩编码评价

近年来，随着科学技术的快速发展，人们对图像压缩的要求越来越高。为了满足人们的需求，各种图像压缩算法开始出现，并且图像处理技术在各行各业也得到了广泛的应用。随着应用范围的不断扩展，要求的不断提升，如何评价图像压缩的好坏也就受到了越来越广泛的关注。一般来说，图像压缩算法的好坏通常从以下四个方面来考虑。

1. 算法的编码效率

图像压缩编码的效率通常有几种表示形式：图像的平均码字长度（R）、图像的压缩比（rate，r）、每秒钟所需的传输比特数（bits per second b/s）、图像熵与平均码长之比（η）。这些表现形式很容易相互转换。

2. 编码图像的质量

对图像压缩处理后的结果，一般会根据解压重构后的图像给出相应的质量评价。图像质量评价可分为客观质量评价和主观质量评价。客观质量评价是指对压缩前后的图像的误差进行定量计算。最常用的客观质量评价指标有：点误差、图误差、平均平方误差（MSE）、信噪比峰值（PSNR）和结构相似性（Structural SIMilarity，SSIM）。

信噪比峰值表示一个信号的最大可能的能量与使信号产生损伤噪声能量之间的比率。由于许多信号具有一个非常宽的动态范围，所以 PSNR 通常表示成对数分贝的形式。PSNR 最多使用的地方就是作为有损压缩解码器的重构质量的度量。在这种情况下，信号就是原始的数据，噪声就是由压缩所引进的误差。PSNR 值越高，就意味着重构的质量越高。

结构相似性就是评价两幅图像相似性的质量。SSIM 作为一种图像质量度量，是以原始无压缩的或者不存在任何畸变的图像来作为参考基准的，其设计的目的就是提高传统方法的性能。

客观质量评价虽然快速有效，但是不一定具有较好的主观质量。由于对图像的压缩处理最终呈现的是视觉效果，使用主观质量评价比客观质量评价更具有实用性。主观质量评价是指由一批观察者（不少于 20 人）对已经编码的图像进行观察并打分，然后综合所有人的打分结果，并对其取平均值，即可给出图像质量的主观评价。主观质量评价的优点是能

够与人的视觉效果相匹配；其缺点是评判过程缓慢费时，因人而异，应用不方便。

评价也可对照某种绝对尺度进行。表 6-2 给出了一种对电视图像质量进行主观评价的等级，是根据图像的绝对质量进行判断打分的。

表 6-2 图像质量评价表

评　分	评　价	说　明
1	优秀	图像质量非常好，让人感觉不到失真
2	良好	图像质量好，虽然有失真，但看起来清晰
3	可看	图像质量不好，但是还可以观看
4	刚可看	图像质量差，有干扰，勉强可以观看
5	差	图像质量很差，干扰很强，几乎无法观看
6	不可用	图像质量极差，根本无法辨认

3. 算法的适用范围

对于存在的各种各样的压缩编码方法，并不能够准确地判定谁好谁坏，因为每种特定的图像编码算法都有其适用范围，而并不是对所用的图像都有效。一般来说，大多数基于图像信息统计特性的压缩算法都具有较为广泛的适用范围，但一些特定编码算法的适用范围却比较窄，如分形编码主要用于自相似性高的图像。

4. 算法的复杂度

算法的复杂度是指完成图像压缩和解压缩所需的运算量和硬件实现该算法的难易程度。优秀的压缩算法要求有较高的压缩比，压缩和解压缩快，算法简单，易于硬件实现，还要求解压缩的图像质量较好。选用编码方法时一定要考虑图像信源本身的统计特性，多媒体系统（硬件和软件产品）的适应能力，应用环境技术标准等。

6.1.3 图像压缩编码常用方法及分类

为什么要对视频图像进行压缩编码呢？从信息论观点来看，图像作为一个信源，描述信源的数据是信息量（信源熵）和信息冗余量之和。信息冗余量有许多种，如空间冗余，时间冗余，结构冗余，知识冗余，视觉冗余等，数据压缩实质上是减少这些冗余量。可见冗余量的减少可以减少数据量而不减少信源的信息量。从数学上讲，图像可以看作一个多维函数，压缩描述这个函数的数据量实质是减少其相关性。在一些情况下，允许图像有一定的失真，而并不妨碍图像的实际应用，那么数据量压缩的可能性就更大了。

压缩编码的方法有许多种，从不同的角度出发有不同的分类方法，从信息论角度出发可分为两大类。

（1）信息量压缩方法，也称有损压缩，失真度编码或熵压缩编码，即解码图像和原始图像是有差别的，允许有一定的失真。

（2）冗余度压缩方法，也称无损压缩，信息保持编码或熵编码，即解码图像和压缩编码前的图像严格相同，没有失真，从数学上讲是一种可逆运算。

从压缩编码算法原理上分析，图像压缩编码可分为两类：一类压缩是可逆的，即从压缩后的数据可以完全恢复原来的图像，信息没有损失，称为无损压缩编码；另一类压缩是不可逆的，即从压缩后的数据无法完全恢复原来的图像，信息有一定损失，称为有损压缩编码。

压缩编码可分为三大类：

（1）无损压缩编码。

- 哈夫曼编码
- 算术编码
- 行程编码
- Lempel zev 编码

（2）有损压缩编码。

- 预测编码：DPCM，运动补偿。
- 频率域方法：正文变换编码（如 DCT），子带编码。
- 空间域方法：统计分块编码。
- 模型方法：分形编码，模型基编码。
- 基于重要性：滤波，子采样，比特分配，矢量量化。

（3）混合编码。

JBIG，H261，JPEG，MPEG 等技术标准。

衡量一个压缩编码方法优劣的重要指标如下。

（1）压缩比要高，有几倍、几十倍，也有几百乃至几千倍。

（2）压缩与解压缩要快，算法要简单，硬件实现容易。

（3）解压缩的图像质量要好。

总体来说，选择何种压缩方式，要进行多方面考虑，选用编码方法时一定要考虑图像信源本身的统计特征，多媒体系统（硬件和软件产品）的适应能力，应用环境以及技术标准。

6.2　典型的统计编码

统计编码是根据消息出现概率的分布特性进行的压缩编码，它有别于预测编码和变换编码。这种编码的宗旨在于，在消息和码字之间找到明确的一一对应关系，以便在恢复时能够准确无误地再现源图，或者至少是极相似地找到相当的对应关系，并把这种失真或不对应概率限制到可容忍的范围内。但不管什么途径，它们总是要使平均码长或码率压缩到最低限度。

常见的统计编码方法有游程编码、哈夫曼编码、算术编码等。

6.2.1　游程编码

游程编码（RCL）又称“运行长度编码”或“行程编码”，它是一种统计编码，该编码属于无损压缩编码，是栅格数据压缩的重要编码方法。对于二值图有效。

游程编码的基本原理是：用一个符号值或串长代替具有相同值的连续符号（连续符号

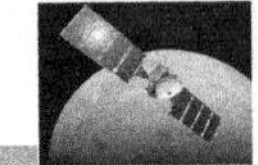

构成了一段连续的“行程”，行程编码因此而得名），使符号长度少于原始数据的长度。只在各行或者各列数据的代码发生变化时，一次记录该代码及相同代码重复的个数，从而实现数据的压缩。

例如，5555557777733322221111111

行程编码为：（5，6）（7，5）（3，3）（2，4）（1，7）。可见，行程编码的位数远远少于原始字符串的位数。

并不是所有的行程编码都远远少于原始字符串的位数，但行程编码也成为了一种压缩工具。

例如，555555 是 6 个字符而（5，6）是 5 个字符，这也存在压缩量的问题，自然也会出现其他方式的压缩工具。

在对图像数据进行编码时，沿一定方向排列的具有相同灰度值的像素可看成是连续符号，用字串代替这些连续符号，可大幅度减少数据量。

游程编码记录方式有如下两种。

（1）逐行记录每个游程的终点列号。

（2）逐行记录每个游程的长度（像元数）。

例如，下表：

A	A	A	B	B
A	C	C	C	A

第一种方式记为：

A,3，B,5

A,1，C,4，A,5

第二种就记为：

A,3，B,2

A,1，C,3，A,1

行程编码是连续精确的编码，在传输过程中，如果其中一位符号发生错误，即可影响整个编码序列，使行程编码无法还原原始数据。

游程长度在栅格加密时，数据量没有明显增加，压缩效率较高，且易于检索、叠加合并等操作，运算简单，适用于计算机存储容量小，数据需大量压缩，而又要避免复杂的编码和解码运算，增加处理和操作时间的情况。

6.2.2 哈夫曼编码

哈夫曼编码（Huffman Coding）是可变字长编码（Variable-Length Coding，VLC）的一种。Huffman 于 1952 年提出一种编码方法，该方法完全依据字符出现概率来构造异字头的平均长度最短的码字，有时称之为最佳编码。

在现代信息处理中，哈夫曼编码是一种一致性编码法（又称“熵编码法”），用于数据的无损耗压缩。这一术语是指使用一张特殊的编码表将源字符（如某文件中的一个符号）进行编码。编码表的特殊之处在于，它是根据每一个源字符出现的估算概率建立起来的，出现概率高的编码较短，反之编码较长，从而使编码之后的字符串的平均长度降低，达到无损压缩数据的目的。

6.2.3　算术编码

算术编码与哈夫曼编码类似，只不过比哈夫曼编码更加有效。算术编码适用于相同的重复序列组成的文件，算术编码接近压缩理论极限。这种方法是将不同的序列映像到 0 至 1 之间的区域内，该区域表示成可变精度（位数）的二进制小数，越不常见的数据要求精度越高，这种方法比较复杂，因此不太常用。

算术编码首先假设一个信源的概率模型，然后用这些概率来缩小表示信源集的区间。例如，固定模式符号概率分配如下：

字母	A	E	R	O	U
概率	0.2	0.3	0.1	0.2	0.2
范围	[0,0.2]	[0.2,0.5]	[0.5,0.6]	[0.6,0.8]	[0.8,1.0]

设编码的数据串为“our”，令 H 为编码间隔的高端，L 为编码间隔的低端，R 为编码间隔的长度，R_L 为编码字符分配的间隔低端，R_H 为编码字符分配的间隔高端。初始：H=1，L=0，R=H−L，一个字符编码后新的 H 和 L 计算公式如下：

$$H=L+R*R_H$$

$$L=L+R*R_L$$

在第一个字符 O 被编码时，O 的 R_L=0.6，R_H=0.8，所以：

L=0+1*0.6=0.6　　H=0+1*0.8=0.8　　R=H−L=0.8−0.6=0.2

此时范围为[0.6,0.8]。

第二个字符 U 编码时使用新生成范围[0.6,0.8]，U 的 R_L=0.8，R_H=1.0，所以：

L=0.6+0.2*0.8=0.76　　H=0.6+0.2*1.0=0.8　　R=H−L=0.8−0.76=0.04

此时范围为[0.76,0.8]。

对第三个字符 r 进行编码，使用新生成范围[0.76,0.8]，r 的 R_L=0.5，R_H=0.6，所以：

L=0.76+0.04*0.5=0.78　　H=0.76+0.04*0.6=0.784

即用[0.78,0.784]表示数据串 our，如果解码器知道最后范围是[0.78,0.784]，则其马上可以解得一个字符为 O，然后依次得到唯一解 U，最终得到 our 字符串。

算术编码具有以下特点。

（1）不必预先定义概率模型，自适应模式具有独特的优点。

（2）信源符号概率接近时，建议使用算术编码，这种情况下其效率高于哈夫曼编码。

（3）算术编码绕过了用一个特定的代码替代一个输入符号的想法，用一个浮点输出数值代替一个流的输入符号，较长的、复杂的消息输出的数值中就需要更多的位数。

（4）算术编码实现方法复杂一些，但 JPEG 成员对多幅图像的测试结果表明，算术编码比哈夫曼编码提高了 5%左右的效率，因此在 JPEG 扩展系统中用算术编码取代哈夫曼编码。

6.3 预测编码

预测编码是利用图像像素之间的空间冗余，对符号本身与其预测值的误差进行编码和记录，从而实现数据压缩的编码方法。

由于图像像素之间存在空间冗余，所以通常可以通过前面已经出现的符号来预测当前要编码的符号。可将当前符号与其预测值相减得到预测误差，并将此预测误差编码送出。由于预测误差通常很小，所以可以使用较少的比特表示，从而达到压缩数据量的目的。

6.3.1 预测编码压缩原理

预测编码是根据某一模型利用过去的取样值对当前值进行预测，然后将当前样值的实际值与预测值相减得到一个误差值，只对这一误差值进行编码。

如果预测模型足够好，而且样值序列有较强的相关性，那么预测误差信号将比原始信号小得多，因此可以用较少的电平等级对预测误差信号进行量化，从而可以大大减少传输的数据量。

如图 6-1 所示为预测编码原理图，其工作过程如下。

- 发送 X_0～X_{n-1}；
- 在此基础上进行预测，得到预测值；
- 进行差分、量化和编码；
- 重复上述过程，预测器必须一致。

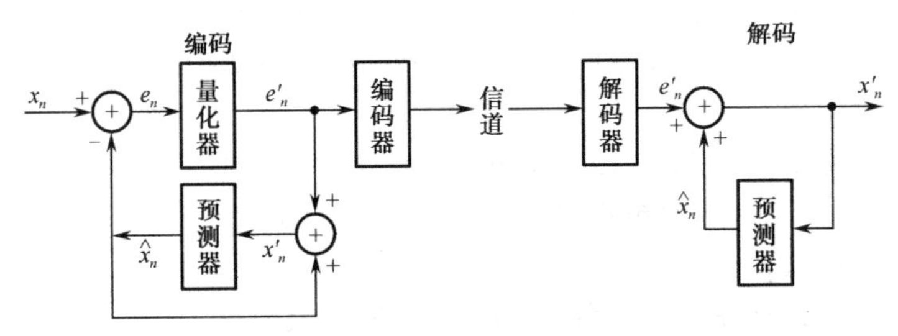

图 6-1　预测编码原理图

在预测编码系统中预测器和量化器是两个关键部分。预测器的预测精度越高，预测误差信号的动态范围越小，数据率越低，因此要保证预测器有较高的预测精度。

预测本身不会造成失真。误差值的编码可以采用无失真压缩法或失真压缩法。

6.3.2 无损预测编码

无损压缩是指压缩后的数据进行重构（或称还原，解压缩），重构后的数据与原来的数据完全相同。无损压缩用于要求重构的信号与原始信号完全一致的场合，如磁盘文件的压缩。

无损压缩方法不需要将图像分解为一个位平面的集合，这种方法通常称为无损预测编码，它是基于通过对每个像素新增的信息进行提取和编码，来消除在空间上较为接近像素之间的冗余信息。一个像素的新增信息被定义为此像素实际值与预测值之间的差异。

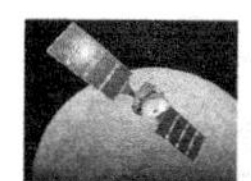

如图 6-2 所示为无损预测编码系统原理图。该系统由一个编码器和一个解码器组成，每部分均包含一个相同的预测器。

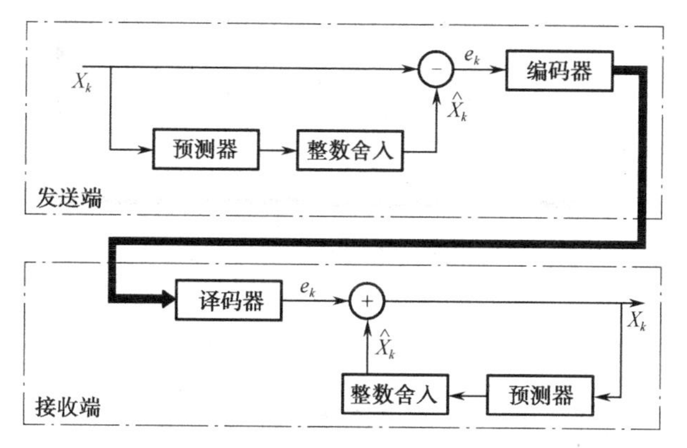

图 6-2　无损预测编码系统原理图

当输入信号序列 X（k=1，2、…）逐个进入编码器时，预测器根据若干个过去的输入产生当前输入的预测（估计）值。将预测器的输出舍入成最接近的整数，并用来计算预测误差 e_k。

$$e_k = x_k - \hat{x}_k$$

这个误差可用符号编码器借助变长码进行编码以产生压缩信号数据流的下一个元素。

在解码器中根据接收到的变长码字重建预测误差，并执行以下操作以得到解码信号。

$$x_k = e_k + \hat{x}_k$$

借助预测器将原来对原始信号的编码转换成对预测误差的编码。在预测比较准确时，预测误差的动态范围会远小于原始信号序列的动态范围，所以对顶测误差的编码所需的比特数会大大减少，这是预测编码获得数据压缩结果的原因。

在多数情况下，可通过将 M 个先前的值进行线性组合以得到预测值。

6.3.3　有损预测编码

与无损编码不同，有损编码是以在图像重构的准确度上做出让步而换取压缩能力增加的概念为基础的。如果产生的失真（可能是明显的，也可能是不明显的）是可以容忍的，则压缩能力上的增加就是有效的。实际上，很多的有损编码技术有能力将压缩比率超过 100: 1，实际上不可区分的单色图像进行数据重构，并且生成的图像与对源图进行 10 : 1 到 50 : 1 压缩所得的图像之间没有本质上的区别。

在无损预测编码模型上添加一个量化器，就构成有损预测编码系统，也称为 DPCM（差分脉冲编码调制）系统，如图 6-3 所示。

量化器的作用是将预测误差映射成有限范围内的输出，量化器决定了有损预测编码相关的压缩比和失真量。

发送端预测器带有存储器，把 t_n 时刻以前的采样值 x_1，x_2，x_3，…，x_{k-1} 存储起来并据此对 x_k 进行预测，得到预测值 $\hat{x}_k$；

e_k 为 x_{n} 与 $\hat{x}_k$ 的差值，e'_k 为 e_k 经量化器量化的值；

x'_k 是接收端的输出信号；

误差 e_k 为 $e_k = x_k - x'_k = x_k - (\hat{x}_k + e'_k) = (x_k - \hat{x}_k) - e'_k = e_k - e'_k$

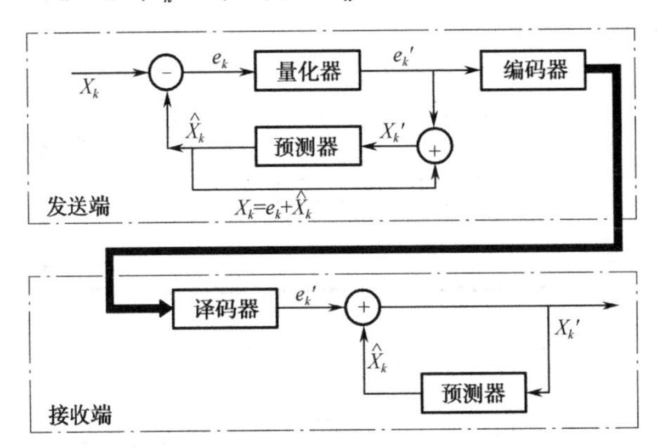

图 6-3　有损预测编码系统原理图

实际上就是发送端的量化器对误差 e'_k 量化的误差。

对 e'_k 的量化越粗糙，压缩比越高，失真越大。

为接纳量化步骤，需要改变图 6-2 中的无损编码器以使编码器和解码器所产生的预测能相等。为此在图 6-3 中将有损编码器的预测器放在 1 个反馈环中。这个环的输入是过去预测和与其对应的量化误差的函数：

$$x'_k = e'_k + \hat{x}_k$$

这样一个闭环结构能防止在解码器的输出端产生误差。这里解码器的输出也由上式给出。

例 6-1　设输入序列为{14,15,14,15,13,15,15,14,20,26,27,28,27,27,29,37,47,62,75,77,78,79,80,81,82,83}，用德尔塔调制编码。

德尔塔调制（DM）是一种简单但众所周知的有损预测编码方法，其预测器和量化器定义如下：

$$\hat{f}_n = a\dot{f}_{n-1}$$

$$\dot{e}_n \begin{cases} +\delta & 当 e_n > 0 \\ -\delta & 其他 \end{cases}$$

这里，a 是一个预测系数（通常小于 1），而 δ 是一个正的常量。量化器的输出可以用 1 比特表示，因此图 6-3 中的符号编码器可以使用 1 比特的固定长度进行编码，得到的 DM 码率是 1 比特/像素。

德尔塔调制编码的例子及结果如图 6-4、图 6-5 所示。

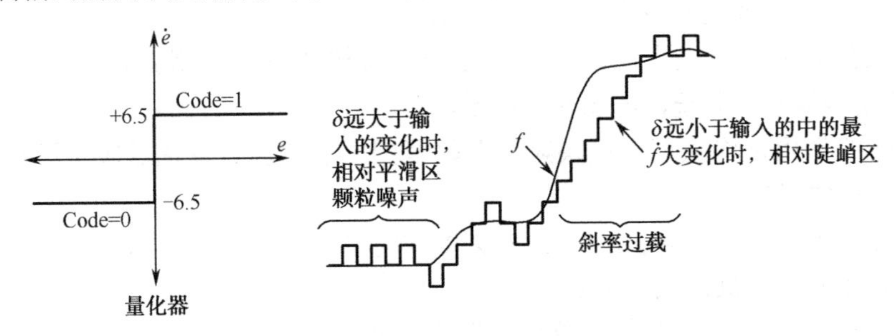

图 6-4　德尔塔调制编码的例子

输入		编码器				解码器		误差
n	f	$\hat{f}$	e	$\dot{e}$	$\dot{f}$	$\hat{f}$	$\dot{f}$	$[f-\dot{f}]$
0	14	—	—	—	14.0	—	14.0	0.0
1	15	14.0	1.0	6.5	20.5	14.0	20.5	−5.5
2	14	20.5	−6.5	−6.5	14.0	20.5	14.0	0.0
3	15	14.0	1.0	6.5	20.5	14.0	20.5	−5.5
⋮	⋮	⋮	⋮	⋮	⋮	⋮	⋮	⋮
14	29	20.5	8.5	6.5	27.0	20.5	27.0	2.0
15	37	27.0	10.0	6.5	33.5	27.0	33.5	3.5
16	47	33.5	13.5	6.5	40.5	33.5	40.5	7.0
17	62	40.0	22.0	6.5	46.5	40.0	46.5	15.5
18	75	46.5	28.5	6.5	53.0	46.5	53.0	22.0
19	77	53.0	24.0	6.5	59.6	53.0	59.6	17.5
⋮	⋮	⋮	⋮	⋮	⋮	⋮	⋮	⋮

图 6-4　德尔塔调制编码的例子（续）

图 6-5　德尔塔调制编码结果

6.4　正交变换编码

统计编码和预测编码的压缩能力有限，目前最为成熟的具有更高压缩能力的方法是变换编码，包括正交变换编码、小波变换编码等。变换编码的原理是将原来在空间域上描述的图像信号，通过某种数学变换（如傅里叶变换、正交变换、小波变换等），变换到变换域（如频率域、正交矢量空间、小波域）中，再用变换系数来描述变换信号。由于变换系数之间的相关性明显降低，并且能量常常集中在低频或低序系数区域中，使得对这些系数进行编码所需要的总比特数，要比对原始数据直接编码所需的总比特数少得多，从而能获得较高的压缩率。如图 6-6 所示为变换编码的通用模型。

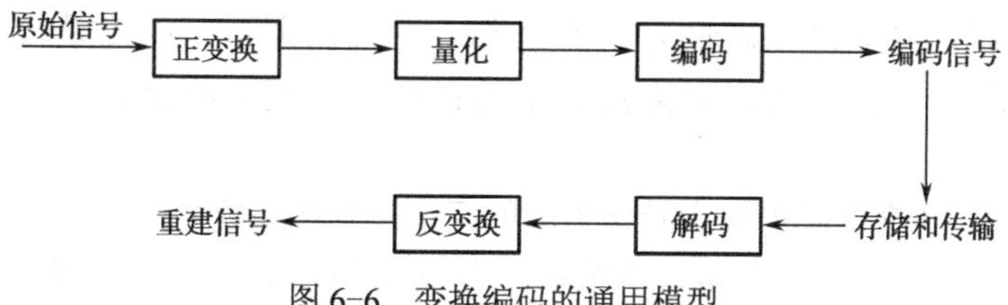

图 6-6　变换编码的通用模型

变换编码是将原始数据分成若干子数据块，然后对每个子数据块进行变换。量化过程对变换系数进行量化，可单独标量量化或适量量化，也可综合起来使用。由于大多数变换

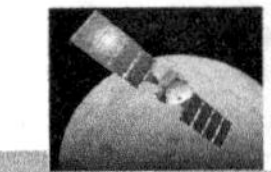

系数的数值都很小，并且它们对重建图像的质量影响较小，可以有选择地对这些系数进行粗糙量化，或者完全忽略不计。量化过程是变换编码信息失真的主要原因。

6.4.1 正交变换编码的概念与特点

预测编码认为冗余度是数据固有的，通过对信源建模来尽可能精确地预测源数据，去除图像的时间冗余度。但是冗余度有时与不同的表达方法有很大的关系，变换编码是将原始数据“变换”到另一个更为紧凑的表示空间，去除图像的空间冗余度，可得到比预测编码更高的数据压缩。

1968 年，出现了正交变换图像编码，H.C.Andrews 等人提出不对图像本身编码，而对其二维离散傅里叶系数进行编码和传输（DFT），但这是一种复变换，运算量大，不易实时处理。

1969 年他们用 WHrI’变换取代 DFT，可使计算量明显减少。此后，又出现了更快的 HRT 变换、SLT 变换等。

1974 年，N. Ahmed 等人提出了离散余弦变换（DCT），DCT 常常被认为是图像信号的准最佳变换。DCT 是一种空间变换，DCT 变换的最大特点是对于一般的图像都能够将像块的能量集中于少数低频 DCT 系数上，这样就可能只编码和传输少数系数而不严重影响图像的质量。DCT 不能直接对图像产生压缩作用，但对图像的能量具有很好的集中效果，为压缩打下了基础。例如，一帧图像内容以不同的亮度和色度像素分布体现出来，而这些像素的分布依图像内容而变，毫无规律可言。但是通过 DCT，像素分布就有了规律。代表低频成分的量分布于左上角，而越高频率成分越向右下角分布。然后根据人眼视觉特性，去掉一些不影响图像基本内容的细节（高频分量），从而达到压缩码率的目的。DCT 与其他方式结合进行压缩编码，已广泛应用于各种图像压缩编码标准中。

由于正交变换在块边界处存在着固有的不连续性，因此在块的边界处可能产生很大的幅值差异，这就是所谓的“方块效应”，人眼对此很敏感。为了解决这个问题，可用滤波器来平滑块边界处的“突跳”，这有一定的效果，但也会或多或少地模糊图像的细节。为此，Prencen 和 Bradly 提出了一种修正的 DCT（MDCT），它利用了时域混叠消除技术来减轻“边界效应”。

对于 DFT、DCT、KL 等正交变换，它们都有如下优点。

（1）熵保持。正交变换具有熵保持性质，即正交变换不丢失信息，从而通过传输变换系数来传送信息。

（2）能量集中。变换域中的能量集中在少数的变换系数上，从而有利于采用熵压缩法来进行数据压缩，也就是在质量允许的情况下，可以舍弃一些能量较小的系数，或对能量大的系数分配较多的比特，对能量较小的系数分配较少的比特，达到提高压缩率的目的。

（3）去相关性。正交变换能够去除像素间的冗余，变化系数之间的相关性较小或为零。

综上所述，图像经过正交变换减小或去除数据间的相关性，并且能量高度集中。如果用变换系数来代替空间样值编码传送时，只需要对变换系数中能量比较集中的部分加以编码，这样就使数字图像传输或存储过程中所需的码率得到压缩。

6.4.2　子图像尺寸的选择

在正交变换中，每一帧图像都是分成若干正方形的子图像来进行的。子图像尺寸的选择是影响正交变换编码误差和计算复杂度的一个因素。子图像尺寸小则计算速度快、实现简单，但是方块效应严重、压缩比小；子图像尺寸大，去相关效果较好，但尺寸足够大时，再加大其值对压缩性能的改进并不明显，反而会增加计算的复杂度。因此在选择子图像尺寸时需要综合考虑如下两个原则。

（1）相邻子图像之间的相关性减少到某个可以接受的水平。

（2）为了简化对子图像变换的计算，子图像的长和宽都是 2 的整数幂，例如，8×8 或 16×16。

6.4.3　系数的选择

对子图像进行变换后，得到的是其变换系数，为了达到压缩数据的目的，对于能量较小的系数可以粗糙量化，分配较小的比特或完全忽略；对于能量较大的系数，可以分配较多的比特。因此，系数的选择对于变换编码的性能有很大的影响，其主要原则是保留能量集中的系数。系数选择通常有区域采样和阈值采样两种方法。

1. 区域采样

区域采样就是选择能量集中的区域，对该区域中的系数进行编码传送，而其他区域的系数可以舍弃不用。在译码端对舍弃的系数进行补零处理。例如，大多数图像具有低通特性，经正交变换后在变换域的能量大多数集中在低频部分，此时就可以保留低频部分的系数而丢弃高频部分的系数。这种处理办法保持了大部分图像的能量，在恢复图像时带来的质量劣化并不明显。

在区域采样的基础上，可以将低通区域再划分成几个小区域，对不同的小区域内的变换系数用不同的比特数进行量化和编码，就构成了区域编码方法。区域编码方法可以节省码率，实现更有效的数据压缩。如图 6-7 所示。

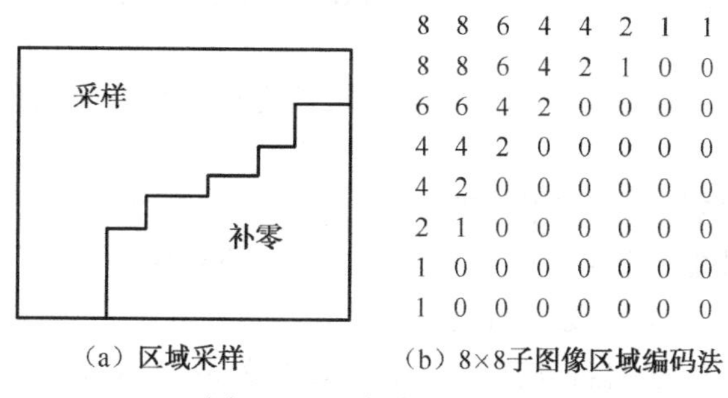

（a）区域采样　　（b）8×8子图像区域编码法

图 6-7　区域采样与编码

2. 阈值采样

阈值采样不是选择固定的区域，而是根据事先设定的门限值与各系数进行比较，如果某系数超过门限值，就保留下来并进行编码传输；如果小于门限值就舍弃不用。这种方法有一定的自适应能力，可以得到比区域采样更好的图像质量。但这种方法也有缺点，就是超

过门限值的系数的位置是随机的。因此，在编码过程中除了对系数值进行编码外，还要有位置码，这两种码同时传送才能在接收端正确恢复图像。因此，其压缩比有时会有所下降。

6.4.4 比特分配

在大多数变换编码系统中，保留的系数是根据最大值方差进行选择的，称为区域编码，或根据最大值的量级选择，称为门限编码。对变换后的子图像的截取、量化和编码的整个过程通常称为比特分配。

1. 区域编码

区域编码是基于信息论中将信息量与不确定性相联系的思想产生的。在编码过程中保留了方差较大的系数，舍弃方差最小的系数，最大方差的系数通常被定位在图像变换的原点周围。

对在区域取样过程中保留的系数不进行量化和编码，这样，区域模板有时被描绘成显示用于对每个系数编码的比特数。在大多数情况下，对系数分配相同的比特数，或在系数中不均匀地分配固定数目的比特数。在第一种情况下，系数通常用它们的标准差进行归一化并进行均匀量化。在第二种情况下，为每一个系数实现一个量化器，比如使用最佳劳埃德—马克思量化器。为了构造所要求的量化器，通常使用瑞利密度函数对第 0 个或直流系数进行建模，而剩下的系数则用拉普拉斯或高斯密度进行模拟。

区域编码具有编码简单、对区域内的编码位数可预先分配，从而使变换块的码率为定值，有利于限制误码扩散的优点；同时也存在大能量系数可能会出现在非编码区域，舍掉它们会造成图像质量较大的损失（如边缘模糊）以及总体效果呈现一种被平滑的效果（舍掉的多为高频系数）的缺点。

2. 门限编码

区域编码通常对所有的子图像使用单一固定的模板进行编码。而门限编码则为每幅彼此不同的子图像保留变换系数的位置，具有固有的自适应性。实际上，由于计算上的简单性，门限编码通常是实际中最常用的自适应变换编码方法。门限编码如图 6-8 所示。

对于变换系数中幅值越大的系数，在解码重建时的贡献越大，而幅值越小的变换系数，其贡献越小，因此，对于幅值超过设定门限的变换系数给予保留，而低于门限的变换系数则丢弃。

对一幅变换后的子图像进行门限处理一般有 3 种基本途径。

（1）对所有的子图像使用单一的全局门限。在该方法中，对不同图像的压缩等级是不同的，这取决于超过全局门限系数的数目。

（2）对每一幅子图像使用自己的门限。该方法称为最大 N 编码，它对每幅子图像都丢弃相同数目的系数，从而令编码率是恒定的并且是事先可知的。

（3）门限随变换系数在像块中的位置而变化。该方法类似于第 1 种方法，得到的编码率是变化的，但是其优点是可以通过使用下式来实现门限处理和量化过程的结合：

$$\hat{T}(u,v) = \text{round}\left[\frac{T(u,v)}{Z(u,v)}\right]$$

门限编码方法有两个问题需要解决。

（1）由于被编码的系数在矩阵中的位置不确定，因此，尚需增加“地址”编码比特数，其码率相对要高一些。

（2）“门限系数”需要由实验来确定，也可以根据总比特数，进行以自适应调节阈值的设计。但自适应的设计往往是比较复杂的，因此成本也较高。

1	1	1	1	1	0	0	0
1	1	1	1	0	0	0	0
1	1	1	0	0	0	0	0
1	1	0	0	0	0	0	0
1	0	0	0	0	0	0	0
0	0	0	0	0	0	0	0
0	0	0	0	0	0	0	0
0	0	0	0	0	0	0	0

（a）典型的区域模板

8	7	6	4	3	2	1	0
7	6	5	4	3	2	1	0
6	5	4	3	3	1	1	0
4	4	3	3	2	1	0	0
3	3	3	2	1	1	0	0
2	2	1	1	1	0	0	0
1	1	1	0	0	0	0	0
0	0	0	0	0	0	0	0

（b）区域比特分配

1	1	0	1	0	0	0	0
1	1	1	1	0	0	0	0
1	1	0	0	0	0	0	0
1	0	0	0	0	0	0	0
0	0	0	0	0	0	0	0
0	1	0	0	0	0	0	0
0	0	0	0	0	0	0	0
0	0	0	0	0	0	0	0

（c）门限模板

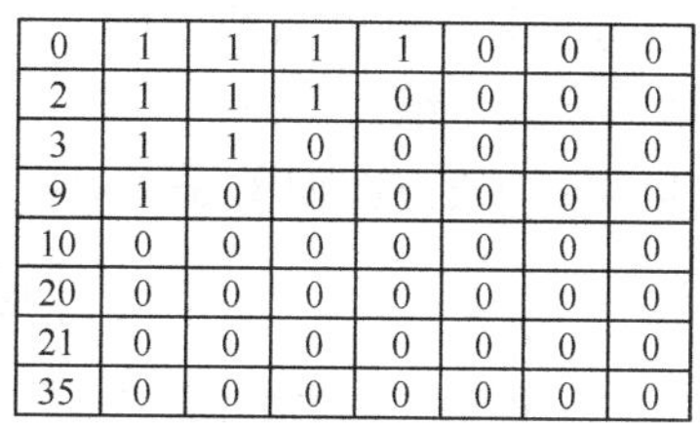

0	1	1	1	1	0	0	0
2	1	1	1	0	0	0	0
3	1	1	0	0	0	0	0
9	1	0	0	0	0	0	0
10	0	0	0	0	0	0	0
20	0	0	0	0	0	0	0
21	0	0	0	0	0	0	0
35	0	0	0	0	0	0	0

（d）门限系数排序序列

图 6-8　门限编码

6.5　基于小波变换的图像压缩编码

一直以来，信号分析和处理的常用手段是傅里叶变换，它也是图像处理领域使用最广泛的一种分析工具。但是傅里叶变换不能满足时域和频域局部化的特点，而小波变换具有这两个特点。这两个特点使得不同尺度上描述相同空间位置的小波变换系数之间具有相似性，这使得小波变换的数据结构非常适合编码的要求。近几年来，利用小波变换进行图像压缩取得了很大的进步，使得图像的压缩率得到了很大的提高。

6.5.1　小波变换

小波可以简单地描述为一种函数，这种函数在有限时间范围内变化，并且平均值为 0。“小波”，顾名思义就是区域小、长度有限、均值为 0 的波形。“小”是指它具有衰减性，“波”则是指波动性，即振幅正负相间的振荡形式。这种定性的描述意味着小波具有两种性质。

（1）具有有限的持续时间和突变的频率和振幅。

（2）在有限时间范围内平均值为 0。

同其他频域方法一样，小波变换本身并不能压缩数据，之所以小波变换在图像压缩中能获得比 DCT 更好的结果，其一是由于小波变换本身有很好的空频局部性质，其二是由于小波系数如下所述的独特优点。

（1）能量集中特性。低层小波系数的能量比高层的小，同层中的能量主要集中在低频

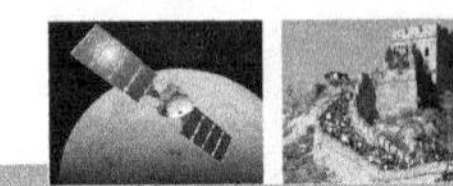

子图内。随着分解层数的增加，能量越发集中（频率压缩性质）；高频子图的能量对应源图的边缘位置（空间压缩性质）。

（2）方向分解特性。对人眼视觉系统的研究表明，人眼对水平和垂直方向的失真敏感。小波变换将图像分解为水平、垂直及对角三个方向的子图，与人的视觉特性是吻合的。

（3）分布相似特性。低频子图接近源图，具有很强的相关性：水平子图像在水平方向相关系数大，而垂直方向小；垂直子图像在水平方向相关系数小，而垂直方向大；斜方向子图像在水平和垂直方向相关系数都小。

充分利用小波变换的上述性质，可以提高编码算法的性能和视觉质量。小波图像压缩的基本思想就是把图像进行多分辨率分解。用 Mallat 塔式快速小波变换算法将图像分解为基本低频分量、水平高频分量、垂直高频分量和对角线高频分量，并对低频分量继续分解，然后对得到的子图像进行系数编码。系数编码是小波变换用于压缩的核心，压缩的实质也就是对系数的量化压缩。

小波图像压缩的一般方案如图 6-9 所示。

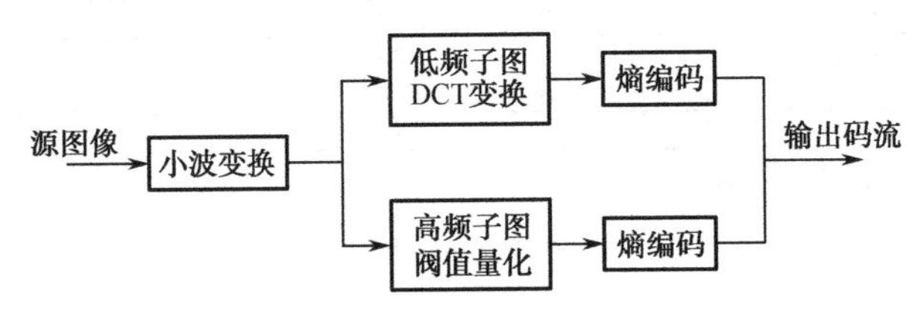

图 6-9　小波图像压缩的一般方案

利用小波变换进行图像压缩要考虑图像的小波分解、小波系数的特点、小波基的选区、小波分解层数和边界延拓问题，它们与最终图像恢复的视觉效果有着密切的关系。

6.5.2　嵌入式零树小波编码

嵌入式零树小波编码（Embedded Zerotree Wavelets encoding，EZW）是 1993 年由美国学者 JeromeM.Shapiro 首先完整地提出了的基于比特连续逼近的图像编码方法：按位平面（BitPlane）分层进行孤立系数和零树的判决和熵编码，而判决阈值则逐层折半递减，故可称之为多层（或位平面）零树编码方法。嵌入式零树小波编码方法十分有效，已经成为基于小波的静止图像压缩的一个里程碑，是迄今为止最优秀的小波图像编码方法之一。

所谓嵌入式编码是指其编码器可以在编码过程中任意一点停止编码，解码器也可以在获得码流的任意一点停止解码，其解码效果只是相当于一个更低码率的压缩码流的解码效果。嵌入式码流中比特的重要性是按次序排列的，排在前面的比特更重要，显然嵌入式码流更适用于图像的渐进传输、图像浏览和在网上的图像传播。

EZW 算法利用小波系数的特点较好地实现了图像编码的嵌入功能，主要包括以下三个过程：零树预测、扫描方法和逐次逼近量化。

1. 零树预测

在变换编码中，变换系数矩阵经过量化后，产生大量非零符号。编码的后续过程就是有效地表示那些非零符号，包括非零符号的位置和大小。表示量化后非零值位置的过程，

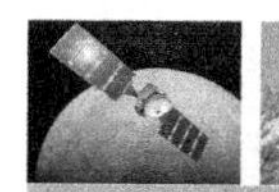

也就是表示有效值位置的过程，称为有效值映射。

零树的定义可以概括为：对于给定的门限 *T*，如果树的根节点及其所有的子孙节点的系数值均是无效值，则称该根节点为零树根。一棵零树是由零树根为起始节点的树，同时该树不是一棵更大零树的子集，即零树根的节点，它的父节点不是零树根。如图 6-10 所示，为了构成一个完整的有效值映射，除了定义零树根（ZTR）外，还需定义其他三个符号：孤零（IZ），表示当前系数值是无效值，但它的子孙系数中至少有一个是有效值；正有效值（POS），表示当前系数是一个正的有效值；负有效值（NEG），表示当前系数是一个负的有效值。

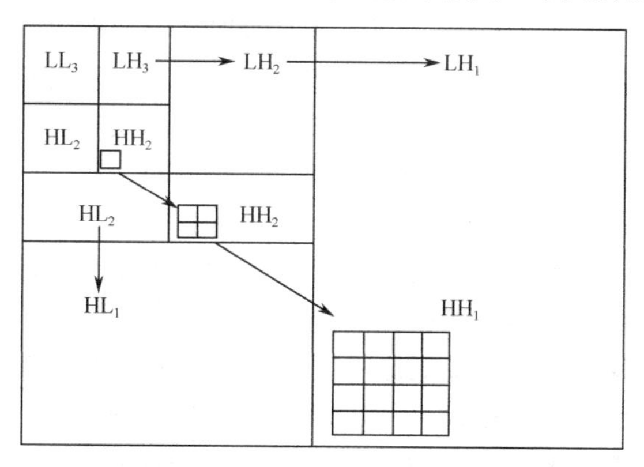

图 6-10　三级小波分解和树结构示意图

2. 扫描方法

EZW 算法对小波系数进行编码的次序称为扫描。已处理的元素 P（正的重要元素）、N（负的重要元素）、T（零树根）和 Z（弧立零点）四个输出符号来表示。有了上述四个符号，可以按照一定的顺序扫描小波变换系数矩阵，从而形成一个符号表，它就是要得到的有效值映射。在扫描过程中，各个子带按图 6-11 所示的次序扫描，在每个子带中，按从上到下、从左到右的顺序，但当遇到一个系数是正有效值时，就将 POS 放入表中；当遇到一个系数是负有效值时，则将 EG 放入表中；当遇到一个系数是孤零时，就将 IZ 放入表中；当遇到一个系数是零树根时，则将 ZTR 放入表中，同时对 ZTR 的所有子孙系数进行标注，因为已经知道它们是无效值，在今后扫描到它们时就跳过。

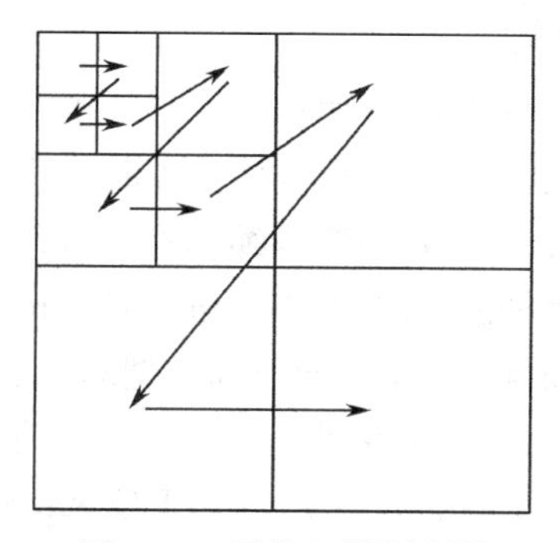

图 6-11　子带扫描顺序图

3. 逐次逼近量化

为了使零树表示构成一个有效的嵌入式码流，可结合逐次逼近量化技术（Successive

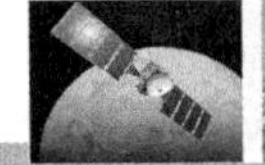

Approximation Quantization SAQ）。SAQ 是指采用一个门限值序列 T_0、T_1、…、T_{N-1}，依次确定有效值和有效值映射，门限值之间满足依次减半。

根据以上描述，EZW 算法可以归纳为下述几个主要步骤。

（1）对图像进行二维离散小波变换，从而产生各个子图。

（2）阈值 T 的选择。开始时的阈值 T_0 通常按 $T_0=2n$ 估算，其中，$n=\log_2(\max(|X(i)|))$，max( )表示最大的系数值，$X(i)$表示小波变换分解到第 i 级时的系数。以后每扫描一次，阈值减少一半。

（3）给系数分配符号。使用 EZW 算法编码图像时，每一次扫描需要执行两种扫描，并产生两种输出的符号。第一种扫描为主扫描，它的任务是把小波系数 X 与阈值 T 进行比较，然后指定一个符号，把这种符号称为系数符号，对整幅图像扫描之后产生系数符号序列。第二种扫描为副扫描，其任务是对主扫描取出的带有符号 POS 或 NEG 的系数进行量化，产生代表对应量化值的符号“0”和“1”，这种符号称为量化符号。

为了确定一个系数是否为零树根 ZIR 或者孤零 IZ，需要对所有的系数进行扫描，这样就需要花费大量时间。此外，为了保护已经被标识为零树的所有系数，需要跟踪它们，这就意味需要存储空间来保存。最后要把绝对值大于阈值的系数取出来，并在图像系数相应的位置上填入一个标记或者零，这样做可以防止对它们再编码。

（4）将扫描到的值送至熵编码器进行自适应算术编码输出。

（5）到达指定的比特率时则停止编码，否则重复步骤（3），直到达到要求精度为止。

6.6 图像压缩国际标准

随着图像压缩技术的不断发展，国际上出现了越来越多有关图像压缩的标准。本节所讨论的大多数标准都是由国际化标准组织（ISO）和国际电信联盟（ITU）（其前身为国际电话与电报咨询委员会（CCITT））联合组织下进行指定的。这些标准适用于二值图像和静止图像的压缩，同时也适用于运动图像的压缩。

6.6.1 二值图像压缩标准

二值图像是一类常见又重要的信源，如日常生活中的文本、传真等都是二值的。随着二值图像应用的不断扩展，CCITT （国际电报电话咨询委员会，国际电信联盟 ITU 下属的一个机构）针对这类应用建立了一系列图像压缩标准，专用于压缩和传递二值图像。这些标准大致包括 20 世纪 70 年代后期的 CCITT Group 1 和 Group 2，1980 年的 CCITT Group 3，以及 1984 年的 CCITT Group 4。为了适应不同类型的二值图像，这些标准所用的编码方法包括了一维的 MH 编码和二维的 MR 编码，其中使用了行程编码（RLE）和 Huffman 编码等技术。今天，收发传真时，使用的大多是 CCITT Group 3 压缩标准，一些基于数字网络的传真设备和存放二值图像的 TIFF 文件则使用了 CCITT Group 4 压缩标准。1993 年，CCITT 和 ISO 共同成立的二值图像联合专家组（Joint Bi-level Image experts Group，JBIG）又将二值图像的压缩进一步发展为更加通用的 JBIG 标准。

1．一维压缩的基本思想

1）每一行行首、行尾编码

行首：用一个白行程码开始，如果行首是黑像素，则用零长度的白 00110101 开始。

行尾：用行尾编码字（EOL）000000000001 结束。

2）图像首、尾编码

图像首行：用一个 EOL 开始。

图像结尾：用连续 6 个 EOL 结束。

3）图像内部编码

内部编码：长度小于 63 的用哈夫曼编码；大于 63 的用组合编码；即大于 63 的长度编码 + 小于 63 的余长度编码，如表 6-3、表 6-4 所示。

表 6-3　长度小于 63 的哈夫曼编码

行程长度	白编码	黑编码
0	00110101	0000110111
1	000111	010
2	0111	11
3	1000	10
4	1011	011
5	1100	0011
⋮	⋮	⋮
61	00110010	000001011010
62	00110011	000001100110
63	00110100	000001011011

表 6-4　长度大于 63 的组合编码

行程长度	白编码	黑编码
64	11011	0000001111
128	10010	000011001000
192	010111	000011001001
256	0110111	000001011011
320	00110110	000000110011
384	00110111	000000110100
⋮	⋮	⋮
1600	010011010	0000001011011
1664	011000	0000001100100
1728	010011011	0000001100101

2. 二维压缩的基本思想

利用上一行相同改变元素的位置，来为当前行编码。假设相临两行改变元素位置相似的情况很多，且上一行改变元素距当前行改变元素的距离小于行程的长度，从而可以降低编码长度。

3. CCITT Group3 基本思想

Group3 标准应用了一种非适应的，一维和二维混合的行程编码技术；在该编码中，每一个 K 行组的最后 $K-1$ 行（$K=2$ 或 4），有选择地用二维编码方式。

4. CCITT Group4 基本思想

Group4 标准是 Group3 标准简化或改进版本；只用二维压缩编码，且为非适应二维编码方法；每一个新图像的第一行的参考行是一个虚拟的白行。Group4 压缩比比 Group3 高一倍。

6.6.2 静止图像压缩标准

1986 年，ISO 和 CCITT 成立了“联合图像专家组”（Joint Photographic Experts Group，JPEG）。该组织建立了静态灰度（或彩色）图像压缩的公开算法，并于 1991 年开始使用。

JPEG 压缩编码标准是静态图像压缩标准中最流行的压缩标准，它是由联合图像专家组开发的一种图像压缩标准。JPEG 算法在 1992 年被确定为 JPEG 国际标准，是国际上彩色、灰度、静止图像的第一个国际标准。JPEG 标准是一个适用范围广泛的通用标准。它不仅仅适用于静态图像的压缩，电视图像序列的帧内图像的压缩编码也常常采用 JPEG 压缩标准。

JPEG 定义了如下 4 种操作模式。

（1）连续无损模式（Sequential Lossless Mode）：在单扫描中压缩图像，并且被解码的图像是原始图像精确的复制品。

（2）基于 DCT 的连续模式（Sequential DCT-based Mode）：在单扫描中使用基于 DCT 的有损压缩技术压缩图像。结果被解码图像不是精确的复制品，而是原始图像的逼近品。

（3）基于 DCT 的渐进模式（Progressive DCT-based Mode）：在多扫描中压缩图像，并且在多扫描中解压图像，每个都连续扫描能产生更好的质量图像。

（4）分级模式（Hierarchical Mode）：以多分辨率压缩图像用于在不同设备上显示。

JPEG 压缩编码—解压缩算法框图如图 6-12 所示。

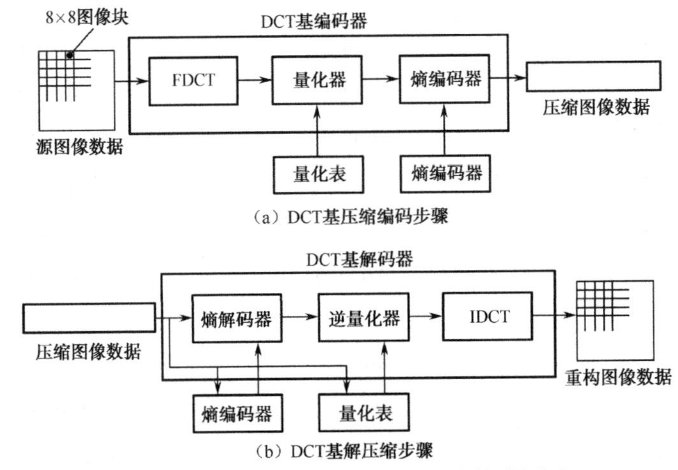

图 6-12 JPEG 压缩编码—解压缩算法框图

JPEG 标准有如下要点。

（1）基本系统，DCT 为主的算法，根据视觉特性设计自适应量化器，用哈夫曼编码，输出压缩码流。

（2）扩展系统（Extended System），是基本系统的扩展，可选用算术编码作为熵编码，还可以选用“渐显重建”的工作方式，即图像由粗而细地显示。

（3）独立的 lossless 压缩，采用预测编码及哈夫曼编码或算术编码，可保证失真率为 0。

随着多媒体应用领域的扩展，传统的 JPEG 压缩已经无法满足人们对多媒体图像资料的要求。因此，更高压缩率以及更多新功能的新一代静态图像压缩技术 JPEG 2000 就诞生了。JPEG 2000 正式名称为“ISO 15444”，同样由 JPEG 组织负责制定。该标准自 1997 年 3 月开始筹划，期间从全球多家大学院校、公司及研究单位收集了 22 份提案，经过不断地测试，于 1999 年 11 月完成委员报告。它的目标是进一步改进目前压缩算法的性能，以适应低带宽、高噪声的环境，以及医疗图像、电子图书馆、传真、因特网上服务和保安等方面的应用。

JPEG 2000 与传统 JPEG 最大的不同之处在于它摒弃了以离散余弦转换为主的区块编码方式，而是采用以小波转换为主的多解析编码方式。小波转换的主要目的是要将影像的频率成分抽取出来。离散小波变换算法是现代谱分析工具，在包括压缩在内的图像处理与图像分析领域正得到越来越广泛的应用。此外，JPEG 2000 还将彩色静态画面采用的 JPEG 编码方式与二值图像采用的 JBIG 编码方式统一起来，成为对应各种图像的通用编码方式。其原理简图如图 6-13 所示，图中 JPEG-LS 标准是一种无损到接近无损的自适应预测编码方案。

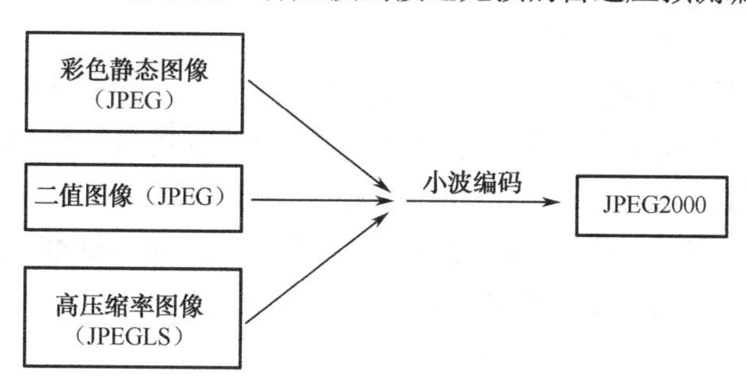

图 6-13　JPEG 2000 原理简图

JPEG 2000 编码器的结构框图，如图 6-14（a）所示。首先对源图像数据进行离散小波变换，然后对变换后的小波系数进行量化，接着对量化后的数据熵编码，最后形成输出码流。解码器是编码器的逆过程，如图 6-14（b）所示，首先对码流进行熵解码，然后解量化和小波反变换，最后生成重建图像数据。

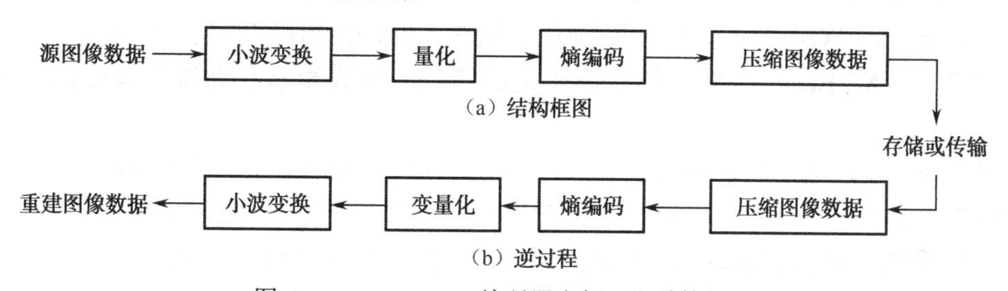

图 6-14　JPEG 2000 编码器和解码器结构框图

JPEG2000 的处理对象不是整幅图像，而是把图像分成若干图像片（Image Tiles），对每一个图像片进行独立的编解码操作。图像“分片”（Tiling）是指原始图像被分成互不重叠的矩形块，对每一个图像片进行独立的编解码处理。

在 JPEG 2000 中使用的是 MQ 编码器，整个 JPEG 2000 的编码过程可以概括如下。

（1）把源图像分解成各个成分（亮度信号和色度信号）。

（2）把图像和它的各个成分分解成矩形图像片。图像片是原始图像和重建图像的基本处理单元。

（3）对每个图像片实施小波变换。

（4）对分解后的小波系数进行量化并组成矩形的编码块（Code-Block）。

（5）对在编码块中的系数进行“位平面”熵编码。

（6）为使码流具有容错性，在码流中添加相应的标识符。

（7）可选的文件格式用来描述图像及其各个成分的意义。

6.6.3 运动图像压缩标准

1987 年，ISO 和 CCITT 成立了“活动图像专家组”（Moving Picture Expert Group，MPEG），任务是制定用于数字存储媒介中活动图像及伴音的编码标准。1991 年 11 月提出了 1.5 Mb/s 的编码方案。1992 年通过了 ISO 11172 号建议，即 MPEG 标准。MPEG 标准主要包括 MPEG 视频、MPEG 音频和 MPEG 系统（视音频同步）三部分，是一个完整的多媒体压缩编码方案。MPEG 编码阐明了编解码过程，严格规定了编码后产生的数据流的句法结构，但是并没有规定编解码的算法。

MPEG 标准的视频压缩编码技术主要利用了具有运动补偿的帧间压缩编码技术以减小时间冗余度，利用 DCT 技术以减小图像的空间冗余度，利用熵编码则在信息表示方面减小统计冗余度。这几种技术的综合运用，大大增强了压缩性能。

目前，MPEG 已颁布了三个活动图像及声音编码的正式国际标准，分别称为 MPEG-1、MPEG-2 和 MPEG-4，而 MPEG-7 和 MPEG-21 正在研究中。

1. MPEG-1 标准

MPEG-1 标准于 1992 年正式出版，标准的编号为 ISO/IEC 11172，其标题为“码率约为 1.5 Mb/s 用于数字存储媒体活动图像及其伴音的编码”。它主要包括系统、视频、音频、一致性和参考软件五部分，简述如下。

第一部分：MPEG-1 系统，主要描述如何将符合该标准的视频和音频的一路或多路数据流与定时信息相结合，形成单一的复合流。

第二部分：MPEG-1 视频，描述视频编码方法，以便存储压缩的数字视频。

第三部分：MPEG-1 音频，描述高质量的音频的编码表示和高质量音频信号的解码方法。

第四部分：一致性，描述测试一个编码码流是否符合 MPEG-1 码流的方法。

MPEG-1 的目的是满足各种存储媒体对压缩视频的统一格式的需要，可用于 625 线和 525 线电视系统，对传输速率 1.5 Mb/s 的存储媒体提供连续的、活动图像编码表示，如 VCD、光盘及计算机磁盘存储等。

2. MPEG-2 标准

MPEG-2 标准是 MPEG 于 1995 年推出的第二个国际标准，标准号是 ISO/IEC 13818，它的正式名称为“通用的图像和声音压缩标准”。MPEG-2 标准最为引人注目的产品是数字电视机顶盒与 DVD。MPEG-2 用于宽带传输的图像，图像质量达到电视广播甚至 HDTV 的标准。和 MPEG-1 相比，MPEG-2 支持更广的分辨率和比特率范围，将成为数字图像盘（DVD）和数字广播电视的压缩方式。

MPEG-2 标准主要包括系统、视频、音频、一致性、参考软件、数字存储媒体的命令与控制（DSM-CC）、高级音频编码、10bit 视频编码、实时接口等九部分。

第一部分：ISO/IEC 13818-1，系统，描述多个视频，音频和数据基本码流合成传输码流和节目码流的方式。

第二部分：ISO/IEC 13818-2，视频，描述视频编码方法。

第三部分：ISO/IEC 13818-3，音频，描述与 MPEG-1 音频标准反向兼容的音频编码方法。

第四部分：ISO/IEC 13818-4，符合测试，描述测试一个编码码流是否符合 MPEG-2 码流的方法。

第五部分：ISO/IEC 13818-5，参考软件，描述 MPEG-2 标准的第一、第二、第三部分的软件实现方法。

第六部分：ISO/IEC 13818-6，数字存储媒体的命令与控制，描述交互式多媒体网络中服务器与用户间的会话信令集。

以上六部分均已获得通过，成为正式的国际标准，并在数字电视等领域中得到了广泛的实际应用。此外，MPEG-2 标准还有三部分：第七部分规定不与 MPEG-1 音频反向兼容的多通道音频编码；第八部分现已停止；第九部分规定了传送码流的实时接口。

3. MPEG-4 标准

MPEG-4 是 1999 年 12 月通过的一个适应各种多媒体应用的“视听对象的编码”标准，国际标号为 ISO/IEC 14496。它主要包括系统、视觉信息、音频、一致性、参考软件、多媒体传送集成框架、优化软件、IP 中的一致性、参考硬件描述等九部分。

MPEG-4 标准有以下优点。

（1）特别针对低带宽等条件设计算法，因此 MPEG-4 的压缩比更高，使低码率的视频传输成为可能。在公用电话线上可以连续传输视频，并能保持图像的质量，这是其他技术做不到的。

（2）节省存储空间。同等条件下如场景、图像格式和压缩分辨率，经过编码处理的图像文件越小，所占用的存储空间越小。由于 MPEG-4 算法比 MPEG-1、MPEG-2 更为优化，因此在压缩效率上更高。

（3）图像质量好。MPEG-4 的最高图像清晰度为 768×576，远优于 MPEG-1 的 352×288，可以达到接近 DVD 的画面效果。这使得它的图像高清晰度非常好。另外，其他压缩技术由于算法上的局限性，在画面中出现快速运动的人或物体和大幅度的场景变化时，图像质量下降。而 MPEG-4 采用基于对象的识别编码模式，从而保证良好的清晰度。

（4）交互性好。与 MPEG-1 和 MPEG-2 相比，MPEG-4 更适于交互 AV 服务以及远程监

控。MPEG-4 是第一个使用户由被动变为主动（不再只是观看，允许用户加入其中，即有交互性）的动态图像标准。

（5）综合性好。从根源上说，MPEG-4 试图将自然物体与人造物体相融合（视觉效果意义上的）。MPEG-4 的设计目标还有更广的适应性和可扩展性。

目前，MPEG-4 的商业应用领域包括：数字电视、实时多媒体监控、低比特率下的移动多媒体通信、基于内容存储和检索多媒体系统、网络视频流与可视游戏、网络会议、交互多媒体应用、基于计算机网络的可视化合作实验室场景应用、演播电视等。

知识梳理与总结

图像压缩是指以较少的比特有损或无损地表示原来的像素矩阵的技术，在实现去除多余数据的过程中，以数学的观点来看，它实际上就是将二维像素阵列变换为一个在统计上无关联的数据集合，其目的是减少图像数据中的冗余信息，从而用更高效的格式存储和传输数据。

图像压缩阵列的评价分为主观评价和客观评价。主观评价需要人的参与，能够直接反应人眼的感受。客观评价用恢复图像偏离源图像的误差来衡量恢复图像的质量。常用的客观评价指标有均方差（MSE）和峰值信噪比（PSNR）。

图像压缩方法按压缩是否完全可恢复分为无损压缩和有损压缩；按方法原理分为熵编码、预测编码、变换编码等。

在很多的应用中，无损压缩是仅有的可以接受的数据压缩方法。这类应用中的一种是医疗或商业文件的归档。无损压缩主要消除编码冗余（熵编码）和空间冗余（预测编码）。其方法包括哈夫曼编码、算术编码等。

预测编码的基本思想是通过仅对像素当前值与预测值的差进行编码来消除像素间的冗余。无损预测编码对差值不进行量化，而有损预测编码通过对差值量化编码实现高效压缩。

变换编码通过对图像或图像子块进行线性正交变换，由于大多数图像经适当变换后的能量会集中在少数几个变换系数上，于是只需要对少数的高能量系数进行适当的量化和熵编码就能实现高效的图像压缩。

小波编码是把图像分解成不同空间方向和不同分辨率的子带图像，根据需要对不同子带图像采用不同的量化策略进行编码。

图像压缩标准是由 ISO 和 CCITT 联合组织专家制定的。这些标准适用于二值图像和连续色调（单色和彩色）图像的压缩，同时也适用于静止画面和视频图像。

思考与练习题 6

（1）简述图像数据中存在哪些冗余。

（2）图像数据压缩的目的是什么？

（3）图像编码有哪些国际标准？其基本的应用对象是什么？

第7章 光电成像系统

光电成像技术已经深入到国防建设、国民经济和人类日常生活的各个领域，是人类文明和发展必不可少的技术手段。尤其在军事领域，光电侦察设备是现代武器装备的眼睛，是实施可靠探测与识别、准确捕获与跟踪、精确打击和保存自己的决定性因素，是夺取战斗胜利的前提和基础。目前，用于观瞄、火控和制导等方面的光电成像系统主要以微光和红外成像系统为代表。

教学导航

教	知识重点	1. 光电成像系统的构成 2. 电荷耦合器件 3. CMOS 图像传感器 4. 红外成像技术
	知识难点	电荷耦合器件
	推荐教学方案	以图示的方法揭示不同光电成像系统的工作过程，结合实物，介绍不同光电成像系统有何特点、如何应用
	建议学时	4 学时
学	推荐学习方法	以动手操作和小组讨论的学习方式为主，结合本章内容，通过比较不同光电成像系统的差异，掌握各种光电成像系统的工作过程和应用范围
	必须掌握的理论知识	1. 电荷耦合器件 2. CMOS 图像传感器
	必须掌握的技能	至少掌握一种光电成像系统的应用

7.1 光电成像系统的构成与技术参数

图像信息是人类获取信息的重要途径，但是由于视觉性能的限制，通过直接观察所获得的图像信息是有限的。例如，夜间无照明时人眼灵敏度受到限制，视角和对比度分辨力有很大影响，并且人眼只对电磁波谱中很窄的可见光区敏感。诸如此类的限制，使得人眼的直观视觉只能感知到有限的图像信息。为此，人类不断进行着开拓自身视见能力的研究。望远镜的出现，延伸了人眼的观察距离；显微镜的应用使人类的观察进入到微观世界；从 19 世纪就开始的光电成像技术研究，则不断地为开拓人类视见光谱范围和视觉灵敏度做出努力。目前光电成像技术已成为信息时代重要的技术领域。

光电成像涉及一系列复杂的信号传递过程。有四个方面的问题需要研究：能量方面——物体、光学系统和接收器的光度学、辐射度学性质，解决能否探测到目标的问题；成像特性——能分辨的光信号在空间和时间方面的细致程度，对多光谱成像还包括它的光谱分辨率；噪声方面——决定接收到的信号不稳定的程度或可靠性；信息传递速率方面——成像特性、噪声信息传递问题，决定能被传递的信息量大小。

7.1.1 光电成像系统的基本构成

光电成像系统按波长可以分为紫外光、可见光（含微光条件）及红外光电成像系统。按照成像原理，可以分为扫描型和非扫描型。复杂信号在光电成像系统中的传递过程如图 7-1 所示。

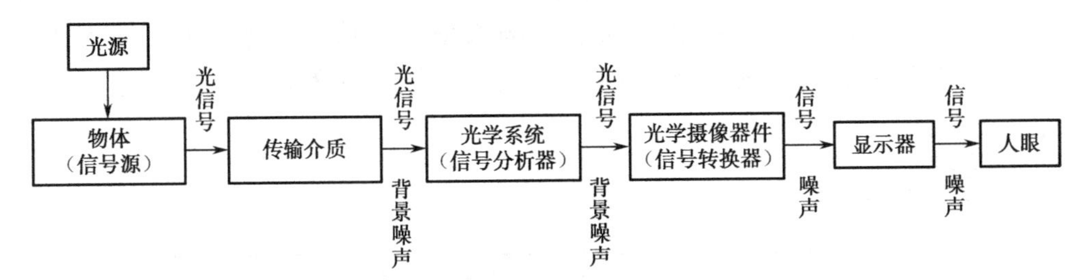

图 7-1 复杂信号在光电成像系统中的传递过程

从图 7-1 可见，成像转换过程有四个方面的问题需要研究。

（1）能量方面。物体、光学系统和接收器的光度学、辐射度学性质，解决能否探测到目标的问题。

（2）成像特性。能分辨的光信号在空间和时间方面的细致程度，对多光谱成像还包括它的光谱分辨率。

（3）噪声方面。决定接收到的信号不稳定的程度或可靠性。

（4）信息传递速率方面。成像特性、噪声信息传递问题，决定能被传递的信息量大小。

景物反射外界的照明光（或自身发出的热辐射）经光电成像系统的光学系统在像面上形成与景物对应的图像，置于像面上的具有空间扫描功能的光电摄像器件将二维空间的图像转变成一维时序电信号，再经过放大和视频信号处理后送至显示器，在同步信号参与下显示出与景物对应的图像。

按照接受系统对景物的分解方式决定了光电成像系统的类型，基本上可以分为光机扫描、电子束扫描及固体自扫描。

1. 光机扫描方式

光机扫描机构主要应用于单元探测器成像。单元探测器与物空间单元相对应，当光学系统进行方位偏转及俯仰偏转时，单元探测器所对应的物空间单元也在方位及俯仰方向上进行相应移动。通常系统需要观察的视场 $A\times B$ 较大（如 20°×30°），而系统的瞬时视场（即由探测器所对应的空间视场）$\alpha\times\beta$ 往往比较小（如 20″×30″），如图 7-2 所示。为了能在有限的时间内观察一帧完整的视场（观察一帧的时间称为帧时），必须将瞬时视场在观察视场内按一定顺序进行扫描。

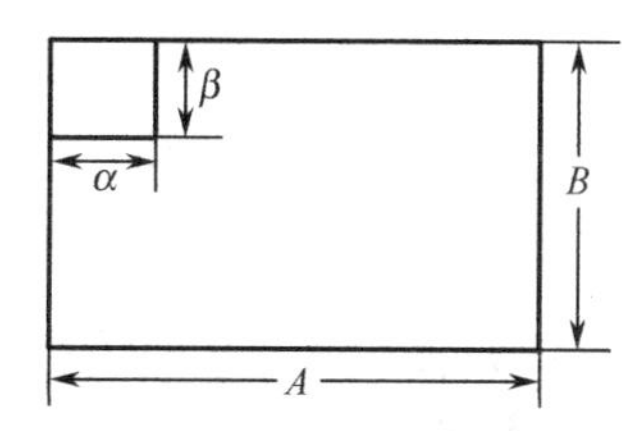

图 7-2　扫描系统中的观察视场与瞬时视场

光机扫描方式的特点是探测器相对总视场只有较小的接收范围，而由光学部件做机械运动来实现对景物空间的分解。在光机扫描方式中常采用多元探测器来提高信号幅值或降低扫描速度，进而提高光电成像系统的信噪比。

由于光电探测器的光敏面尺寸很小，导致光电系统的瞬时视场一般难以满足对大空间范围成像的要求。在许多光电系统中，都采用光学机械扫描的方法来实现大空间区域的目标搜索和成像。

1）扫描方式

（1）平行光束扫描。平行光束扫描是在平行光路中放置扫描器，用以扫描被观测景物，故称物方扫描，如图 7-3 所示。其中图 7-3（a）中的扫描器位于无焦望远系统压缩的平行光路中，扫描器的尺寸较小，有利于提高扫描速度，多用于军用光电系统。图 7-3（b）中的扫描器位于聚焦光学系统前，旋转反向镜鼓 3 完成水平方向快扫描，摆动反向镜 2 完成垂直方向慢扫描。这种扫描方式一般需要有一个比聚光光学系统口径还要大的扫描镜。这种扫描方式的优点是对聚焦光学系统要求不高，像差校正比较简单，民用热像仪中多采用这种扫描。

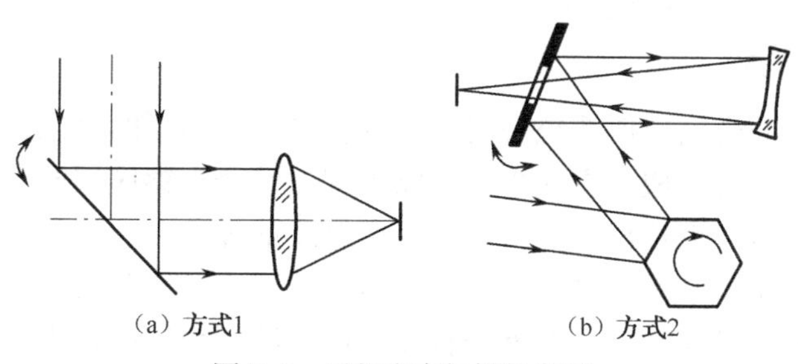

（a）方式1　　（b）方式2

图 7-3　平行光束扫描的实例

（2）会聚光束扫描。会聚光束扫描是在物镜会聚光束中放置扫描器，对像方光束进行扫描，故称像方扫描，如图 7-4 所示。会聚光束扫描器可以做得比较小，易于实现调整扫描。但这种扫描方式需要使用后截距长的聚光光学系统，而且由于在像方扫描，将导致像面的扫描散焦，所以对聚光系统有较高的要求。扫描视场不宜太大，像差修正比较困难，扫描角度受到限制。

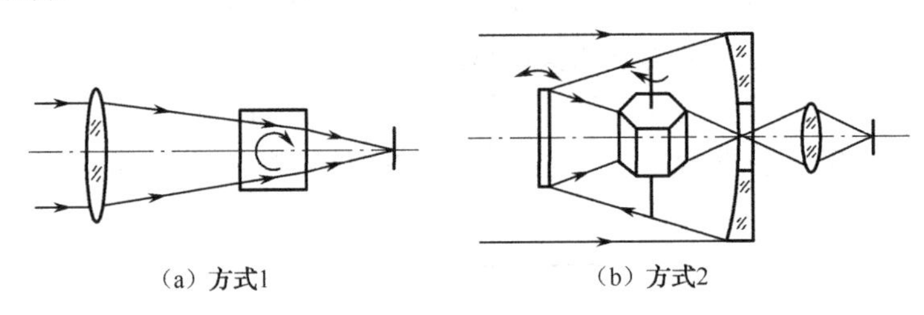

图 7-4　会聚光束扫描

2）常用的光机扫描器

（1）摆动平面镜。如图 7-5（a）所示，摆动平面镜在一定范围内周期性地摆动，它既可用于平行光束扫描器，又可用于会聚光束扫描器。由于机构有一定的惯性，平面镜的摆动速度不能太高，而且在高速摆动的情况下，视场边缘变得不稳定，并且要求电机的驱动功率大，不能实现高速扫描。它的扫描效率高，扫描视场窄，图像质量不好。它在会聚光束扫描中产生散焦现象。

（2）旋转平面镜。如图 7-5（b）所示，旋转平面镜可绕三个正交轴中任意一轴旋转，以达到不同的扫描要求。扫描器结构简单，扫描视场宽，但扫描效率低，图像质量一般。

（3）旋转反射棱镜。如图 7-5（c）所示，旋转反射棱镜的反射镜面绕镜鼓中心轴线旋转，转动连续而平稳，可以实现高速扫描，扫描效率较高（与面数有关），在会聚光束中产生严重的像散，主要用于平行光束扫描。它的扫描视场宽，图像质量一般。

（4）旋转折射棱镜。如图 7-5（d）所示，多面折射棱镜绕通过其质心的轴线旋转，构成旋转折射棱镜扫描器。旋转折射棱镜只用于会聚光束扫描器，焦点有轴向位移，产生明显的各种像差，对光学系统消像差要求较高。但它的运动平稳而连续，扫描视场宽，尺寸小，可提高扫描速度。

（5）旋转折射光楔。如图 7-5（e）所示，旋转折射光楔扫描一般用在平行光束中，因为在会聚光束中会产生严重的像差。它是一种非常灵活的光机扫描器，通过改变两个光楔的旋转方向和转速可得到许多不同的扫描图形。

2. 电子束扫描方式

电子束扫描方式的光电成像系统采用的是各种电真空类型的摄像管，如红外成像系统中的热释电摄像管。在这种成像方式中，景物空间的整个观察区域同时成像在摄像管的靶面上，图像信号通过电子束检出。只有电子束所触及的那一个小单元区域才有信号输出。摄像管的偏转线圈控制电子束沿靶面扫描，这样便能依次拾取整个观察区域的图像信号。电子束扫描方式的特点是光敏靶面对整个视场内的景物辐射同时接收，而由电子束的偏转运动实现对景物图像的分解。

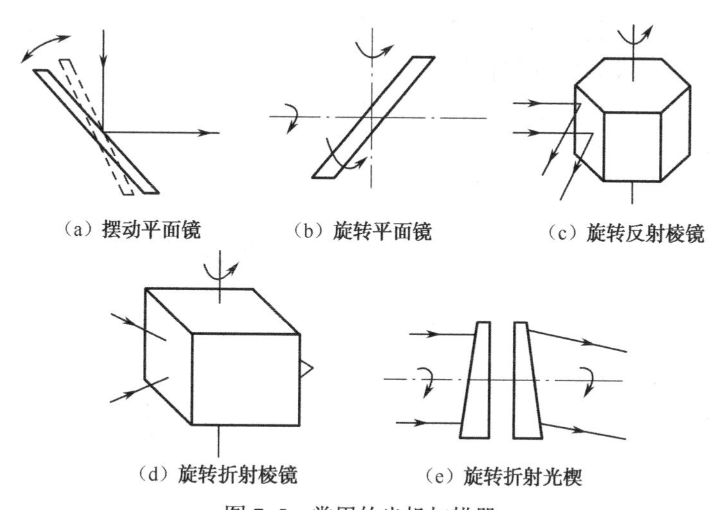

图 7-5　常用的光机扫描器

将一幅图像上各像素点的不同敏感程度转化为顺序传送的相应电信号，以及将这些顺序传送的电信号再重现为一幅平面图像的过程（即图的分解与复合），都是借助于电子扫描来实现的。在摄像管与显像管中，电子束按一定规律在靶面上或屏幕上运动就可以完成摄像和显像的扫描过程。

在电视系统中，电子束的扫描采用匀速、单向直线扫描方式，即扫描的速度是均匀的，扫描的轨迹是直线，只在单一方向传递图像信息。

有电路分析可知，运动的电子（电子束）通过电场或磁场时，会受到电场或磁场的作用而发生运动方向的改变，电子束通过电场产生的运动方向的改变称为静电偏转，电子束通过磁场产生的运动方向的改变称为磁偏转。电视摄像管和显像管均采用磁偏转方式，即在管壳外都装有偏转线圈以产生偏转磁场。

电子束的扫描方式有两种，下面分别进行介绍。

1）逐行扫描

电子束从上到下一行接一行地扫过整幅（帧）画面称为逐行扫描。这种扫描分成两个方向，从显像管外看：自上而下的扫描称为垂直扫描，也称场扫描，在逐行扫描中，一幅图像一场扫完，帧和场无区别；自右到左的扫描称为水平扫描，也称行扫描。

2）隔行扫描

所谓隔行扫描，即每帧扫描的行数不变，图像的清晰度不变，但每帧图像分为两场传送。第一场（奇数场）传送 1、3、5、…奇数行；第二场（偶数场）传送 2、4、6、…偶数行。于是每秒传送 50 场画面，即场频为 50 Hz，这样将不产生闪烁感，所以隔行扫描既保持了逐行扫描的清晰度，避免了闪烁感，又使图像信号的带宽仅为逐行扫描的一半，故世界各国均采用。

第一场，从左上角开始按 1—1′，3—3′，…顺序扫描，直到第 11 行的前半行即 a 为止，共计$5\frac{1}{2}$行，完成了第一场正程扫描。当电子束扫到荧光屏最下面 a 后，又立即返回到荧光屏的最上面 a′，完成第一场的逆程扫描。

第二场（偶场），扫描从 a′开始，想完成第一场扫描留下的半行 a′—11 行的扫描，接着完成 2—2′，4—4′，…等偶数行的扫描，当电子束扫到荧光屏右下角 10′点处，第二场正程扫描结束。至此电子束共完成两场（一帧）的扫描运动。接下去第三场的扫描轨迹与第一场完全重合，第四场也必然与第二场完全重合，从而完成第二帧的扫描。

3）固体自扫描方式

固体自扫描是用固定的探测元件，通过遥感平台的运动对目标地物进行扫描的一种成像方式。

目前常用的探测元件是电子耦合器件 CCD，它是一种用电荷量表示信号大小，用耦合方式传输信号的探测元件，具有感受波谱范围宽、畸变小、体积小、重量轻、系统噪声低、灵敏度高、动耗小、寿命长、可靠性高等一系列优点。扫描方式上具有刷式扫描成像特点。探测元件数目越多，体积越小，分辨率就越高。电子耦合器件 CCD 逐步替代光学机械扫描系统。

上述的分类方法不是绝对的，有的光电成像系统是不同扫描方式的结合，如线阵 CCD 成像系统，是俯仰光机扫描与方位固体自扫描的结合；有的红外遥感系统则是光机扫描与面阵摄像器件的结合。从目前情况看，光机扫描及固体自扫描方式的光电成像系统占主导地位。

7.1.2 光电成像系统的基本技术参数

我们将光电成像系统的基本技术参数总结如下。

（1）光学系统的通光口径 D 和焦距 f'，它们是决定光电成像系统性能和体积的关键参数。

（2）瞬时视场角α、β。

在光机扫描及固体自扫描系统中，单元探测器尺寸为 $a \times b$（μm^2），水平及俯仰方向的瞬时视场角 α、β，由 a、b 及光学系统焦距f'（mm）决定：

$$\alpha = a/f' \text{ (mrad)} \tag{7-1}$$

$$\beta = b/f' \text{ (mrad)} \tag{7-2}$$

$\alpha \times \beta$成为一个分辨单元。α、β的大小反映了光电成像系统空间分辨率的高低。

（3）观察视场角 W_H、W_V。

在光机扫描系统中，水平及俯仰方向的观察视场角 W_H，W_V。由光机扫描机构的偏转角及视场光阑决定（有些情况下也与 f'有关）。对于电子束扫描和固体自扫描系统，W_H，W_V 由摄像器件的总光敏面积与f'决定。

（4）帧时 T_f和帧速 $\dot{F}$（帧/秒），显然有：

$$T_f = 1/\dot{F} \tag{7-3}$$

（5）扫描功率η。

光机扫描机构对景物扫描时，实际扫描过的空间角度范围通常比观察视场角 W_H、W_V 要大，观察视场一次所需要的扫描时间与扫描机构实际扫描一周所需要的时间之比称为扫描效率η，即：

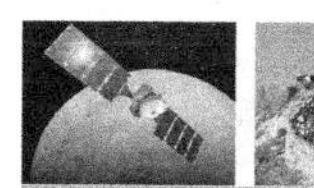

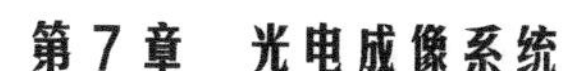

$$\eta = \frac{T_{\mathrm{fov}}}{T_{\mathrm{f}}} \tag{7-4}$$

其中 T_{fov} 是对视场完成一次扫描所需要的时间。通常空间扫描是由水平扫描和俯仰扫描组成的，所以扫描效率也分为水平扫描效率 η_{H} 和俯仰扫描效率 η_{V}，扫描效率为两者之积。

（6）滞留时间 $\varGamma_{\mathrm{d}}$。

对光机扫描系统而言，物空间一点扫过单元探测器所经历的时间称为滞留时间。探测器在观察视场中对应的分辨单元数为：

$$\eta = \frac{W_{\mathrm{H}} W_{\mathrm{V}}}{\alpha\beta} \tag{7-5}$$

由 $\varGamma_{\mathrm{d}}$ 的定义有：

$$\varGamma_{\mathrm{d}} = \frac{T_{\mathrm{t}}\eta}{n} = \frac{\alpha\beta\eta}{W_{\mathrm{H}} W_{\mathrm{V}} \dot{F}} \tag{7-6}$$

光电成像系统的综合性能参数是在以上各项基本参数的基础上进一步综合得出的，如光学系统的通光口径，焦距和视场角等。

7.2　固体摄像器件

固体摄像器件的功能是把光学图像转换为电信号，即把入射到传感器光敏面上按空间分布的光强信息（可见光、红外辐射等），转换为按时序串行输出的电信号—视频信号，而视频信号能再现入射的光辐射图像。固体摄像器件主要有三大类：电荷耦合器件（Charge Coupled Device，CCD）、互补金属氧化物半导体图像传感器（CMOS）、电荷注入器件（Charge Injection Device，CID）。目前，前两种用得比较多。

7.2.1　电耦合摄像器件

CCD 发展于 20 世纪 70～80 年代，与其他器件相比，它最突出的优点是以电荷为信号的载体，不同于大多数以电流或电压为信号载体的器件。CCD 的基本功能是电荷存储和电荷转移，因此，CCD 工作过程就是信号电荷的产生、存储、传输和检测的过程。如图 7-6 所示为一个 CCD 探测器的实物图。

图 7-6　CCD 探测器

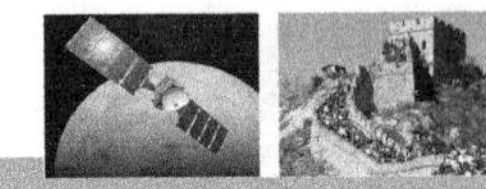

CCD 有两种基本类型：一种是电荷包存储在半导体与绝缘体之间的界面，并沿界面转移，这类器件称为表面沟道 CCD（简称 SCCD）；另一种是电荷包存储在离半导体表面一定深度的体内，并在半导体内沿一定方向转移，这类器件称为体沟道或埋沟道器件（简称 BCCD）。CCD 还可以分为线阵和面阵两种，线阵是把 CCD 像素排成一条直线的器件，面阵是把 CCD 像素排成一个平面的器件。CCD 图像传感器具有如下三项功能。

（1）光电变换功能。CCD 中的光电二极管受光照会产生电荷，在内部响应与外部光的照射使半导体硅原子中释放出电子。

（2）电荷存储功能。CCD 感光部分的各单元上设有电极，在电极上加有电压，在它的下面就会形成电位井。电位井可以用来存储电荷。

（3）转移（传输功能）。CCD 是由许多单元并排在一起的，每个单元上都设有电极，当相邻电极的外加电压较高时，电荷就会向高电压下的电位井移动。

1. CCD 的基本原理——势阱

如图 7-7 所示的 MOS 结构，是由 P 型半导体、二氧化硅绝缘层和金属电极组成的。在电极上未加电压之前如图 7-7（a）所示，P 型半导体中的空穴均匀分布。当栅极 G 上加正电压 U_G 时，栅极下面的空穴受到排斥，从而形成一个耗尽层，如图 7-7（b）所示。当 U_G 数值高于某一临界值 U_{th} 时，在半导体内靠近绝缘层的界面处，将有自由电子出现。形成很薄的反型层，反型层中电子密度很高，通常称为沟道，如图 7-7（c）所示。这种 M0S 电极结构与 MOS 场效应管不同之处是没有源极与漏极，因此即使栅极电压脉冲式突变到高于临界值 U_{th}，反型层也不能立即形成，这时，耗尽层将进一步向半导体深处延伸。

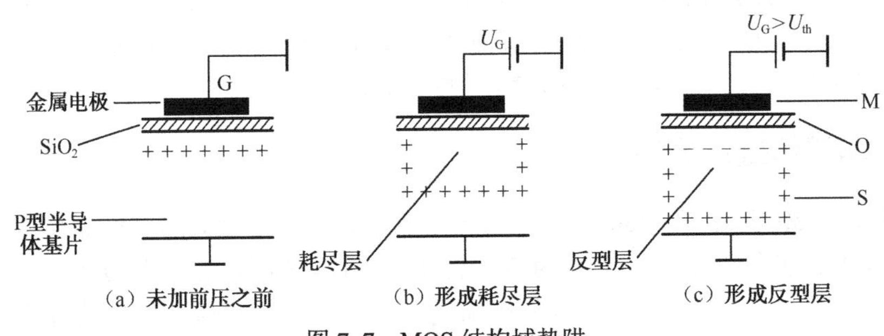

图 7-7　MOS 结构域势阱

耗尽层的深度可想象成势阱的概念，当注入电子形成反型层时，加在耗尽层上的电压将下降，把耗尽层想象成一个容器（阱），这种下降可看成向阱内倒入液体，势阱中的电子不能装到边沿。

2. 电荷的转移（耦合）

如图 7-8 所示为一个四相 CCD 电荷的转移。在图 7-8（a）中，Φ_1 是 2V，Φ_2～Φ_4 是 10 V，所以Φ_2～Φ_4 下面的势阱很深，电荷存在里面。在图 7-8（b）中，Φ_2 由 10 V 变为 2 V，Φ_2 下面的势阱变浅，所有的电荷转移到Φ_3、Φ_4 下面的势阱中，结果如图 7-8（c）所示。在图 7-8（d）中，Φ_1 由 2 V 变为 10 V，原来在Φ_3、Φ_4 下面的势阱中的电荷向右转移分布到Φ_3、Φ_4、Φ_1 下面的势阱中，结果如图 7-8（e）所示，整个的过程就是Φ_2～Φ_4 下面的势阱中的电荷转移到Φ_3、Φ_4、Φ_1 下面的势阱中。

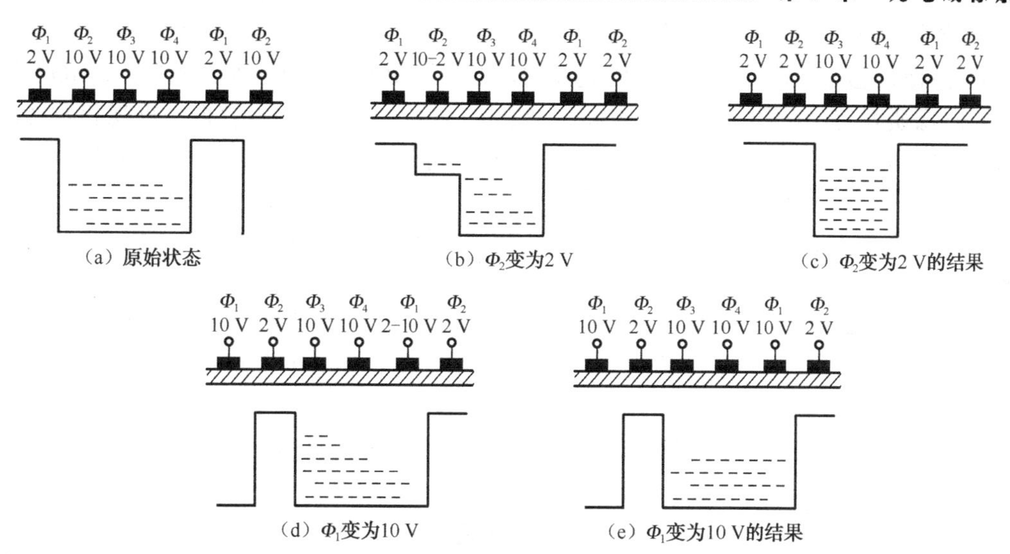

图 7-8　四相 CCD 电荷的转移

如图 7-9 所示是三个电荷包在四相时钟 $\Phi_1\sim\Phi_4$ 驱动下向前转移的示意图。图 7-9 上部是四相时钟 $\Phi_1\sim\Phi_4$ 的波形，图 7-9 下部左边一列是电极。所有标志为 Φ_1 的电极应全部连在一起接到波形的驱动线上；同样，标志为 Φ_2、Φ_3、Φ_4 的电极应相应地各自连在一起并接至 Φ_2、Φ_3、Φ_4 的波形驱动线上。t_1 时刻三个电荷包的位置如其下面标号为 1、2、3 的矩形所示，由四相时钟驱动，逐步向下移动，$t_2\sim t_{14}$ 各个时刻的电荷包位置如其下面标号为 1、2、3 的矩形所示，在 t_9 时刻，电荷包 1 转移至原来电荷包 2 的位置，电荷包 2 转移到原来电荷包 3 的位置……

CCD 中的电荷就这样在四相时钟的驱动下向前转移的。

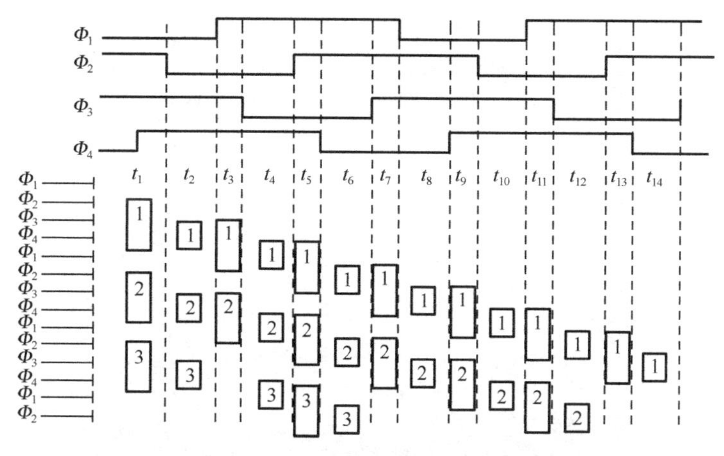

图 7-9　三个荷包在四相时钟 $\Phi_1\sim\Phi_4$ 的驱动下向前转移

7.2.2　CMOS 图像传感器

自 20 世纪 60 年代末期，美国贝尔实验室提出固态成像器件概念后，固体图像传感器便得到了迅速的发展，成为传感技术中的一个重要分支，它是 PC 多媒体不可缺少的外设，

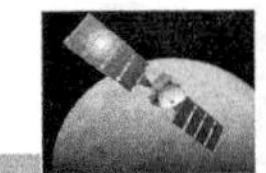

也是监控中的核心器件。互补金属氧化物半导体（CMOS）图像传感器与电荷耦合器件（CCD）图像传感器的研究几乎是同时起步的，但由于受当时工艺水平的限制，CMOS 图像传感器图像质量差、分辨率低、噪声高和光照灵敏度不够，因此没有得到重视和发展。而 CCD 器件因为有光照灵敏度高、噪音低、像素少等优点一直主宰着图像传感器市场。由于集成电路设计技术和工艺水平的提高，CMOS 图像传感器过去存在的缺点，现在都可以找到办法克服，而且它固有的优点更是 CCD 器件所无法比拟的，因此它再次成为研究的热点。

实际上，更确切地说，CMOS 图像传感器应当是一个图像系统。一个典型的 CMOS 图像传感器通常包含：一个图像传感器核心（是将离散信号电平多路传输到一个单一的输出，这与 CCD 图像传感器类似），所有的时序逻辑、单一时钟及芯片内的可编程功能，如增益调节、积分时间、窗口和模数转换器。事实上，当一位设计者购买了 CMOS 图像传感器后，他得到的是一个包括图像阵列逻辑寄存器、存储器、定时脉冲发生器和转换器在内的全部系统。与传统的 CCD 图像系统相比，把整个图像系统集成在一块芯片上不仅降低了功耗，而且具有重量较轻、占用空间减少以及总体价格更低的优点。

CCD 型和 CMOS 型固态图像传感器在光检测方面都利用了硅的光电效应原理，它们的不同点在于像素光生电荷的读出方式。CMOS 图像传感器芯片的结构如图 7-10 所示。典型的 CMOS 像素阵列，是一个二维可编址传感器阵列。传感器的每一列与一个位线相连，线允许所选择的行内每一个敏感单元输出信号送入它所对应的位线上，位线末端是多路选择器，按照各列独立的列编址进行选择。根据像素的不同结构，CMOS 图像传感器可以分为无源像素被动式传感器（PPS）和有源像素主动式传感器（APS）。根据光生电荷的不同产生方式，APS 又分为光敏二极管型、光栅型和对数响应型，现在又提出了 DPS（Digital Pixel Sensor）概念。

图 7-10　CMOS 图像传感器芯片的结构

PPS 出现得最早，结构也最简单，使得 CMOS 图像传感器走向实用化，每一个像素包含一个光敏二极管和一个开关管 TX。当 TX 选通时，光敏二极管中由于光照产生的电荷传送到列线 col，列线下端的积分放大器将该信号转化为电压输出，光敏二极管中产生的电荷与光信号成一定的比例关系。无源像素具有单元结构简单、寻址简单、填充系数高、量子效率高等优点，但它灵敏度低、读出噪声大。因此，PPS 不利于向大型阵列发展，所以限制了应用，很快被 APS 代替。

APS 由光敏二极管、复位管 M4、源跟随器 M1 和行选通开关管 M2 组成，此外还有电荷溢出门管 M3。M3 的作用是增加电路的灵敏度，用一个较小的电容就能够检测到整个光敏二极管的 n^+扩散区所产生的全部光生电荷。它的栅极接约 1 V 的恒定电压，在分析器件工作原理时可以将其忽略看成短路。电荷敏感扩散电容用于收集光生电荷。复位管 M4 对光敏二极管和电容复位，同时作为横向溢出门控制光生电荷的积累和转移。源跟随器 M1 的作用是实现对信号的放大和缓冲，改善 APS 的噪声问题。源跟随器还可加快总线电容的充放电，因此允许总线长度增加和像素规模增大。因此，APS 比 PPS 具有低读出噪声和高读出速率等优点，但像素单元结构复杂，填充系数降低，填充系数一般只有 20%～30%。它的工作过程：首先进入“复位状态”，M1 打开，对光敏二极管复位；然后进入“取样状态”，M1 关闭，光照射到光敏二极管上产生光生载流子，并通过源跟随器 M2 放大输出；最后进入“读出状态”，这时行选通管 M3 打开，信号通过列总线输出。

光栅型 APS 是由美国喷气推进实验室（JPL）首先推出的。其中感光结构由光栅 PG 和传输门 TX 构成。光栅输出端为漂移扩散端 FD，它与光栅 PG 被传输门 TX 隔开。像素单元还包括一个复位晶体管 M1，一个源跟随器 M2 和一个行选通晶体管 M3。当光照射在像素单元时，在光栅 PG 处产生电荷；与此同时，复位管 M1 打开，对势阱复位；然后复位管关闭，行选通管 M3 打开，复位后的电信号由此通路被读出并暂存起来；最后传输门 TX 打开，光照产生的电信号通过势阱并被读出，前后两次的信号差就是真正的图像信号。

对数响应型 CMOS-APS[9]拥有很高的动态范围。它由光敏二极管、负载管 M1、源跟随器 M2 和行选通管 M3 组成，负载管栅极是一个恒定偏置电压（不一定是电源电压），该像素单元输出信号与入射光信号成对数关系，它的工作特点是光线被连续地转化为信号电压，而不像一般 APS 那样存在复位和积分过程。但是，对数响应型 CMOS-APS 的一个致命缺陷就是对器件参数相当敏感，特别是阈值电压。

PPS 和 APS 都是在像素外进行模数（A/D）转换的，而 DPS 将模数（A/D）转换集成在每一个像素单元里，每一个像素单元输出的是数字信号，工作速度更快、功耗更低。这种传感器还处于研究阶段。

7.2.3　电荷注入器件（CID）

电荷注入器件的光敏单元结构与 CCD 相似，是两个靠得很近、小的 MOS 电容，每个电容加高压时均可收集和存储电荷。在适当的电压下，两者之间的电荷又可互相转移。其信号电荷读出方式和 CMOS 有类似之处，行信号电荷都需要送到列线读出。CID 摄像技术需要把所收集的光生电荷通过注入衬底而最后处理。在注入时，电荷必须复合，或者被收集，以免干扰下一次读出。而对于图像传感，通常要用寿命长的材料，假如光生电荷一时

复合不完，而被同一势阱或相邻势阱再收集，就会导致图像延迟和模糊增大。因此，复合不是消除电荷的好办法。为此，多数 CID 摄像器件用外延材料制作，把位于光敏元阵列下面的外延结用于埋藏的收集极，用来收集注入的电荷。如果外延层的厚度与光敏单元中心距相当，则大部分注入的电荷将被反向偏置的外延结收集，使注入干扰减至最小。正因为如此，CID 的抗光晕特性比 CCD 好。

CID 图像传感器的优点如下。

（1）由于有外延结构，模糊现象低，无拖影。

（2）整个有效面都是光敏面，实际上相当于减小了暗电流。

（3）工作灵活，可工作在非破坏性读出方式。

（4）设计灵活，可以实现随机读取方式。

CID 的缺点如下。

（1）由于半透明金属电极（或多晶硅电极）对光子的吸收，使光谱响应范围减小；

（2）视频电容大，输出噪声较大。

7.2.4 红外焦平面器件

红外焦平面器件（IRFPA）就是将 CCD、CMOS 技术引入红外波段所形成的新一代红外探测器，它是现代红外成像系统的关键器件。IRFPA 建立在材料、探测器阵列、微电子、互连、封装等多项技术基础之上。如图 7-11 所示是一个红外焦平面器件。

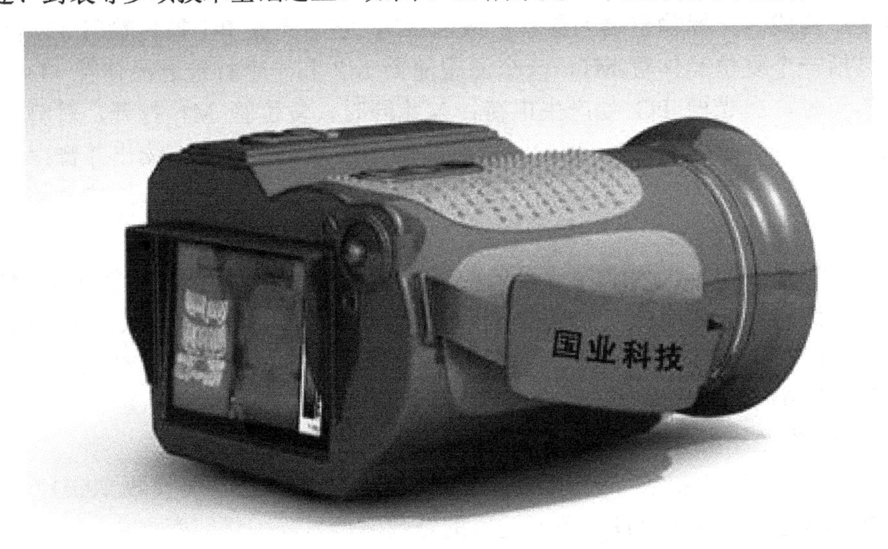

图 7-11　红外焦平面器件

1. IRFPA 的工作条件

IRFPA 通常工作于 1～3 μm、3～5 μm 和 8～12 μm 的红外波段，并多数探测 300 K 背景中的目标。典型的红外成像条件是在 300 K 背景中探测温度变化为 0.1 K 的目标。用普朗克定律计算的各个红外波段 300 K 背景的光谱辐射光子密度如表 7-1 所示。

表 7-1　各个红外波段 300K 背景的光谱辐射光子密度

波长（μm）	1～3	3～5	8～12
300K 背景辐射光子通量密度/光子/（cm^2·s）	≈10^{12}	≈10^{16}	≈10^{17}
光积分时间（饱和时间）（μs）	10^6	10^2	10
对比度（300 K 背景）（%）	≈10	≈3	≈1

上表反映出随波长的变长，背景辐射的光子密度增加，通常光子密度高于 10^{13}/（cm^2·s）的背景称为高背景条件。因此，3～5 μm 和 8～12 μm 波段的室温背景为高背景条件。IRFPA 要在高背景、低对比条件下工作，给设计、制造带来了许多问题，并提出了很高的要求，增加了研制的难度。

2. IRFPA 的分类

IRFPA 可以根据其工作机理、光学系统的扫描方式、焦平面的制冷方式、读出电路方式不同响应波段及所用材料进行分类。

按照工作机理可分为热探测器和光子探测器。光子探测器是基于光子与物质相互作用所引起的光电效应为原理的一类探测器。它包括光电子发射探测器和半导体光电探测器，其特点是探测灵敏度高、响应速度快、对波长的探测选择性敏感，但光子探测器一般工作在较低的环境温度下，需要制冷器件。热探测器是基于光辐射作用的热效应远离的一类探测器，包括利用温差电效应制成的测辐射电偶或热电堆，利用物体体电阻对温度的敏感性制成的测辐射热敏电阻探测器和以热电晶体的热释电效应为根据的热释电探测器，它们多数工作在室温条件下。

按照光学系统扫描方式可分为扫描型和凝视型。扫描型一般采用时间延迟积分（TDI）技术，采用串行方式对电信号进行读取；凝视型则利用了二维技术形成一张图像，无须延迟积分，采用并行方式对电信号进行读取。凝视型成像速度比扫描型成像速度快，但是其成本高，电路也很复杂。

此外，按照结构可以分为单片式和混合式；按照制冷方式可以分为制冷型和非制冷型。

3. IRFPA 的结构

IRFPA 由红外光敏部分和信号处理部分组成。这两部分对材料的要求是有所不同的。红外光敏部分主要着眼于材料的红外光谱响应，而信号处理部分是从有利于电荷的存储与转移的角度考虑。目前，没有一种材料能同时很好地满足两者要求，因此导致了 IRFPA 结构的多样性。单片式 IRFPA 沿用可见光 CCD 的概念与结构，将红外光敏阵列与转移机构同做在一块窄禁带的本征半导体或掺杂的非本征半导体材料上。混合式 IRFPA 是将红外光敏部分做在窄禁带本征半导体中，信号处理部分则做在硅片上。两部分之间用电学方法连接起来。

7.3　红外成像系统

7.3.1　红外线的分类与特点

太阳光线大致可分为可见光及不可见光。可见光经三棱镜后会折射出紫、蓝、青、

绿、黄、橙、红的光线（光谱）。红光外侧的光线，在光谱中波长为 0.76～400 μm 的一段称为红外光，又称红外线。红外线属于电磁波的范畴，是一种具有强热作用的放射线。红外线的波长范围很宽，人们将不同波长范围的红外线分为近红外、中红外和远红外区域，相对应波长的电磁波称为近红外线、中红外线及远红外线。 红外线是一种光波，它的波长比无线电波短，比可见光长。肉眼看不到红外线，任何物体都发射着红外线。热物体的红外线辐射比冷物体强。

红外线的波长为 78～1 000 μm，它在电磁波连续频谱中的位置是处于无线电波与可见光之间的区域，一般按波长λ把红外辐射细分为：

$0.78\ \mu m<\lambda\leqslant 1.4\ \mu m$　　近红外

$1.4\ \mu m<\lambda<3\ \mu m$　　中红外

$3\ \mu m<\lambda<1\ 000\ \mu m$　　远红外

红外线辐射是自然界存在的一种最为广泛的电磁波辐射，它的原理是任何物体在常规环境下都会产生自身分子和原子无规则的运动，并不停地辐射出热红外能量，分子和原子的运动越剧烈，辐射的能量越大；反之，辐射的能量越小。

温度在绝对零度以上的物体，都会因自身的分子运动而辐射出红外线。通过红外探测器将物体辐射的功率信号转换成电信号后，成像装置的输出信号就可以完全一一对应地模拟扫描物体表面温度的空间分布，经电子系统处理，传至显示屏上，得到与物体表面热分布相应的热图像。运用这一方法，便能实现对目标进行远距离热状态图像成像和测温，并进行分析判断。

在红外线发现后的 200 多年里，人们广泛进行了红外物理、红外光学材料、红外光学系统等多方面的探索与研究，其中许多研究成果在军事领域广为应用。20 世纪 50 年代，红外点源制导空—空导弹诞生，70 年代涌现出通用组件式红外热像仪，80 年代以焦平面为基础的装备得到大力发展。

7.3.2 红外热像仪原理与发展

红外热像仪如图 7-12 所示，它是利用红外探测器、光学成像物镜和光机扫描系统（目前先进的焦平面技术则省去了光机扫描系统）接收被测目标的红外辐射能量分布图形，并反映到红外探测器的光敏元上。在光学系统和红外探测器之间，有一个光机扫描机构对被测物体的红外热像进行扫描，并聚焦在单元或分光探测器上，由探测器将红外辐射能转换成电信号，经放大处理，转换成标准视频信号通过电视屏或监测器显示红外热像图。这种热像图与物体表面的热分布场相对应，实质上是被测目标物体各部分红外辐射的热像分布。由于信号非常弱，与可见光相比，缺少层次和立体感，因此，在实际动作过程中为更有效地判断被测目标的红外热分布场，常采用一些辅助措施来增加仪器的实用功能，如图像亮度、对比度的控制、实标校正、伪色彩描绘等技术。

红外热像仪测得的人体图像如图 7-13 所示。

红外热像仪最早是因为军事目的而得以开发的，近年来迅速向民用工业领域扩展。自 20 世纪 70 年代，欧美一些发达国家先后开始使用红外热像仪在各个领域进行探索。

红外热像仪经过几十年的发展，已经发展成非常轻便的现场测试设备。由于测试往往产生的温度场差异不大和现场环境复杂等因素，好的热像仪必须具备 160×120 像素、分辨率小于 0.1℃、空间分辨率小、具备红外图像和可见光图像合成功能等。

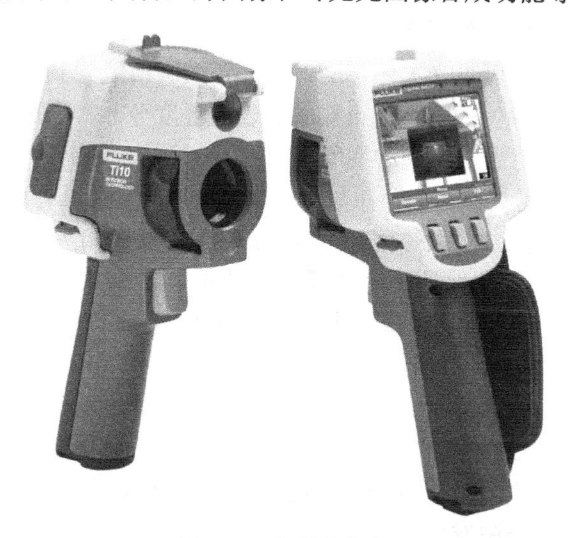

图 7-12　红外热像仪

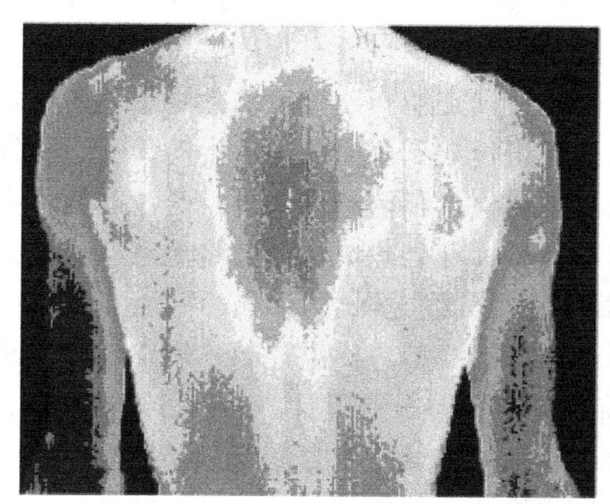
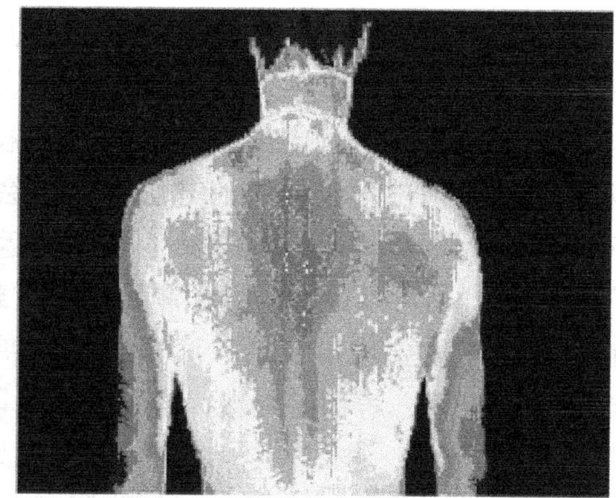

图 7-13　红外热像仪测得的人体图像

红外热像仪是利用红外探测器和光学成像物镜接受被测目标的红外辐射能量分布图形反映到红外探测器的光敏元件上，从而获得红外热像图，这种热像图与物体表面的热分布场相对应。通俗地讲，红外热像仪就是将物体发出的不可见红外能量转变为可见的热图像。热图像的上面的不同颜色代表被测物体的不同温度。

红外热像仪在美国拥有绝对领先的技术。全球前三大红外热像仪品牌：RNO、FLIR 和 FLUKE 都是美国品牌。其中 RNO 是全球红外热像仪的鼻祖，也是全球第一大红外热像仪品牌。其知名的型号，占据全球 40%市场份额的单品是 PC-160。作为一款售价 4000 多美元的红外热像仪，拥有高达 60 Hz 的帧频（帧频越高，热像仪精度越高，感应速度越快，更精确，成像也更连续），这款红外热像仪可以说性价比非常高。FLIR 主要生产低端的 2000 美元左右的红外热像仪。FLUKE 主要生产中低端的红外热像仪。

红外热成像技术是一项前途广阔的高新技术。比 0.78 μm 长的电磁波位于可见光光谱红色以外，称为红外线或红外辐射，它是指波长为 0.78～1 000 μm 的电磁波，其中波长为 0.78～2.0 μm 的部分称为近红外，波长为 2.0～1 000 μm 的部分称为热红外线。在自然界

中，一切物体都可以辐射红外线，因此利用探测仪测量目标本身与背景间的红外线差可以得到不同的热红外线形成的红外图像。

目标的热图像和目标的可见光图像不同，它不是人眼所能看到的可见光图像，而是表面温度分布图像。红外热成像使人眼不能直接看到表面温度分布，变成可以看到的代表目标表面温度分布的热图像。所有温度在绝对零度（−273 ℃）以上的物体，都会不停地发出热红外线。红外线（或热辐射）是自然界中存在最为广泛的辐射，它还具有以下两个重要的特性。

（1）物体的热辐射能量的大小，直接和物体表面的温度相关。热辐射的特点使人们可以利用它来对物体进行无须接触的温度测量和热状态分析，从而为工业生产、节约能源、保护环境等方面提供了一个重要的检测手段和诊断工具。

（2）大气、烟云等吸收可见光和近红外线，但是对 3～5 μm 和 8～14 μm 的热红外线却是透明的。因此，这两个波段称为热红外线的“大气窗口”。利用这两个窗口，使人们在完全无光的夜晚，或是在烟云密布的战场，能清晰地观察到前方的情况。由于这个特点，热红外成像技术在军事上提供了先进的夜视装备，并为飞机、舰艇和坦克装上了全天候监视系统。这些系统在现代战争中发挥了非常重要的作用。

红外热像仪应用的范围随着人们对其认识的加深而越来越广泛：用红外热像仪可以十分快捷地探测电气设备的不良接触，以及过热的机械部件，以免引起严重短路和火灾。对于所有可以直接看见的设备，红外热成像产品都能够确定所有连接点的热隐患。对于那些由于屏蔽而无法直接看到的部分，则可以根据其热量传导到外面的部件上的情况，来发现其热隐患，这种情况对于传统的方法来说，除了解体检查和清洁接头外，是没有其他办法的。对于断路器、导体、母线及其他部件的运行测试，红外热成像产品是无法取代的。然而红外热成像产品可以很容易地探测到回路过载或三相负载的不平衡。

在科研领域主要应用包括：汽车研究发展——射出成型、模温控制、刹车盘、引擎活塞、电子电路设计、烤漆；电机、电子业——印制电路板热分布设计、产品可靠性测试、电子零组件温度测试、笔记本电脑散热测试、微小零部件测试；引擎燃烧试验风洞实验；目标物特征分析；复合材料检测；建筑物隔热、受潮检测；热传导研究；动植物生态研究；模具铸造温度测量；金属熔焊研究；地表/海洋热分布研究；等等。

红外热成像仪已广泛应用于安全防范系统中，并成为安全监控系统中的明星。由于具有隐蔽探测功能，不需要可见光，使犯罪分子不知其存在和工作地点，进而产生错误判断，导致犯罪行为被发现。在某些重要单位，例如，重要的行政中心、银行金库、机要室、档案室、军事要地、监狱等，用红外热成像仪 24 小时监控，并随时对背景资料进行分析，一旦发现变化，可以及时发出警报，并通过智能设备的处理，对有关情况进行自动处理，随时将情况上报，取得进一步的处理意见。

7.4 微光成像技术

微光成像技术致力于探索夜间和其他低光照度时目标图像信息的获取、转换、增强、记录和显示，它在时域、空域和频域有效扩展了人眼视觉的感知能力。

就时域而言，它克服“夜盲”障碍，使人们在夜晚也能行动自如；就空域而言，它使

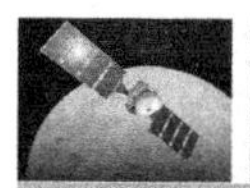

人眼在低光照空间（如地下室、隧道、山洞）仍能实现正常视觉；就频域而言，它把视觉频段向长波区延伸，使人眼视觉在近红外区仍然有效。

7.4.1 夜天辐射

即使在“漆黑的夜晚”，天空中仍然充满了光线，这就是所谓的“夜天辐射”。只是其光度太弱，低于人眼视觉阈值，不足以引起人眼的视觉感知。微光夜视技术，就是要把这种微弱光辐射增强至正常视觉所要求的程度。

夜天辐射来自太阳、地球、月球、星球、云层、大气层等辐射源。

太阳直径约为 1 391 200 km，它每时每刻都在向宇宙空间辐射巨大的能量。由于大气的吸收和散射作用，太阳辐射中至地球表面的能量，绝大多数集中在 0.3～3 μm 光谱区。在地球上，太阳不仅是白昼的光源，对夜天辐射也有着极大的影响。

来自月球的辐射包括两部分：一部分是它反射的太阳辐射；另一部分是它自身的辐射。前者是夜间地面光照的主要来源，其光谱分布与太阳光十分相似，峰值波长约为 0.5 μm。

地球辐射也有两部分：一部分是它反射的太阳光，峰值约在 0.5 μm 波长附近；另一部分是其自身的辐射，峰值波长约为 10 μm。夜间，前者几乎观测不到，后者占主导地位。

星球辐射对地面照度也有贡献，不过较前面几种辐射源而言，贡献份额不大。例如，在晴朗的夜晚，星球在地面产生的照度约为 2.2×10^{-4} lx，相当于无月夜空实际光量的 1/4 左右。而且，这种辐射还随着时间和星球在天空的位置不断变化。通常所说的“星等”是以在地球大气层外所接收到的星光辐射照度来衡量的，“星等”数字越小，则此照度越大，星体也就越亮。比零等星还亮的星，其星等是负数，并且星等不一定是整数，例如，太阳的星等是-26.73。

大气辉光产生在地球上空 70～100 km 亮度的大气层中，是夜天辐射的重要组成部分，约占无月夜天光的 40%。大气辉光的强度受纬度、地磁场和太阳扰动的影响。

7.4.2 微光像增强器件

在微光像增强器的应用领域中，应用最广的器件是近贴聚焦薄片管。由于这种管子性能好、重量轻且分辨率高，因此很受陆军步兵和侦察机飞行员的青睐。目前它的发展、研究及生产均处于器件的领先地位。当前近贴聚焦像增强已发展到第 IV 代，管内的阴极灵敏度已高达 2 000 μA/lm，台内已达 3 200 μA/lm（此值接近理论计算值），鉴别率约达 100 对线，增益大于 2×104，信噪比大于 60，管子工作寿命大于 104 h。另外，这种管子所选用的材料均比三代管要求高，制作管子的陶瓷不是 95 瓷，而是使用纳米级材料荧光粉，电子放大倍增器所用的材料直径为 6 μm。

第四代像增强器管子在技术方面的突破，主要体现在两个方面：一是管子采用新材料制成的长寿命—高增益和低噪声的无膜 MCP；二是 NEA 光电阴极采用了自动门控电源，其主要作用是减小强光下到达 MCP 的电子流，阻止因电流饱和生成的冲蚀图像，从而有助于降低强光产生的光晕或图像模糊效应。其工作过程是，管子工作时，给阴极施加脉冲式的通断电压（自动高速接通和切断，通断频率随光强增加而加快），使电源感知进入像管的光

量；电源可以根据光照强度自动调节管子的工作状态，以便在光照极强时减小进入微通道板（MCP）的电子流，避免其饱和，使观察者始终能看到均匀一致的图像。自动门控电源的技术突破大大提高了管子的使用效率和工作寿命，使像管在照明区和白天仍产生对比度良好的高分辨率图像，而不会因背景太强导致输出图像出现模糊影像。自动门控电源可适用于各种光照条件。在未来区域作战中，自动门控可使陆战队员能快速在黑暗和明亮区间运动而不摘除眼镜；而且还有助于减小夜间车灯等明亮光产生的晕圈或影像模糊效应，而三代管则没有这种功能。

微光光电成像系统的核心部分是微光像增强器件，其作用是把微弱的光图像增强到足够的亮度，以便人们用肉眼进行观察。传统的微光像增强器件是电真空类型的微光像增强器（增像管），微光 CCD 摄像器件则是新一代微光像增强器件。

增像管是一种电真空直接成像器件，一般由光阴极、电子光学系统和荧光屏组成。在工作时，光电阴极把输入到它上面的微弱光辐射图像转换为电子图像，电子光学系统将电子图像传递到荧光屏，在传递过程中增强电子能量并完成电子图像几何尺寸的缩放。荧光屏完成电光转换，即将电子图像转换为可见光图像，图像的亮度已被增强到足以引起人眼视觉，在夜间或低照度下可以直接进行观察。自 20 世纪 60 年代欧美等国开始研制增像管以来，经历了三次技术创新，相应的增像管被称为一代、二代和三代管。一代管以三级级联增强技术为特征，增益高达几万倍，但体积大，质量重；二代管以微通道板（MCP）增强技术为特征，体积小，质量轻，但夜视距离无明显突破；三代管则采用了负电子亲和势（NEA）GaAs 光电阴极，使夜视距离提高 1.5～2 倍。

由于 CCD 阵列各单元的暗电流较大（一般为 10 nA/cm^2），加之均匀性较差，通常不宜直接用于微光摄像。对 CCD 器件采取一定的技术措施，即可使之用于微光摄像，常用的措施包括制冷、图像增强、电子轰击增强和体内沟道传输等。

1. 制冷 CCD

对 CCD 制冷可以明显降低其内部的噪声，从而使之适于在微光条件下使用。目前美国研制的 800×800 元面阵 CCD 在冷却至-100 ℃时，每个像素的独处噪声约为 15 个电子，这就可以在 10^{-3} lx 照度条件下摄像（需要低噪声输出电路与之匹配）。

2. 图像增强 CCD

传统的微光摄像系统是将光图像聚焦在像增强器的光阴极上，再经像增强器增强后耦合到电荷耦合器件（CCD）上实现微光摄像（ICCD）。最好的 ICCD 是将像增强器荧光屏上产生的可见光图像通过光纤光锥直接耦合到普通 CCD 芯片上，如图 7-14 所示。像增强器内光子—电子的多次转换过程使图像质量受到损失，光锥中光纤光栅干涉波纹、折断和耦合损失都将使 ICCD 输出噪声增加，对比度下降及动态范围减小，影响成像质量。ICCD 中所用的像增强可以是一代、二代或三代器件。

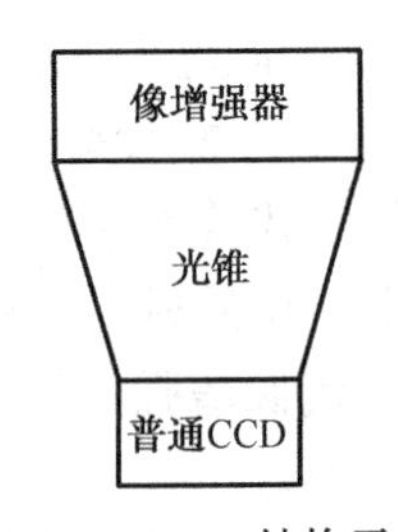

图 7-14　ICCD 结构示意图

3. 电子轰击增强 CCD

电子轰击增强 CCD 以及 CCD 面阵取代像增强器的荧光屏，接受加速电子的轰击，达到“增强”的目的。电子轰击增强 CCD 采用电子从“光阴极”直接射入 CCD 基体的成像方法，简化了光子被多次转换的过程，信噪比大大提高。与 ICCD 相比，电子轰击型 CCD 具有体积小、质量轻、可靠性高、分辨率高及对比度好的优点。

7.4.3 微光夜视仪

微光夜视技术致力于探索夜间和其他低光照度时目标图像信息的获取、转换、增强、记录和显示。它的成就集中表现为使人眼视觉在时域、空间和频域的有效扩展。在军事上，微光夜视技术已实用于夜间侦查、瞄准、车辆驾驶、光电火控和其他战场作业，并可与红外、激光、雷达等技术结合，组成完整的光电侦查、测量和警告系统。

微光夜视技术的发展以 1936 年 P.Görlich 发明锑铯（Sb-Cs）光电阴极为标志。A.H.Sommer1955 年发明了锑钾钠铯（Sb-K-Na-Cs）多碱光电阴极（S-20），使微光夜视技术进入实质性发展阶段。1958 年光纤面板问世，加之当时荧光粉性能的提高，为光纤面板耦合的像增强器奠定了基础。1962 年美国研制出这种三级级联式像增强器，并以此为核心部件制成第一代微光夜视仪，即所谓的“星光镜”—AN/PVS-2，并用于越战。1962 年出现了微通道电子倍增器，1970 年研制出了实用电子倍增器件 MCP—微通道板像增强器，并在此基础上研制了第二代微光夜视仪。20 世纪 70 年代发展起来的高灵敏度摄像管与 MCP 像增强器耦合，制成了性能更好的微光摄像管和微光电视。1982 年英军在马岛战争中使用，取得了预期的夜战效果。1965 年 J.Van Laar 和 J.J.Scheer 制成了世界上第一个砷化镓（GaAs）光电阴极。1979 年美国 ITT 公司研制出利用 GaAs 负电子亲和势光电阴极与 MCP 技术的成像器件（薄片管），把微光夜视仪推进到第三代，工作波段也向长波延伸。20 世纪 60 年代研制出的电子轰击硅靶（EBS）摄像管和二次电子电导（SEC）摄像管与像增强器耦合产生第一代微光摄像管。20 世纪 80 年代以来，由于电荷耦合器件（CCD）的发展，不断涌现出新的微光摄像器件。像增强器通过光纤面板与 CCD 耦合，做成了固态自扫描微光摄像组件，及以它为核心的新型微光电视。

微光夜视仪是以增强器为核心部件的微光夜视器材，它能使人们在极低照度（10～5 lx）条件下有效地获取景物图像信息。

微光夜视仪主要包括四个主要部件：强光力物镜、像增强器、目镜和电源。微弱自然光经由目标表面反射，进入夜视仪；在强光力物镜作用下聚焦于像增强器的光阴极面，激发出光电子；光电子在像增强器内部电子光学系统的作用下被加速、聚焦、成像，以极高的速度轰击像增强器的荧光屏，激发出足够强的可见光，从而把一个被微弱自然光照明的远方目标变成适于人眼观察的可见光图像，经过目镜的进一步放大，实现更有效的目视观察。

通常按所用像增强器的类型对微光夜视仪分类，第一代、第二代、第三代微光夜视仪分别采用级联式像增强器、带微通道板的像增强器、带负电子亲和势光阴极的像增强器。

第一代夜视仪的缺点是有明显的余晖，在光照较强时有图像模糊现象，质量较大，体积大显得较笨，分辨率不高，大有被第二代、第三代产品取代的趋势。第二代微光夜视仪

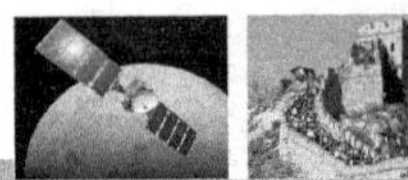

发展很快，目前使用的微通道板像增强器与三级级联式第一代像增强器水平相当，但体积和质量却大为减小，同时，第二代微光夜视仪成像畸变小，空间分辨率高，图像可视性好。第三代微光夜视仪具有强大的性能优势，它的光谱响应波段宽，而且明显向长波区延伸，能更有效地利用夜天辐射特性，像增强器的分辨力和系统的视距都比第二代微光夜视仪有明显的提高。但第三代微光夜视仪工艺复杂，造价昂贵。

7.4.4 主动红外夜视仪

主动红外夜视仪用红外光束照射目标，将目标反射的近红外辐射转换为可见光图像，实现有效的“夜视”，它工作在近红外区。其实物图如图 7-15 所示。

图 7-15　主动红外夜视仪实物图

主动红外夜视仪一般由五部分组成：红外探照灯、成像光学系统、红外变像管、高压转换器和电池，其工作原理简图如图 7-16 所示。

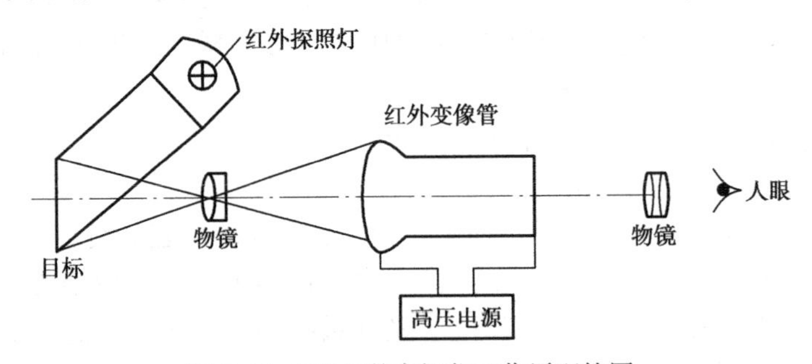

图 7-16 主动红外夜视仪工作原理简图

红外探照灯发出一束近红外光照射目标，目标将其反射，有一部分进入红外物镜，经物镜聚焦，成像于红外变像管的光电阴极上。由于光电阴极的红外光电效应，把红外光学图像变成相应的光电子图像，再通过变像管中的电子光学系统，使光电子加速、聚焦和成像，以密集、高速的电子束流轰击变像管的荧光屏，在荧光屏上形成可见光图像，人眼借助目镜进行观察。

主动红外夜视仪自带照明光源，工作不受环境照度条件的限制，即使在完全黑暗的场合，它也能正常使用。同时，若使探照灯以小口径光束照射目标，就可在视场中充分突出目标的形貌特征，以更高的对比度获得清晰的图像。另外，主动红外夜视仪技术难度较低，成本低廉，维护、使用简单，容易推广，图像质量较好。主动红外夜视仪最大的缺点就是容易暴露自己，另外，其观察范围只局限于被照明区域，视距还受探照灯尺寸和功率的限制。随着被动式红外探测器的发展，主动式红外夜视仪的使用范围已逐渐萎缩。

7.4.5　基于红外和微光的夜视技术比较

由于工作原理不同，红外热成像技术和微光成像技术各有利弊。

红外热成像系统不像微光夜视仪那样借助夜光，而是靠目标和背景的辐射产生景物图像，因此红外热成像系统能 24 小时全天候工作。

红外辐射比微光的光辐射具有更强的穿透雾、雨、雪的能力，因此红外热成像系统的作用距离更远。

红外热成像能透过伪装，探测出隐蔽的热目标。

微光夜视仪图像清晰、体积小、质量轻、价格低、使用和维修方便，不易被电子侦察和干扰，应用范围广。

总的来说，红外技术具有一定的优势。可见光的存在是有条件的，而任何物体都是红外源，都在不停地辐射红外线，所以红外技术的应用无处不在。随着计算机技术的不断发展，很多红外热成像系统都有完整的软件系统实现图像处理，使图像质量大为改善。因此，在远距离夜视方面，红外热成像仪的作用更为突出。

热成像仪的温度分辨力很高（0.1～0.01 ℃），使观察者容易发现目标的蛛丝马迹。它工作于中、远红外波段，使之具有更好的穿透雨、雪、雾和常规烟雾的能力；它不怕强光干扰，昼夜可用；由于在大气中受散射影响小，具有更远的工作距离。热像仪输出的视频信号可以多种方式显示（黑白图像、伪彩色图像、数字矩阵等），可以很方便地在计算机上进行存储、处理和传输。只是当前热像仪技术难度较高，价格昂贵。

微光成像系统与主动红外成像系统相比最主要的优点是不用人工照明，而是靠夜天自然光照明景物，以被动方式工作，自身隐蔽性好。从目前发展看，其工艺成熟、造价较低、构造简单、体积小、质量轻、耗电省且像质也较好。但由于系统工作时只靠夜天光照明而受自然照度影响大。

随着数据融合技术的不断发展，微光图像与红外图像的融合也成为当前研究的热点。微光图像对比度差，灰度级有限，瞬间动态范围差，只敏感于目标场景的反射，与目标场景的热对比无关。而红外图像的对比度差，动态范围大，但其只敏感于目标场景的辐射，对场景的亮度变化不敏感。如果能综合两者的优势进行互补，能增强场景理解、突出目标，有利于在隐藏、伪装和迷惑的军用背景下更快、更精确地探测目标。

知识梳理与总结

光电成像系统是将一些人眼难于观察到的光信号经过之前学习的图像处理技术呈现出来的技术。本章从光电成像系统的一般构成以及工作机制出发，介绍了几个常用的光电成

像系统：CCD、CMOS 图像传感器、电荷注入器件、红外焦平面器件、红外成像系统、微光成像系统。本章的重点知识如下。

（1）光电成像系统的构成。

（2）电荷耦合器件。

（3）CMOS 图像传感器。

（4）红外成像技术。

思考与练习题 7

（1）简要描述光电成像系统的基本组成和工作原理。

（2）光学图像处理有什么优点和缺点？

（3）以表面沟道 CCD 为例，简述 CCD 电荷存储、转移、输出的基本原理。CCD 的输出信号有什么特点？

（4）红外图像和可见光图像分别有什么特点？

（5）比较红外夜视仪和微光夜视仪的优缺点。

第8章 光电图像处理的应用

教学导航

教	知识重点	1. 计算机层析摄影的影像处理 2. 指纹识别流程 3. 车牌字符识别技术
	知识难点	计算机层析摄影的工作原理
	推荐教学方案	以案例分析法为主，联系光电图像处理技术在日常生活中的应用
	建议学时	10学时
学	推荐学习方法	以案例分析和小组讨论为主，结合本章内容，联系实际，体会光电图像处理技术的重要意义
	必须掌握的理论知识	1. 计算机层析摄影的基本步骤和方法 2. 指纹识别系统的组成 3. 指纹图像处理方法
	必须掌握的技能	光电图像处理的基本方法

8.1 计算机层析摄影

计算机层析摄影（Electronic Computer X-ray Tomography Technique），简称 CT，又名计算机 X 射线层析扫描，是指以计算机为手段，用 X 射线对被测物体进行扫描，用专用算法重构图像，自动进行图像处理，并对断层图像显示或摄影进行分析的技术。

层析摄影的原理如下。当高度准直的 X 线束环绕某一物体进行断面扫描时，部分光子被吸收，未被吸收的光子被检测器吸收，然后经放大并转换为电子流，作为模拟信号输入计算机进行处理运算，形成图像。这种技术是 20 世纪 70 年代发展起来并成功在医学工程中得以应用，最初是由 Hounsfield 于 1969 年设计成功的，命名为计算机横断体层成像装置，后期经放射诊断学家 Ambrose 应用于临床。由于 CT 成像图质好、诊断价值高、无创伤、无痛苦、无危险的优势，目前，这种技术在临床医学诊断和病理研究方面取得了很大的成功，并且被运用到石油、化工、航天、天文学、地质勘测、地震学、无损伤检测等领域。目前的 CT 系统主要由三部分构成：扫描部分、计算机系统、图像显示和存储系统。扫描部分由 X 射线管、探测器和扫描架构成；计算机系统主要功能是将扫描到的信息数据进行存储运算；图像显示和存储系统主要将计算机处理后的图像通过专用设备（如多幅照相机或激光照相机等）进行显示。CT 机最初仅用于颅脑检查，伴随技术的革新，目前可用于全身各部位的检查。

第一代 CT 机的 X 线球管为固定阳极，发射 X 线为直线笔形束，探测器，采用直线和旋转扫描相结合，即直线扫描后，旋转 1°，再进行直线扫描，旋转 180° 完成一层面扫描，仅用于颅脑检查，扫描时间为 3～6 min。第二代 CT 机可用于颅脑和腹部扫描，诊断用小角度（3°～30°）扇形 X 线束替代了直线笔形束，探测器增至几十个，扫描时间缩至 10 s～1.5 min。

第三代 CT 机发射 X 射线的角度较大达 30°～45°，探测器多达几百个，只做旋转扫描，扫描时间为 2.4～10 s，适用全身各部位的扫描。伴随着科技的发展，CT 技术在探测器及扫描方式等均有提升，陆续出现了第四代、第五代 CT 机。新发展的电影扫描 CT（cine CT scanner），在扫描速度上有飞跃发展，采用电子枪结构，使每次扫描时间缩短至 50 ms，大大有利于心脏 CT 扫描。

普通 CT 与螺旋 CT 的比较如图 8-1 所示。

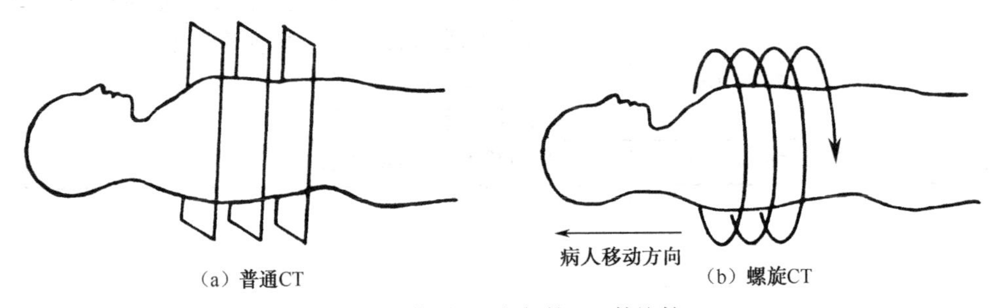

（a）普通CT （b）螺旋CT

图 8-1 普通 CT 与螺旋 CT 的比较

计算机层析装置示意图如图 8-2 所示。

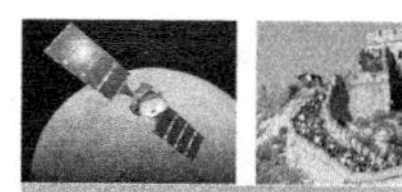  

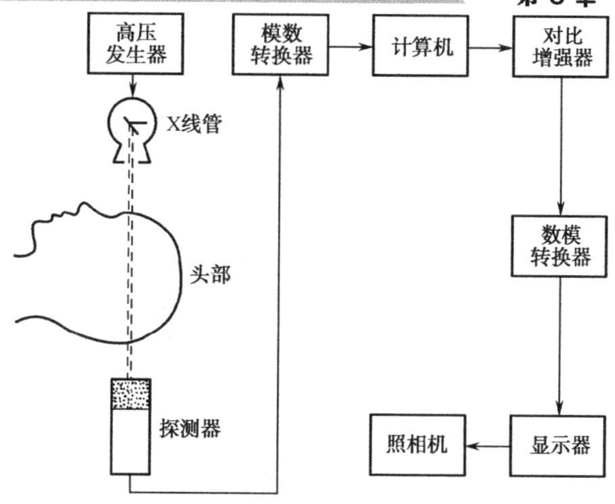

图 8-2　计算机层析装置示意图

如前所述，CT 系统的基本结构分为扫描部分、计算机系统、图像显示和存储系统。其中扫描部分由 X 线管、探测器和扫描架组成。探测器数量目前可达近 5 000 个。扫描方式如图 8-3 所示，从最初的平移/旋转、旋转/固定到现在的螺旋 CT 扫描方式，扫描时间越来越短（40 ms 以下），每秒可扫描类似于电影图像的多帧图像，能避免运动所造成的伪影像。计算机系统的功能将扫描收集到的图像数据进行储存运算，目前的计算机容量大，运算速度快，基本上可以达到立即重建图像。图像显示和存储系统，将经计算机重建的图像信息显示在显示器上或以照相机拍摄的形式将图像摄下。

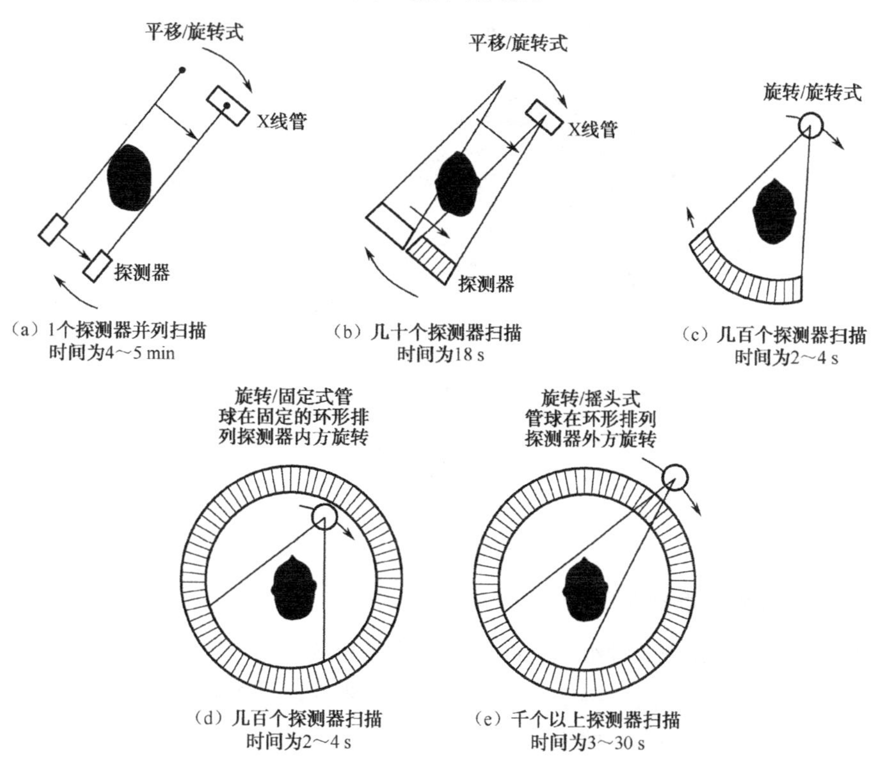

图 8-3　扫描方式

8.1.1 优点和危险性

随着微电子工业和计算机技术的飞速发展，CT 机产品日新月异，每隔三至五年便推出一种更新的产品。目前 CT 的应用主要集中在临床医学上，其优点如下。

（1）计算机断层扫描，检查方便、迅速。

（2）具有很强的密度分辨力。这是由于 X 射线束透过物体到达检测器经过了严格的准直处理；CT 机所采用的接收介质灵敏度较高；CT 机主要采用计算机对灰度级进行控制，可以调节出适合人眼视觉的观察范围 。

（3）扫描图像清晰。

利用 CT 成像也具有一定的危险性。在临床医学中，采用 X 射线透视人体，测定透视后的放射量，经过计算机处理，重建出人体器官断层图像，并做出诊断。其中的透视存在电离辐射损伤。人体中的性腺、眼晶体、乳腺和甲状腺对射线特别敏感，如果受到长时间、大剂量照射，可能导致白内障、绝育、生长发育迟缓，甚至诱发恶性肿瘤或白血病。

8.1.2 影像处理的相关概念

1. 像素和体素

我们知道，一幅数字图像是由按矩阵排列成的小单元组成，CT 图像也是如此，组成 CT 图像的基本矩阵单元称为像素。为了使计算机重建更精确的图像，像素应越小越精确，即探测器数目越多。体素与像素对应，将人体的某一部位按一定厚度的层面分成按矩阵排列的若干个小的立方体，即基本单元。像素和体素如图 8-4 所示。

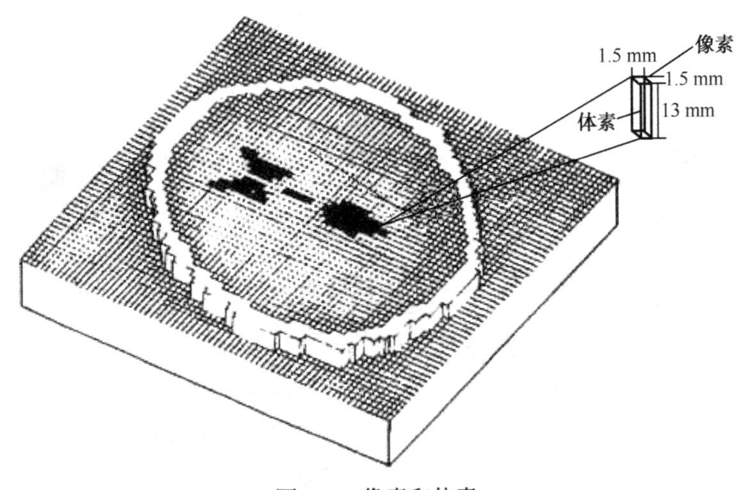

图 8-4　像素和体素

2. 空间分辨率和密度分辨率

密度分辨率是指能分辨两种组织之间最小密度差异的能力。通常 CT 的密度分辨率比普通 X 射线高 10 倍以上。空间分辨率又称高对比度分辨率，是指在保证一定的密度差的前提下，显示待分辨组织几何形态的能力。

3. 矩阵

矩阵是一个横成行、纵成列的数字矩阵。受检层面是以矩阵的形式表示的，可被分割成若干小立方体，这些小立方体即上文所述的体素。例如，目前 CT 的图像矩阵为 512×512，即横、纵方向均由 512 个体素构成。

4. CT 值

CT 值代表 X 线穿过组织被吸收后的衰减值，是测定人体某一局部组织或器官密度大小的一种计量单位，单位为亨氏单位（Hounsfield Unit，HU）。水的 CT 值为 0 HU，空气和骨皮质的 CT 值属于边界，分别为-1 000 HU 和 1 000 HU，人体中各种组织的 CT 值均居于这两个边界范围内。

5. 窗宽和窗位

X 光断层面的数据是由 X 光射源绕物体一圈得来的，感应器放置于射源的对角位置，随着物体慢慢地被推入内侧端，数据也不断地处理，经由一系列的数字运算，也就是所谓的断层面重建来得到影像。窗技术是 CT 检查中用以观察不同密度的正常组织或病变的一种显示技术，包括窗宽（Window Width）和窗位（Window Level）。窗宽是 CT 图像上显示的 CT 值范围，在此 CT 值范围内的组织和病变均以不同的模拟灰度显示。而 CT 值高于此范围的组织和病变，无论高出程度有多少，均以白影显示，不再有灰度差异；反之，低于此范围的组织结构，不论低的程度有多少，均以黑影显示，也无灰度差别。增大窗宽，则图像所示 CT 值范围加大，显示具有不同密度的组织结构增多，但各结构之间的灰度差别减少。减小窗宽，则显示的组织结构减少，然而各结构之间的灰度差别增加。窗位是窗的中心位置，同样的窗宽，由于窗位不同，其所包括 CT 值范围的 CT 值也有差异。由于各种组织结构或病变具有不同的 CT 值，因此欲显示某一组织结构细节时，应选择适合观察该组织或病变的窗宽和窗位，以获得最佳显示。

8.1.3　三维重建

断层扫描出的照片都是二维的，对二维图像进行分析时需要医生有较多的经验，容易造成误差甚至错误的分析结论；另外二维照片的存储、管理和利用都非常不便。如果将二维图像信息重构出三维模型就可以很好地解决上述问题。三维重建主要基于三维数据场的几何三维建模，还包括相应的模型处理技术。要实现 CT 断层图像的三维重建，首先要对二维 CT 图像进行处理，提高图片质量。CT 图像是一种数字图像，所以数字图像处理的基本理论也适用于 CT 图像的处理，如图像二值化、图像增强处理、图像分割等理论。

医学图像的三维重建实质上是三维数据的生成及可视化过程，根据输入的断层图像序列，经分割和提取后，构建出待建组织的三维几何表达。CT 扫描数据传送到计算机工作台，采用 3D 重建软件进行处理，选用合适的重建算法完成图像重建，按人体解剖坐标轴的原则，图像逐层显示并围绕 X 轴（身体左右轴）和 Z 轴（身体上下纵轴）旋转，即可得到三维图像旋转。三维数据场的获得有多种方法，如面绘制和体绘制等。三维重建效果示意图如图 8-5 所示。

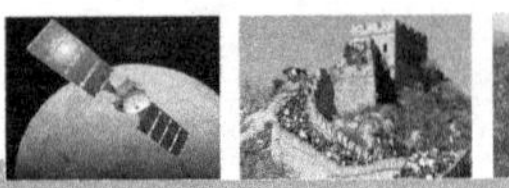

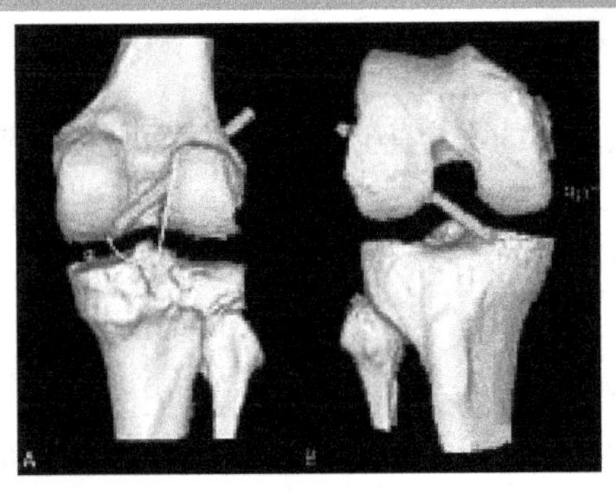

图 8-5　三维重建效果示意图

面绘制主要提取被扫描物质的表面，同时采用一系列连续的平面片近似地对该表面进行表示。所以面绘制得到的只是表面图形，是一种间接获得三维数据信息的方法。例如，对二维断层头部图像，通过计算即可得到颅骨的三维表面模型。体绘制则直接应用视觉原理，利用三维数据场的信息，投影整个三维数据场，从而达到三维的视觉效果。但这种方法有些模糊，而且由于遮挡的原因，离视点较远的地方不易被观察和分析。

8.1.4　图像显示

CT 每扫描一次，即可得到一个方程，经过若干次扫描，即得到一个联立方程。计算机采用傅里叶转换、反投影法等运算对联立方程进行求解，从而得到 X 射线的吸收系数和衰减系数，并将其排列成数字矩阵，数字矩阵经过数模转换器使数字矩阵中的每个数字转变为灰度级显示。灰度级显示由黑到白的不同灰度的像素，即构成了 CT 图像。

8.1.5　螺旋 CT 概述

螺旋 CT 扫描是在螺旋式扫描的基础上，通过滑环技术与扫描床平直匀速移动而实现的。滑环技术使得 X 线管的供电系统只经电刷和短的电缆，这样就可使 X 线管连续旋转并进行连续扫描。在扫描过程中，管球旋转和连续动床同时进行，使 X 线扫描轨迹成螺旋形，并且是连续的，没有间隔时间。结果使扫描时间大大缩短，如图 8-6 所示。

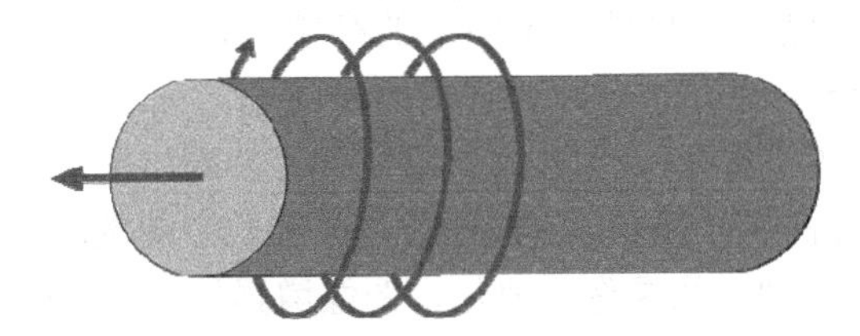

图 8-6　螺旋 CT 扫描

螺旋 CT 的核心技术是滑环技术，X 线管在连续旋转、曝光的同时，扫描床以一定的速度沿 Z 轴方向运动，探测器采集到的数据不再是传统 CT 的单层数据信息，而是人体某段体积的信息，扫描完成后可根据需要进行不同层厚和层间距的图像重建。

螺旋 CT 扫描又称容积扫描（Volumetric Scanning）。根据 X 线管和探测器的运动方式，螺旋 CT 仍属于“旋转+旋转”类，即第三代 CT 机，但扫描性能大大提高、扫描时间大大缩短。螺旋 CT 扫描示意图如图 8-7 所示。

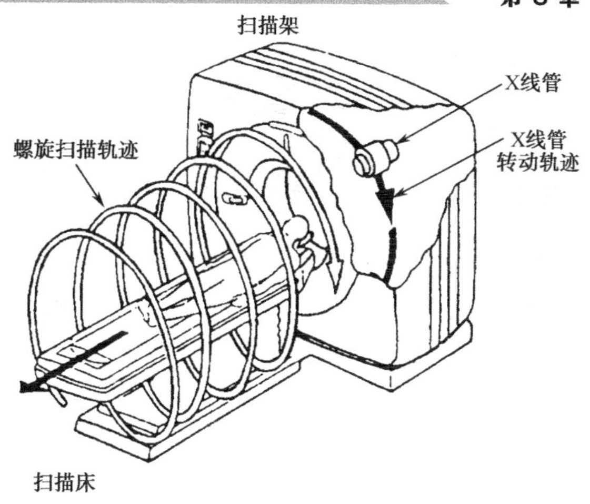

图 8-7　螺旋 CT 扫描示意图

螺距是螺旋 CT 的首要参数。球管旋转一周检查床移动的距离与扫描线束厚度（即层厚）的比值。该比值是扫描旋转架旋转一周，床运动的这段时间内，运动和层面曝光的百分比。它是一个无量纲的常量。螺距的定义由下式表示：

$$P=T_F/W$$

式中：T_F 是扫描旋转架旋转一周床运动的距离，单位是 mm，W 是层厚或射线束准直的宽度，单位为 mm。例如，螺距等于 0 时，相当于传统 CT 扫描；螺距等于 0.5 时，X 线管旋转曝光 2 周；螺距等于 1 时，X 线管旋转曝光 1 周；螺距等于 2 时，X 线管旋转曝光半周，螺距越大，探测器采集的信息量相对越少，图像质量下降。

另外一个重要参数是重建间隔——被重建的两相邻断面之间长轴方向的距离。回顾性图像重建，即先进行螺旋扫描取得原始数据，然后根据需要进行任意断面的图像重建。

螺旋 CT 检查有如下优点。

（1）扫描速度快，10～20 s 内即可完成。

（2）可在采集的容积数据任何位置进行任意间隔的回顾性图像重建。由于是连续扫描，得到的扫描数据可任意选择观察面：横断面、冠状面、矢状面、斜面及曲面。

（3）可进行高质量的任意层面的二维图像、多平面重组（MPR）、三维重组图像、CT 血管造影（CTA）等后处理，丰富并拓展了 CT 的应用范围，诊断准确性也有很大提高。

8.2　指纹识别技术

每个人的手指纹路都是有不同的脊和谷构成的。每个人的指纹在断点、图案和交叉点上各不相同，并且这一特征伴随人的成长终生不变。随着现代科技的不断进步与广泛应用，可靠高效的个人身份识别变得越来越需要，指纹识别技术具有安全、可靠、方便的特性，已逐渐代替传统的身份识别手段。指纹虽小，但它蕴含了大量信息。指纹识别技术就是利用了人类指纹的唯一性和终生不变性，根据人体的指纹纹路和细节特征等信息进行身份鉴定，如图 8-8 所示。

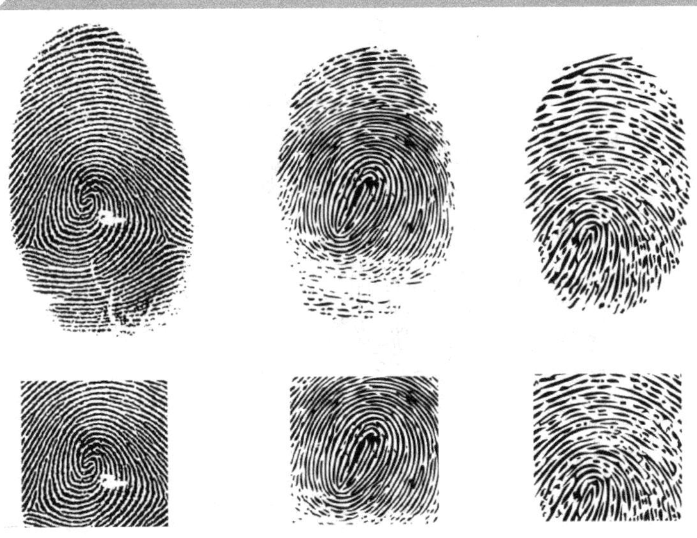

图 8-8　指纹印矢量图

随着社会的进步和技术的发展，传统的身份认证方法已难以满足新形势的需要。人们对身份识别的可靠性和准确性要求越来越高。而在众多的用于身份认证的技术中，利用指纹仪进行指纹识别的技术是目前最方便、可靠、非侵害和价格便宜的解决方案，如图 8-9 所示。指纹识别技术通过分析指纹的全局特征或局部特征，从指纹中抽取的特征值可以非常详尽、可靠地确认考生的身份。指纹仪是利用手指指纹特征“人各不同，终生不变”的特点进行身份识别的一种电子仪器，该仪器工作原理包括采集指纹图像、提取指纹特征、保存数据和进行指纹比对四个功能。其中读取指纹图像是指纹仪最基本、最重要的功能。通过利用手指指纹凹凸不平的纹形来进行成像，通常我们把凸出的纹形称为“脊”，而凹下去的纹形成称为“谷”，而指纹采集的过程本质上是指纹成像的过程。其原理是根据脊与谷的几何特性、物理特征和生物特性的不同，以得到不同的光学或者电流电阻反馈信号，根据反馈信号的量值，利用不同的图像处理算法来绘成指纹图像，然后在此指纹图像基础上通过指纹识别算法软件来进行指纹特征的提取和指纹特征码的比对。

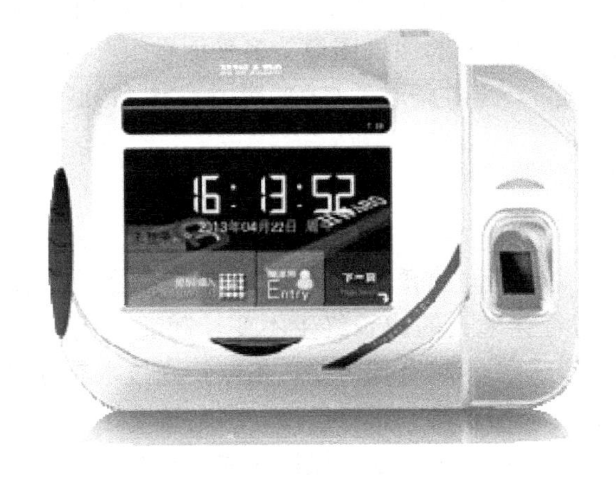

图 8-9　指纹仪

8.2.1 指纹识别系统分类

指纹识别系统是一个典型的模式识别系统，由四个模块组成，分别是指纹图像获取模块、图像处理模块、特征提取模块和图像对比模块。

指纹图像的采集方式分为两种：脱机扫描（TA-Line）和活体扫描（Live-Scan）。脱机扫描如在犯罪现场采集指纹，在纸上按的手指印采集。活体扫描是指手指放在联机的传感器上采集指纹，次要的传感器类型有光学传感器、固态传感器和超声波传感器三种。

固态传感器采用微型晶体阵列经过多种技术绘制指纹图像，如图 8-10 所示。最罕见的固态传感器是硅电容传感器，其外表是电容阵列。手指放在下面时，由皮肤来充当电容阵列的另一极，电容的电量随纹脊和纹谷绝对于传感器外表的间隔而变化。另一种固态传感器是压感式传感器，表面由具有弹性的压感介质组成，它们按照指纹外表纹脊和纹谷的凹凸变化转换为相应的电信号。第三种固态传感器是温度感应传感器，经过感应压在设备上的纹脊和远程设备。

图 8-10　固态传感器

光学传感器应用光的全反射原理。FTIR（Frustrated Total Internal Reflection），光线照到压有指纹的玻璃外表，CCD 获取反射光线绘制指纹图像，反射光的数量取决于压在玻璃外表的纹脊和纹谷的深度和皮肤的油脂。光学传感器是目前指纹采集中用得最普遍的传感器，感应卡考勤机光学传感器采集的图像质量较好、成本低、比较耐用，其缺陷是采集设备体积过大，图像质量容易受到手指过干或过湿的影响。设备的纹谷温度的不同来取得指纹图像指纹辨认有待进步。固态传感器体积小，耗电量低，缺点是容易遭到静电的影响，易损坏，价格同时也比光学传感器高。

超声波传感器用超声波扫描指纹外表并获取反射信号，依据反射信号绘制指纹图像。超声波传感器对积聚在皮肤上的赃物和油脂不敏感，采集的图像质量较好，但成本很高。

8.2.2 指纹识别系统工作原理

指纹识别的一般过程是指纹图像预处理、指纹特征提取和特征匹配。指纹采集的过程本质上是指纹成像的过程，其原理如下：根据脊和谷的物理特性、几何特性和生物特性的不同，收集到不同的反馈信号，根据反馈信号的数值不同形成图像。指纹识别是根据采集到的两个指纹图像进行比对，确认是否来自同一个手指，从而对人的身份进行识别。目前指纹识别技术已相对成熟，出现了大量的不同的算法对指纹进行识别。概括来讲，指纹识别系统一般包括四部分，分别是图像采集、图像预处理、图像特征提取和比对。指纹识别流程如图 8-11 所示。

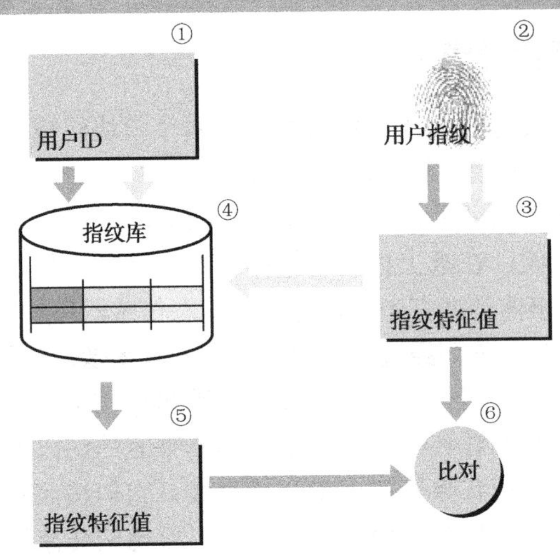

图 8-11　指纹识别流程

8.2.3　指纹特征提取和比对

通常的指纹都是通过按压的方式取得，不能直接进行提取和比对，这是由于按压的位置、手指皮肤的形变、污渍等都会导致指纹图像不理想，需要对其进行去伪处理后再提取特征进行匹配。去伪处理的主要效果是将指纹图像进行平滑、连接断纹、去除毛刺等。

指纹特征的提取分为细节特征提取算法和特征点的提取。细节特征提取算法一般从细化的二值图像中进行特征提取。该方法操作起来较简单，只需要一个矩阵模板就可以将二值图像中的端点和分叉点提取出来。提取方法是模板匹配法，模板匹配法有运算量小、速度快的优点。

指纹匹配是根据提取的指纹特征来判断两枚指纹是否来自于同一个手指。指纹图像的匹配主要采用指纹的局部特征来进行匹配。通常情况下，只要比对 13 个特征点重合，就可以认为这两枚指纹来自于同一个手指。指纹的端点和分叉点较稳定，并且容易检测，进行比对时正是利用了这一特性，如图 8-12 所示。

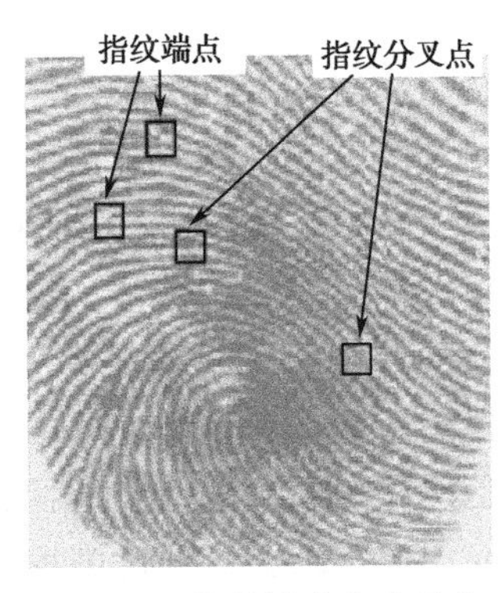

图 8-12　指纹端点和分叉点

8.3　车辆牌照识别技术

牌照是机动车辆管理的唯一标识符号，为了保证车辆的交通管理实时、准确、高效，车辆牌照自动识别能自动、实时地检测车辆经过和识别车辆牌照号码的技术，这种技术对道路交通监控、交通违章自动记录、高速公路自动收费等工作的智能化起着十分重要的作用，能广泛应用于交通流量检测、交通控制管理、机场、港口、小区的车辆管理及车辆安全防盗等领域。

8.3.1　车辆牌照识别的步骤

车辆牌照的识别是基于图像分割和图像识别理论，对含有车辆号牌的图像进行分析处

理，从而确定牌照在图像中的位置，并进一步提取和识别出文本字符。牌照的识别技术流程：预处理、牌照定位、字符分割及识别。上述三个步骤均要保证高效、快速地完成，整体的识别率才会高。识别步骤大体概括为：车牌定位、车牌提取、字符识别。三个步骤的识别工作相辅相成，各自的有效率都较高，整体的识别率才会提高。识别速度的快慢取决于字符识别，字符的识别目前的主要应用技术为比对识别样本库，即将所有的字符建立样本库，字符提取后通过比对样本库实现字符的判断，识别过程中将产生可信度、倾斜度等中间结果值；另一种是基于字符结构知识的字符识别技术，更加有效地提高识别速率和准确率，适应性较强。车辆识别软件流程图如图 8-13 所示。

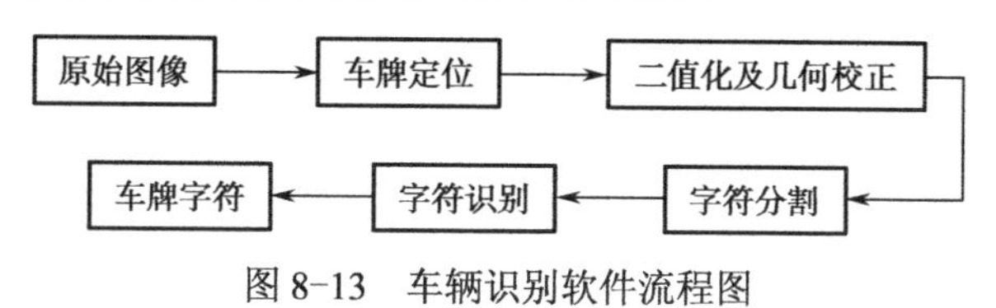

图 8-13　车辆识别软件流程图

8.3.2　车辆牌照识别系统的结构

通常，完整的车辆牌照识别系统均较复杂，大体可以分为硬件部分和软件部分。硬件部分负责车辆图像的摄取和采集；软件部分是系统的核心，负责图像的车辆牌照定位、字符分割、字符识别、图像编码、数码数据的传输与更新。能否对车辆进行高效管理，主要取决于软件部分能否快速、准确识别车牌。下面重点介绍软件部分的图像预处理、车辆牌照定位、字符分割及车牌字符的识别技术。车牌自动识别系统的组成如图 8-14 所示。

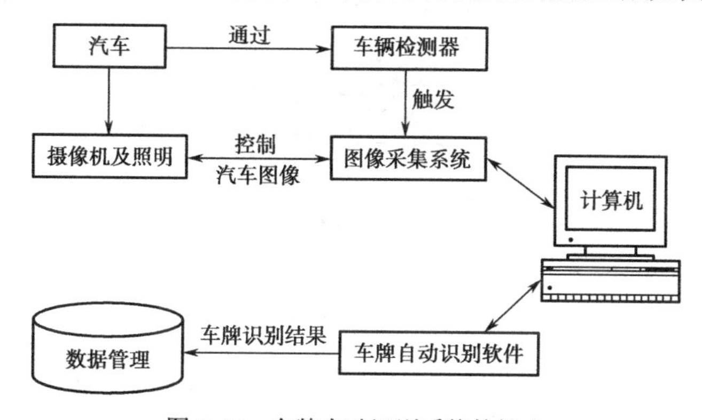

图 8-14　车牌自动识别系统的组成

8.3.3　预处理

预处理是对图像进行处理的第一步，是图像处理的根基，若不能在预处理中对车辆牌照进行准确定位，后面的识别过程等均为无效。在对图像预处理过程中的步骤如下。

第一步，图像灰度化处理。灰度化即是将彩色图像转变为灰度图像的过程，使光的三基色（红 R、绿 G、蓝 B）分量相等的过程。通常采用最大值法、平均值法、加权平均值法等进行计算。最大值法的处理，转化后三基色的灰度值均为转化前三个值中较大的一个；平均值法转化后的红、绿、蓝的值为转化前三种颜色的平均值。这两种图像灰度的效果，最大值法的转换效果亮度较高，平均值法的转化效果较柔和。目前采用的加权平均值法比

较常见，即按照一定的权值对三基色的值进行加权平均：

$$R=G=B=(WR+WG+WB)/3$$

WG、WR、WB 分别为三基色的权值。一般情况下 R、G、B 的权值从高到低为 WG>WR>WB，这是由于人眼对绿色最敏感，对红色最不敏感。

第二步，灰度拉伸。这一步骤是为了增强车牌部分和非车牌部分的对比度。为了使车牌部分更加鲜明，提高辨识率，需要对灰度化处理后的图像进行拉伸。主要根据车牌图像灰度直方图的分布有选择地对灰度区间进行分段拉伸，从而增加不同区域的对比度。

第三步，图像平滑。车牌图像在上述步骤处理完成后往往存在一些孤立的噪点，若不能消除此类误差，将影响后期车牌定位的准确性。通常采用图像平滑的方法进行处理。

8.3.4 车牌定位

车牌定位是从车牌图像中确定出车牌所在的位置，并将车牌从该区域分割出来。如图 8-15 所示，我国现有的车牌具有如下特征。

（1）形状特征。我国规定的标准车牌外形轮廓尺寸为：440 mm×140 mm，每个字符宽度为 45 mm，高度为 90 mm，间隔符宽 10 mm，字符间隔 12 mm，整个车牌的宽高比近似为 3 : 1。

（2）字符特征。将军车、警车排除在外，标准车牌首位为省名简称，次位为英文字母，后续两位为英文字母或阿拉伯数字，最末三至四位均为数字。

（3）灰度变化特征。车牌的底色、边缘颜色及车牌外的颜色均是不同的，在第一步进行预处理后，在上述交界处已形成明显的灰度突变边界。

图 8-15　我国车辆牌照

车牌定位算法大多是基于汽车车牌的上述不同特征而提出的。如根据车牌区域内字符的纹理特征、车牌的几何特征、颜色特征等方法进行定位。车牌定位效果图如图 8-16 所示。

图 8-16　车牌定位效果图

车牌定位的方法如下。

纹理特征定位法。这一方法主要利用字符宽度和高度、笔画宽度、字符串的长度、字符的连通性。根据上述特性，对车牌水平扫描后，利用车牌字符与背景的灰度跳变。

几何特征法。这一方法根据车牌的固有形状进行边框提取。但这种方法由于拍摄的车辆存在倾斜，准确性不高。

颜色特征法。我国的车牌目前仅有黄底黑字、蓝底白字和白底红字三种，车牌底色和字符颜色差别很大，根据这一方法可精确定位车牌的边界。此外还有频谱分析法，该方法将图像从空间域转换到频率域进行分析。

8.3.5 字符的分割

在车辆牌照准确定位后，需要对字符进行分割。字符切分的流程为车牌二值化、车牌倾斜校正、字符切分。

车牌的二值化就是将图像上点的灰度值根据合适的阈值选取，将灰度值界定为 0 或 225，从而得到具有明显的黑白效果的图像。这种图像不再涉及像素的其他级值，处理过程相对简单。为了得到理想的二值图，一般采用封闭、连通的边界定义不交叠的区域，大于阈值的属于特定物体，其灰度值定为 255，否则灰度值为 0（背景区域）。

车牌倾斜校正。通常情况下，车牌由于放置不当或车身前进方向与采集设备不在同一直线上等原因，拍摄出来的图像会发生倾斜、扭曲现象。所以要对图像进行校正，校正的流程为找出倾斜角度、坐标变换。找出倾斜角度的算法常用的有两种，分别是 Hough 变换法和投影法。本书重点介绍 Hough 变换法。

Hough 变换法是直线检测的重要工具，利用了直线和共线相交的关系，使直线的提取问题转化为计数问题。它将直线上的点坐标变换成过点的直线的系数域。目前需要校正的车牌分为两类：一类是车牌挂放不规范，形成整体旋转角度；另一类是由于图像采集的误差造成车牌歪斜。采用 Hough 变换法可找到倾斜的角度。首先从图像中找出水平和垂直的两条直线作为基准线，以此为边界线为参照物结合 Hough 变换检测的直线参数即可找到倾斜的角度。

字符切分。以蓝色车牌切分为例。我国于 2007 年颁布的车牌规范规定车牌总长为 440 mm，对于牌照中的 7 个字符的实际总长，每个字符的宽度及字符间距均有严格规定。根据上述标准可精确定位每个字符在车牌中占据的宽度。切分的具体算法如下。

（1）对车牌图像进行垂直投影，计算出字符的宽度、中间位置及字符间距。将第 2 个字符和第 3 个字符之间的距离确定后，以此为分界线，向前后两个方向进行切分，确定出每个字符的左右边界，并保存在数组里。

（2）对每个切分出的字符进行水平投影，确定上下边界。

（3）对已划定上、下、左、右边界的字符进行统一像素化处理，并将字符信息保存在数组里，以为后期与模板进行识别。

字符分割示意图及分割效果如图 8-17、图 8-18 所示。

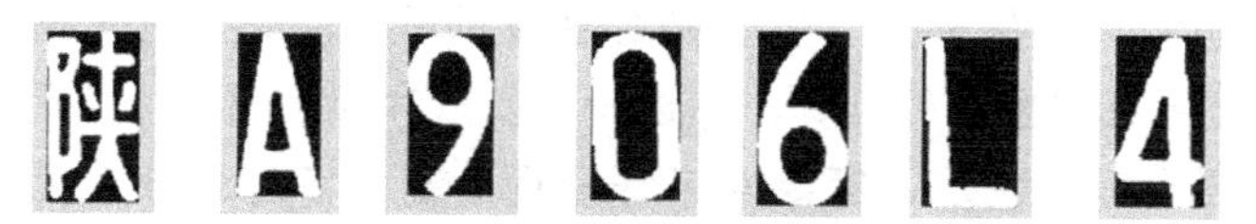

图 8-17　字符分割示意图

图 8-18　字符分割效果

8.3.6 车牌字符识别

车牌字符识别的目的是将图像中的车牌字符变成文本字符，以便于计算机进一步处理。车牌字符识别属于字符识别技术的一种。识别速度的快慢取决于字符识别，字符识别目前的主要应用技术为比对识别样本库，即将所有的字符建立样本库，字符提取后通过比对样本库实现字符的判断，识别过程中将产生可信度、倾斜度等中间结果值。另一种是基于字符结构知识的字符识别技术，它更加有效地提高识别速率和准确率，适应性较强。识别速度快，它实现了对视频每一帧图像进行识别，增加识别比对次数，择优选取车牌号，其关键在于较少地受到单帧图像质量的影响，目前市场产品识别较好的时间为 10 ms。

经过车牌的字符切分后，字符识别系统将进入最关键的部分，即字符识别部分。基于模板匹配的方法比较常用，这种方法利用了字符的轮廓、网格、投影等特征进行识别。其基本过程是：首先对待识别字符进行二值化并将其大小调整与模板大小一致，并与所有的模板进行匹配，寻找最佳匹配作为识别结果。这种方法实现起来较为容易，但对字符图像的缺损、污迹干扰等识别能力较低，且对相近的字符的分辨力较低。另外一种技术是基于神经网络的方法，但这种方法涉及网络结构设计等问题。

车牌字符识别与传统的文字识别的最大区别在于其字符数有限，汽车车牌的字符一般只有 7 个，分别是 0～9 十个阿拉伯数字、26 个英文字母和省份直辖市的简称。

知识梳理与总结

本章结合前几章的内容，对光电图像处理在日常生活中的应用进行了分析，本章的重点如下。

（1）计算机层析摄影是指以电子计算机为手段，用 X 射线对被测物体进行扫描，用专用算法重构图像，自动进行图像处理，并对断层图像显示或摄影进行分析的技术。

（2）目前的 CT 系统主要由三部分构成：扫描部分、计算机系统、图像显示和存储系统。

（3）指纹识别系统是一个典型的模式识别系统，由四个模块组成，分别是指纹图像获取模块、图像处理模块、特征提取模块和图像对比模块。

（4）指纹识别的一般过程是指纹图像预处理、指纹特征提取和特征匹配。

（5）指纹匹配是根据提取的指纹特征来判断两枚指纹是否来自于同一个手指。指纹图像的匹配主要采用指纹的局部特征来进行。

（6）车辆牌照的识别是基于图像分割和图像识别理论，对含有车辆号牌的图像进行分析处理，从而确定牌照在图像中的位置，并进一步提取和识别出文本字符。

（7）在车辆牌照准确定位后，需要对字符进行分割。字符切分的流程为车牌二值化、车牌倾斜校正、字符切分。

思考与练习题 8

（1）简述计算机层析摄影的概念。

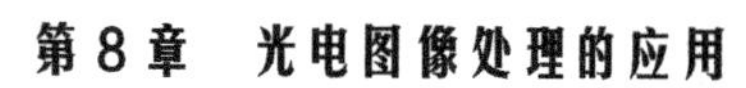

（2）什么是三维重建？

（3）试列举光电图像处理在日常生活中的应用。

（4）指纹识别系统由哪些部分组成？

（5）车辆牌照的识别流程是什么？如何对车辆牌照进行识别？

（6）车辆牌照识别技术是如何对字符进行分割的？

第9章 MATLAB软件在图像处理中的应用

本章以MATLAB为开发平台，在讲述MATLAB基本知识的基础上，重点介绍MATLAB在图像处理中的应用，如常用命令、图像处理工具、图像数字化、增强复原、分割与指式和压缩与编码等图像处理方法，为读者迅速进入图像处理的应用领域打下基础。

教学导航

教	知识重点	1. 图像数字化的案例分析 2. 图像增强、复原、压缩编码和分割的案例分析
	知识难点	掌握MATLAB软件在图像处理中的软件编程
	推荐教学方案	结合MATLAB软件平台，以具体的案例分析为主，针对图像在实际中应用问题组织教学
	建议学时	8学时
学	推荐学习方法	针对具体实例进行代码分析，并上机进行实际操作，进而加深体会MATLAB在数字图像处理中的应用
	必须掌握的理论知识	1. MATLAB软件的常用命令 2. MATLAB数字图像处理工具箱 3. 数字图像处理的基本理论知识
	必须掌握的技能	能够通过MATLAB软件编程，实现具体的数字图像处理

MATLAB（矩阵实验室）是 Matrix Laboratory 的缩写，是一款由美国 MathWorks 公司开发、目前最流行的工程计算软件。它广泛应用于自动控制、数学运算、信号分析、数字图像处理、数字信号处理、语音处理、航天汽车工业等领域，是进行科学研究的重要工具。

9.1 MATLAB 的特点与编程界面

1. MATLAB 的特点

1）强大的运算能力

矩阵是 MATLAB 最基本的数据单元，MATLAB 中每个变量都代表一个矩阵。MATLAB 像其他语言一样规定了矩阵的算术运算符、关系运算符、逻辑运算符、条件运算符和赋值运算符，这些运算符也可以用于复数矩阵。

2）编程效率高

MATLAB 语言是一种解释执行的语言，它灵活方便，调试速度快。而用其他语言编写程序时，一般都要经过编辑、编译、执行和调试四个步骤。MATLAB 语言与其他语言相比，较好地解决了上述问题，把编辑、编译、执行和调试融为一体，在同一个界面上进行灵活操作，从而加快了用户编写、修改和调试程序的速度。

MATLAB 运行时，在命令窗口每输入一条语句，就立即对其进行处理，完成编译、连接和运行的全过程。在程序运行过程中，如果出现错误，计算机屏幕上会给出详细的出错信息，用户经过修改以后再执行，直到正确为止。这些都减轻了编程和调试的工作量，提高了编程效率。

3）强大的绘图功能

MATLAB 有一系列绘图函数，可以方便地将工程计算的结果可视化，使原始数据的关系更加清晰明了。MATLAB 能根据输入数据自动确定最佳坐标，规定多种坐标系，设置不同颜色、线型、视角等，并能绘制三维的曲线和曲面。

4）可扩展性强

MATLAB 中包含丰富的库函数，在进行复杂的数学运算时可以直接调用，而且 MATLAB 的库函数与 M 文件一样，所以 M 文件也可以作为 MATLAB 的库函数来调用。因此，用户可以根据自己的需要方便地建立和扩充新的库函数，以提高 MATLAB 的使用效率。

2. MATLAB 编程界面与操作

MATLAB 主界面窗口如图 9-1 所示。在主界面窗口中有 Command Window（命令窗口）、Command History（历史命令窗口）、Workspace（工作空间窗口）、Current Directory（当前工作目录浏览器）。其中当前工作目录浏览器和工作空间窗口是集合在一个窗口中的，单击窗口下面的 Workspace 和 Current Directory 选项卡可以在两个窗口之间相互转换。

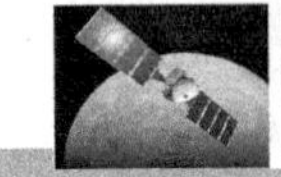

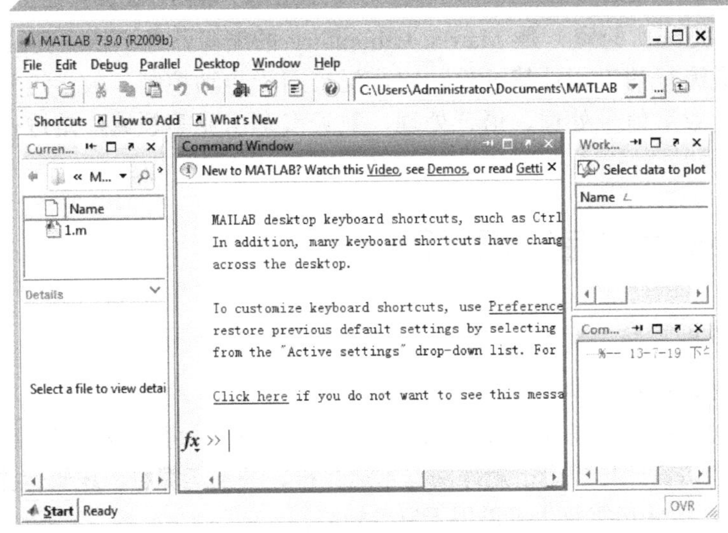

图 9-1　MATLAB 主界面窗口

1）Command Window（命令窗口）

命令窗口是 MATLAB 主界面的重要组成部分，在这个窗口中可以直接进行数据运算及运行程序。如果出现运行错误，在命令窗口中会给出详细的错误信息，以便进行调试。如图 9-2 所示为在命令窗口中进行简单运算的过程。

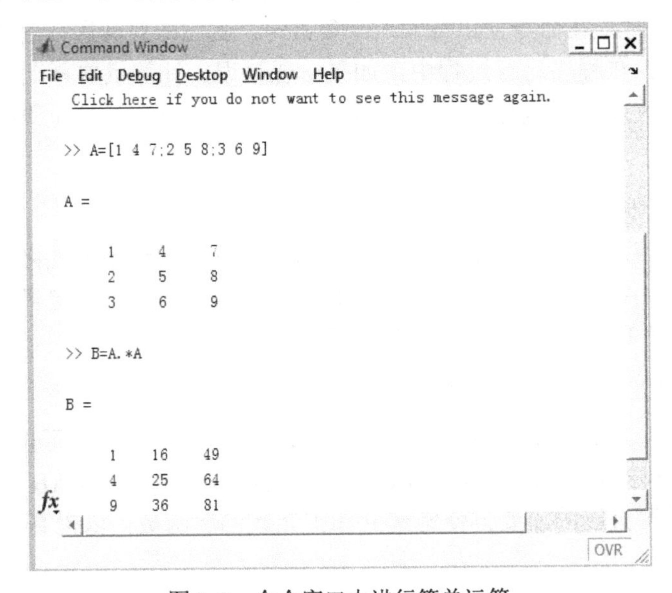

图 9-2　命令窗口中进行简单运算

如果在命令窗口中的提示符“>>”后输入“A=[1 4 7;2 5 8;3 6 9]”，系统会将[1 4 7;2 5 8;3 6 9]这个 3×3 的矩阵赋给 A，按回车键后将显示出赋值的结果：

```
A=
    1    4    7
    2    5    8
    3    6    9
```

如果不需要在命令窗口中显示运算结果，可以在命令的结尾处加上分号，如输入“A=[1 4 7;2 5 8;3 6 9];”，这样按回车键后结果就不会在命令窗口中显示出来了。

矩阵也可以进行各种数学运算，如在提示符“>>”后输入“B=A*A”，就会将 A 中每个元素都平方以后，再将矩阵赋给 B。按回车键后显示的结果为：

```
B=
     1    16    49
     4    25    64
     9    36    81
```

2）Command History（历史命令窗口）

如图 9-3 所示，用户可以在历史命令窗口中查看曾经输入并运行过的命令、函数和表达式，并允许用户对它们进行选择赋值和重运行。右键单击窗口中的语句，会出现如图 9-4 所示的快捷菜单。快捷菜单的主要功能如表 9-1 所示。

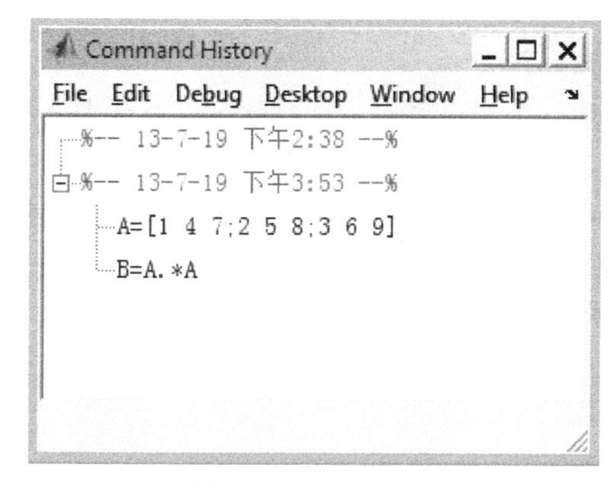

图 9-3　历史命令窗口

Cut　Ctrl+X
Copy　Ctrl+C
Evaluate Selection　F9
Create M-File
Create Shortcut
Profile Code
Delete Selection　Delete
Delete to Selection
Clear Command History

图 9-4　历史命令窗口快捷键

表 9-1　历史命令窗口的主要操作方法

选　项	功　能
Cut	剪切
Copy	复制
Evaluate Selection	将选择的语句重新运行一遍
Create M-File	用选择的语句创建一个 M 文件
Create Shortcut	用选择的语句创建一个 Shortcut
Delete Selection	将选择的语句删除
Clear Command History	清除整个历史命令窗口

3）Workspace（工作空间窗口）

工作空间窗口主要用来查看工作空间中的变量。该窗口可以显示所有 MATLAB 工作空间中的变量名、数值、数据结构、类型、大小和字节数。在该窗口中，还可以对变量进行观察、编辑、提取和保存。

例如，在命令窗口中输入：

```
>> A=[1 4 7;2 5 8;3 6 9];
>>B=A.*A;
>>C=A*A;
```

如图 9-5 所示为工作空间窗口的单独窗口显示。该窗口显示了变量 A、B、C 的名称、数值、大小、字节数和类型。

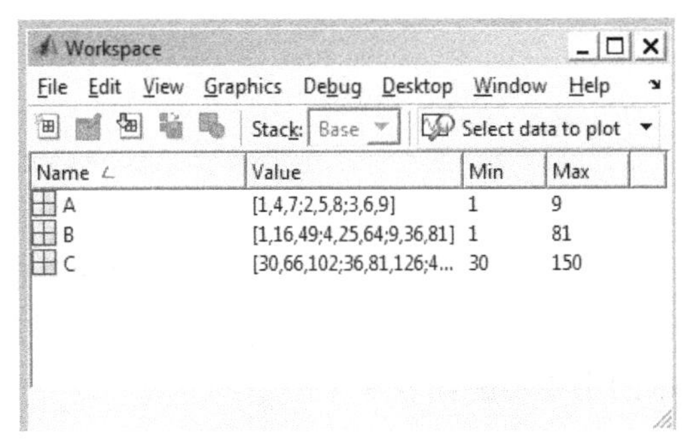

图 9-5　工作空间窗口

选中要操作的变量，单击鼠标右键，会出现一个快捷菜单，这时就可以对这个变量进行操作了。单击鼠标右键，并选择 Open Selection 选项，会出现一个名为“Array Editor”的数组编辑器窗口，在这个窗口中可以对变量进行编辑。在工作空间窗口中直接双击变量名也能打开数组编辑器。

单击鼠标右键并选择 Save as...选项，可以将变量保存为后缀名为 MAT 的数据文件。选择 Delete 选项可以将变量删除。

4）Current Folder（当前工作目录浏览器）

在 Current Folder 窗口中可以查看在当前工作路径下的 MATLAB 文件和与 MATLAB 有关的文件。窗口界面如图 9-6 所示。

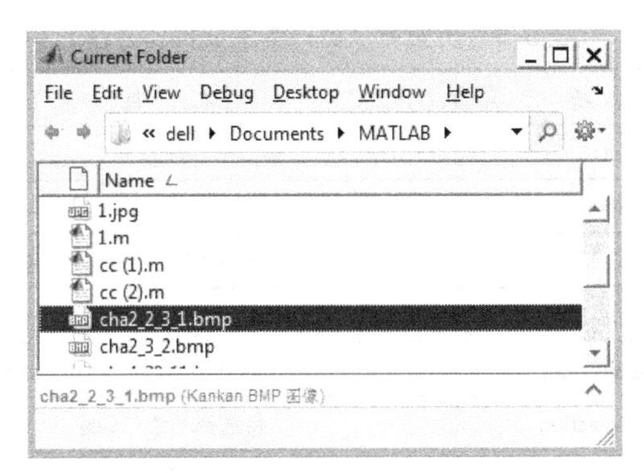

图 9-6　Current Folder 窗口

9.2　MATLAB 中的变量管理

1. 通过命令管理变量

把工作空间中的变量保存为 MAT 数据文件，语法为：

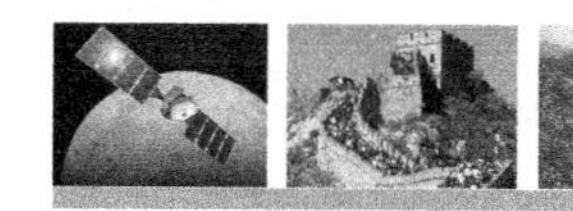

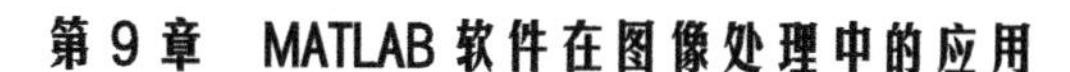


```
Save FileName 变量 1 变量 2…参数
```

其中 FileName 为保存的文件名，变量 1、变量 2 为要保存的变量名，如果省略变量名，则保存工作空间的所有变量。参数为保存的方式有 ASCII、append 等。

例如：

```
Save FileName1              %把工作空间中的全部变量保存为 FileName1.mat 文件
Save FileName1 A B          %把变量 A、B 保存为 FileName2.mat 文件
```

2. 从数据文件中取出变量到工作空间

从数据文件中取出变量到工作空间的语法为：

```
Load FileName 变量 1 变量 2…
```

其中 FileName 为数据文件名，变量 1、变量 2 可以省略，省略时则导入所有变量。

例如：

```
Load FileName1              %导入 FileName1.mat 中的所有变量
Load FileName1 A B          %导入 FileName1.mat 中的变量 A、B
```

3. 用语句 who 查看工作空间中的所有变量

用语句 who 可以查看工作空间中的所有变量，其语法为：

```
who
>>who
Your variables are:
A  B  C
```

查看工作空间中所有变量的变量名、大小、字节数和类型。

例如：

```
>>whos
Name    Size         Bytes Class
A       3×3          72  double array
B       3×3          72  double array
C       3×3          72  double array
Grand total is 27 elements using 216bytes
```

4. 删除工作空间中的变量

删除工作空间中的变量，其语法为：

```
Clear                       %导入 FileName1.mat 中的所有变量
Clear 变量 1 变量 2…         %导入 FileName1.mat 中的变量 A、B
```

9.3　图像处理工具箱

图像处理工具箱（Image Processing Toolbox）提供一套全方位的参照标准算法和图形工

具，用于图像处理、分析、可视化和算法开发。可进行图像增强、图像去模糊、特征检测、降噪、图像分割、空间转换和图像配准。该工具箱中的许多功能支持多线程，可发挥多核和多处理器计算机的性能。 图像处理工具箱支持各种图像类型，包括高动态范围、千兆像素分辨率、ICC 兼容色彩和断层扫描图像。图形工具可用于探索图像、检查像素区域、调节对比度、创建轮廓或柱状图以及操作感兴趣区域（ROI）。工具箱算法可用于还原退化的图像、检查和测量特征、分析形状和纹理并调节图像的色彩平衡。

1. 图像文件读写

1）IMREAD 函数

该函数用于从图形文件中读出图像。格式为 A=IMREAD（FILENAME，FMT）。该函数把 FILENAME 中得图像读到 A 中。若文件包含一个灰度图，则为二维矩阵。若文件包含一个真彩图（RGB），则为三维矩阵。FILENAME 指明文件，FMT 指明文件格式。格式为[X，MAP]=IMREAD（FILENAME，FMT）。把 FILENAME 中的索引图读入 X，其相应的调色板读到 MAP 中。图像文件中的调色板会被自动在范围[0，1]内重新调节。FMT 的可能取值为 JPG 或 JPEG、TIF 或 TIFF、BMP、PNG、HDF、PCX、XWD。

2）IMWRITE 函数

该函数用于把图像写入图形文件中。格式为 IMWRITE（A，FILENAME，FMT）。该函数把图像 A 写入文件 FILENAME 中。FILENAME 指明文件名，FMT 指明文件格式。A 既可以是一个灰度图，也可以是一个真彩图。格式 IMWRITE（X，MAP，FILENAME，FMT）把索引图及其调色板写入 FILENAME 中。MAP 必须为合法的 MATLAB 调色板、大多数图像格式不支持多于 256 色的调色板。FMT 的可能取值为 JPG 或 JPEG、TIF 或 TIFF、BMP、PNG、HDF、PCX、XWD。

2. 图像显示

1）GETIMAGE 函数

格式 A=GETIMAGE（H）返回图形句柄对象 H 中包含的第一个图像的数据。H 可以是一条曲线、图像或纹理表面。A 等同为图像的 Cdata。格式[X，Y，A]=GETIMAGE（H）返回图像的 Xdata 到 X、Ydata 到 Y，Xdata 和 Ydata 是表明 X 轴和 Y 轴的范围的两元素矢量。

格式[...，A，FLAG] =GETIMAGE（H）返回指示图像类型的整数型标记。FLAG 可为下列值。

0：不是图像，A 返回一个空矩阵。

1：索引图。

2：标准灰度图。

3：非标准灰度图。

4：RGB 图像。

2）IMAGE 函数

该函数用于显示图像。格式 IMAGE（C）把矩阵 C 作为一幅图像显示。C 的每一个元素指明了一个图像块的颜色。C 可以为 M×N 或 M×N×3 的矩阵，其数据可为 double、

unit8、unit16 型。格式 IMAGE（X，Y，C）。其中 X、Y 为矢量，指明 C（1，1）和 C（M，N）像素中心的位置。

3）IMAGESC 函数

该函数按比例决定数据并把它作为图像显示。该函数的格式除数据要按比例重整来使用完全调色板外，其他与函数 IMAGE 相同。在格式 IMAGESC（…，CLIM）中，CLIM=[CLOW，CHIGH]表明比例尺度。

4）IMSHOW 函数

该函数用于显示图像。格式 IMSHOW（I，N）用 N 级离散灰度级显示灰度图像 I。若省略 N，默认用 256 级灰度显示 24 位图像、64 级灰度显示其他系统。格式 IMSHOW（I，[LOW HIGH]），把 I 作为灰度图显示。LOW 值指定为黑色，HIGH 值指定为白色，中间为按比例分布的灰色。若[LOW HIGH]为[]，则函数把图像中的最小值显示为黑色，最大值显示为白色。

格式 IMAGE（SW）用于显示二值图。0 显示为黑色，1 显示为白色。

格式 IMAGE（X，MAP）用于显示真彩色图像。

格式 IMSHOW（FILENAME）用于显示储存于图形文件 FILENAME 中的图像。

H= IMSHOW（...）用于返回图像对象的句柄。

5）SUBIMAGE 函数

该函数用于在一张图中显示多幅图像。即使在有不同颜色调色板存在的情况下，该函数也可和函数 SUBPLOT 联合使用来显示多幅图像。该函数把图像转换成真彩图来显示，以此避免调色板冲突。

格式 SUBIMAGE（X，MAP）用来显示当前坐标中的索引图。

格式 SUBIMAGE（I）用来显示灰度图。

格式 SUBIMAGE（BW）用来显示二值图。

格式 SUBIMAGE（RGB）用来显示真彩图。

格式 SUBIMAGE（x，y，...）用来在非默认的空间坐标中显示图像。

H= SUBIMAGE（...）返回图像对象的句柄。输入图像可为 unit8、unit16、double 型。

3. 图像几何变换

1）IMCROP 函数

该函数用于把一幅图像经裁剪后放入指定的矩形中。例如，在以下的语法格式中 IMCROP 显示输入图像，并等待用鼠标指定矩形。

2）IMROTATE 函数

该函数用于旋转图像。格式 B=IMROTATE（A，ANGLE，METHOD）用于把图像 A 按逆时针方向和特殊的填充方法旋转 ANGLE 度，METHOD 可取下列值。

neareat：默认值，用最近邻插值。

bilinear：用双线性插值。

bicubic：用双立方插值。

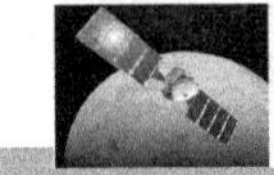

若对图像进行顺时针旋转，则 ANGLE 取负值。格式 B=IMROTATE（A，ANGLE，METHOD，'corp'）。把图像进行 ANGLE 度旋转，然后返回和 A 大小相同的中间部分。

4. 像素统计

1）COOR2 函数

该函数用于计算二维相关系数。格式 R=COOR2（A，B），用于计算 A、B 间的相关系数，A、B 为相同尺寸的矩形或矢量。

2）IMHIST 函数

该函数用于计算图像数据的直方图。格式 IMHIST（I，N）。用于显示灰度图像的 I 的 N 级直方图。对灰度图默认 N 为 256，对二值图默认 N 为 2。格式 IMHIST（X，MAP）。用于显示索引图的直方图。

3）MEAN2 函数

该函数用于计算矩阵元素的均值。

5. 图像分析

EDGE 函数。该函数用于找出灰度图的边缘。该函数的输入是灰度图，返回一个同样大小的二值图。边缘处为 1，其他地方为 0。该函数支持 Sobel、Prewitt、Roberts、Laplacian、Zero-cross、Canny 6 种不同的算子。

6. 图像增强

1）HISTEQ 函数

该函数用直方图均衡的方法增强图像的对比度。

2）MEDFILT2 函数

该函数用来对图像进行二维中值滤波。

3）ORDFILT2 函数

该函数对图像进行二维排序统计滤波。

4）WIENER2 函数

该函数进行二维自适应去噪滤波。该函数可对一幅被加入噪声污染的灰度图进行低通滤波。

7. 线性滤波

1）CONV2 函数

该函数进行二维卷积。格式 C=CONV2（A，B）对矩阵 A、B 进行二维卷积。若[ma，na]=size（A），[mb，nb]=size（B），则 size（C）=[ma+mb−1，na+nb−1]。

2）FILTER2 函数

该函数进行二维数字滤波。格式 Y=FILTER2（B，X）。对 X 中的数据用矩阵 B 中的二维 FIR 滤波器进行滤波。结果 Y 是用二维相关性进行计算的，大小和 X 一样。

8. 线性二维滤波器设计

1）FSAMP2 函数

该函数用频率抽样法设计二维 FIR 滤波器。该函数在笛卡儿平面上抽样点的二维频率响应的基础上设计二维 FIR 滤波器。

2）FTRANS2 函数

该函数用频率转换法设计二维 FIR 滤波器。

3）FWIND1 函数

该函数用一维加窗的方法设计二维 FIR 滤波器。

4）FWIND2 函数

该函数用二维加窗的方法设计二维 FIR 滤波器。

9. 图像变换

1）DCT2 函数

该函数对图像进行二维离散余弦变换。格式 B=DCT2（A）返回 A 的离散余弦变换。A 和 B 大小相同，B 包含离散余弦变换的系数。格式 B=DCT2（A，[M N]）或 B=DCT2（A，M，N），在变换前把矩阵 A 用 0 填充至大小 M×N，若 M 或 N 小于 A 相应的尺寸，则先截取 A。

2）IDCT2 函数

该函数计算二维离散余弦反变换。格式 B=IDCT2（A），返回 A 的二维离散余弦反变换。

格式 B=IDCT2（A）或 B=IDCT2（A，M，N）在变换前对 A 截短或添 0 产生一个 M×N 的矩阵。

3）FFT2 函数

该函数计算二维快速傅里叶变换。

4）IFFT2 函数

该函数计算二维快速傅里叶反变换。

5）FFTn 函数

该函数计算 n 维快速傅里叶变换。

6）IFFTn 函数

该函数计算 n 维快速傅里叶反变换。

10. 颜色空间变换

1）HSV2RGB 函数

该函数把 HSV 颜色转换为 RGB 颜色。

2）RGB2HSV 函数

该函数把 RGB 颜色转换为 HSV 颜色。

3）NTSC2RGB 函数

该函数把 NTSC 颜色转换为 RGB 颜色。

4）RGB2NTSC 函数

该函数把 RGB 颜色转换为 NTSC 颜色。

5）YCBCR2RGB 函数

该函数把 YCBCR 颜色转换为 RGB 颜色。

6）RGB2YCBCR 函数

该函数把 RGB 颜色转换为 YCBCR 颜色。

9.4 常用类型函数表示

MATLAB 中的基本数据结构是由一组规则有序的实数或复数构成的数组。同样，MATLAB 用一组有序的数组来表示一幅图像，数组中的每一个值都对应图像中的每一个像素。例如，一幅由 200 行和 300 列组成的灰度图像，在 MATLAB 中采用 200×300 的二维数组来表示。而由 200 行和 300 列组成的真彩图像，在 MATLAB 中采用 200×300×3 的三维数组来表示。

1. 数据类型

MATLAB 提供的基本数据类型有 double、unit8、unit16、unit32、int8、int16、int32、single、char 和 logical。MATLAB 中所有数值计算都可以用 double 类型来进行，所以它是数字图像处理中最常用的数据类型。但是这样会浪费存储空间，因此经常用 unit8 格式来存储图像数据。使用 unit8 类型，每个数据元素仅需要 1 B。

2. 数据类型之间的转换

由于在 MATLAB 中图像存储和函数运算的数据格式要求不同，因此需要进行图像数据存储格式的转换。

例如：B=unit8（100）%将一个 double 类型的数 100，转换成 unit8 类型。

```
a=int8 (10);
b=cast (a,'uint8');
```

3. 图像类型

1）二值图像

图像处理工具箱定义了四种基本的图像类型：二值图像、索引图像、灰度图像和真彩色图像。二值图像是一个只取 0 和 1 两个值的逻辑数组。只有黑白两种颜色，0 表示黑色，1 表示白色。如果其他类型的数组只有 0 或 1 两种值，如 double 和 unit8 类型，那么在 MATLAB 中也不是二值图像。

2）索引图像

索引图像由两部分组成，即数组 X 和颜色表矩阵 map。颜色表矩阵 map 是一个大小为

m×3 的数组，而且由范围在[0,1]之间的浮点数构成。map 的长度 m 是定义的颜色数。map 的每一行都定义单色的红、绿、蓝分量。数据数组 X 中保存的并不是颜色值，而是颜色表矩阵的索引值。

3）灰度图像

灰色图像是表示一定范围内的灰度值的数据矩阵。MATLAB 中灰度图像存储为一个矩阵，矩阵中的每一个元素都代表了一个像素值。大多数情况下，灰度图像很少和颜色表一起保存，但是显示灰度图像时，MATLAB 使用系统默认灰度颜色表显示图像。对于 double 类型的来说，0 代表黑色，而 1 代表白色，像素值的取值范围为[0,1]。如果使用 unit8 类型，像素值的取值范围为[0,255]。

4）真彩色图像

真彩图图像在 MATLAB 中存储为 m×n×3 的数据矩阵，矩阵中元素定义了图像中每一个像素的红、绿、蓝分量值。真彩图不使用颜色表，图像的像素值由保存在像素位置上的红、绿、蓝的强度值的组合确定。图像文件格式把真彩图像存储为 24 位的图像，其中红、绿、蓝分别占 8 位。

4. 图像格式

在图像处理的过程中，需要对四种图像进行转换。MATLAB 具有实现对四种图像进行转换的函数。

1）DITHER 函数

该函数用抖动的方法转换图像。

2）GRAY2IND 函数

该函数把灰度图转换为索引图。格式[X，MAP]=GRAY2IND（I，N）。用调色板 GRAY（N）把灰度图 I 转换为索引图 X。若省略 N，则系统默认 64。

3）GRAYSLICE 函数

该函数用阈值的方法把灰度图转换为索引图。

4）IM2BW 函数

该函数用加阈值的方法把一幅图像转换为二值图。

5）IM2DOUBLE 函数

该函数把一幅图像转换为双精度图像。

6）IM2UINT8 函数

该函数把一幅图像转换为 8 位无符号整数图像。

7）IM2UINT16 函数

该函数把一幅图像转换为 16 位无符号整数图像。

8）IND2GRAY 函数

该函数把一幅索引图转换为灰度图。格式 I=IND2GRAY（X，MAP）把调色板为 MAP

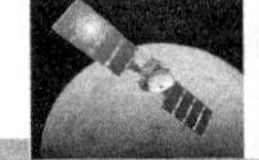

的图像 X 转换为灰度图 I。该函数在保留亮度的同时，除掉了颜色和饱和度信息。

9）IND2RGB 函数

该函数把索引图转换为 RGB 图像。格式 RGB=IND2RGB（X，MAP）把矩阵 X 和相应的调色板 MAP 转换为真彩格式。

10）ISBW 函数

该函数判断输入是否为二值图。格式 FLAG=ISBW（A），若 A 为二值图返回 1，若为其他则返回 0。

11）ISGRAY 函数

该函数判断输入是否为灰度图。

12）ISIND 函数

该函数判断输入是否为索引图。

13）ISRGB 函数

该函数判断输入是否为真彩图。

14）MAT2GRAY 函数

该函数把矩阵转换为灰度图。

15）RGB2GRAY 函数

该函数把真彩图或索引图转换为灰度图。该函数在保留亮度的同时去除色彩和饱和度信息。

16）RGB2IND 函数

该函数把真彩图转换为索引图。

9.5 图像的数字阵列表示与数字化过程

由于计算机只能处理数字图像，而自然界提供的图像却是其他形式，所以数字图像处理的一个先决条件就是将图像数字化。通常，给普通的计算机系统装备专用的图像数字化设备就可以使之成为一台图像处理工作站。图像显示是数字图像处理的最后一个环节。所有的处理结束后，显示环节把数字图像转换为适合于人类使用的形式。显示图像对数字图像处理是必要的，但是它对于数字图像分析却不一定是必需的。

1. 数字阵列表示

数字图像采用阵列表示，阵列中的元素称为像素（Pixel），像素的幅值对应于该点的灰度级。如图 9-7 所示为利用数字阵列来表示一个物理图像的示意图。物理图像被分割为许多小区域（图像元素）。最常见的划分方案是图 9-7 所示的方形采样网格，图像被分割成由相邻像素组成的许多水平线，赋予每个像素位置的数值反映了物理图像对应点的亮度，用 g（i，j）（即二维数组）代表（i，j）点的灰度值，即亮度值。它们被分为 0～255 个等级。因此，数字图像上的任意一点由该点的横坐标、纵坐标和像素值共同组成。

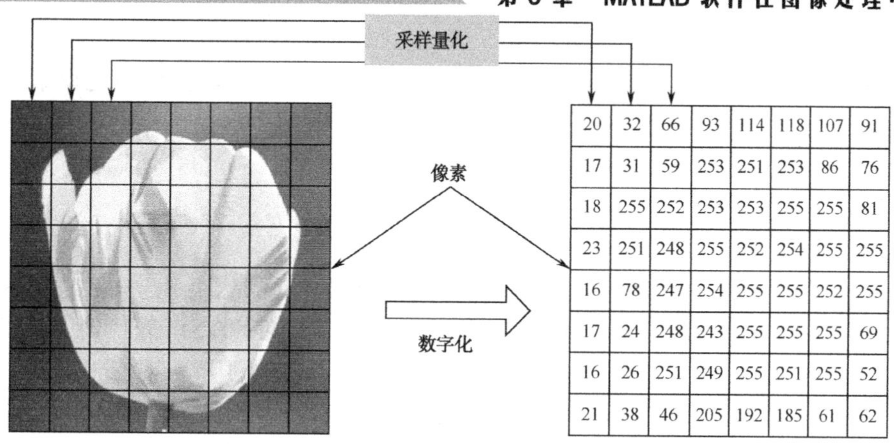

20	32	66	93	114	118	107	91
17	31	59	253	251	253	86	76
18	255	252	253	253	255	255	81
23	251	248	255	252	254	255	255
16	78	247	254	255	255	252	255
17	24	248	243	255	255	255	69
16	26	251	249	255	251	255	52
21	38	46	205	192	185	61	62

图 9-7　利用数字阵列表示物理图像示意图

关于图像的数字化，有以下几点需要注意。

由于 g（i，j）代表该点图像的光强度，而光是能量的一种形式，故 g（i，j）必须大于零，且为有限值。

数字化采样一般是按正方形点阵取样的，除此之外还有三角形点阵、正六角形点阵等取样方式。

用 g（i，j）的数值来表示点（i，j）位置上灰度级值的大小，它只反映了黑白灰度的关系。如果是一幅彩色图像，那么各点的数值还应反应色彩的变化，可用 g（i，j，λ）表示，其中 λ 是波长。如果图像是运动的，则图像序列还应该是时间 t 的函数，可表示为 g（i，j，λ，t）。

2. 图像的数字化过程

1）采样

图像在空间上的离散化称为采样。日常生活中见到的图像一般是连续形式的模拟图像，模拟图像经过行采样和列采样。当对一幅图像采样时，若每行像素为 M 个，每列像素为 N 个，则图像大小为 M×N 像素。

在进行采样时，采样点间隔的选取是一个很重要的问题，它决定了采样后图像的质量，即忠于源图像的程度。采样间隔大小的选取要依据源图像包含的细节情况来决定。在一般情况下，图像中细节越多，采样间隔应越小。

如图 9-8 所示，对于同一幅图像，当量化级数一定时，采样点数 M×N 对图像质量有着显著的影响。采样点数越多，图像质量越好；反之，采样点数越少，图像质量越差。

图 9-8　量化级数一定时采样点变化对图像质量的影响

2）量化

模拟图像经过采样后，在时间和空间上离散化为像素。但是得到的是像素值即灰度值，仍然是连续值。把采样后得到的各像素的灰度值从模拟量转换到离散量称为图像灰度的量化。一幅图像中不同灰度值的个数称为灰度级，一般为 256 级，所以像素灰度取值范围为 0～255 之间的整数，像素量化后用一个字节（8 位）来表示。把黑—灰—白连续变化的灰度值量化为0～255共256级灰度值。

连续灰度值量化为灰度级的方法有两种：一种是等间隔量化；另一种是非等间隔量化。由于图像灰度值的概率分布密度函数因图像不同而异，所以不可能找到一个适用于各种不同图像的最佳的非等间隔量化方案。因此实际应用上一般采用等间隔量化。

如图 9-9 所示，对于同一幅图像，当图像的采样点数一定时，采用不同量化级数的图像质量也不同。量化级数越多，图像质量越好；反之，量化级数越少，图像质量越差。

256级　　64级　　8级　　2级

图 9-9　采样点数一定时量化级数变化对图像质量的影响

应用实例1　车牌定位

下面以车牌“鲁K 7J587”作为示例图像，利用MATLAB对车牌进行定位，源程序如下。

1. 获取图像

```
[fn,pn,fi]=uigetfile('*.jpg','选择图片');
Scolor=imread([pn fn]);
```

程序运行效果如图9-10所示。

图 9-10　输入的源图像

2. 图像灰度化

```
Sgray = rgb2gray(Scolor); %rgb2gray 转换成灰度图
```

程序运行效果如图 9-11 所示。

图 9-11　变换后的灰度图

3. 图像增强

```
s=strel('disk',13);                  %strel 函数 13
Bgray=imopen(Sgray,s);               %打开 sgray 和 s 图像
Egray=imsubtract(Sgray,Bgray);       %两幅图相减
```

程序运行效果如图 9-12 所示。

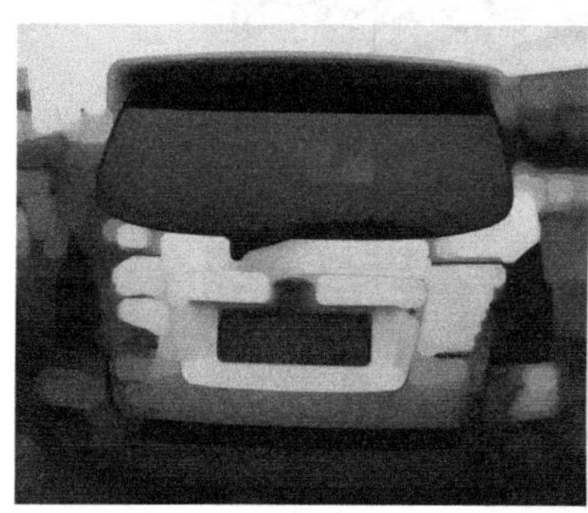

图 9-12　增强后的图像

4. 边缘提取

```
grd=edge(Egray,'robert',0.09,'both');
se=[1;1;1];                          %线型结构元素
I3=imerode(grd,se);                  %腐蚀图像
```

程序运行效果如图 9-13 所示。

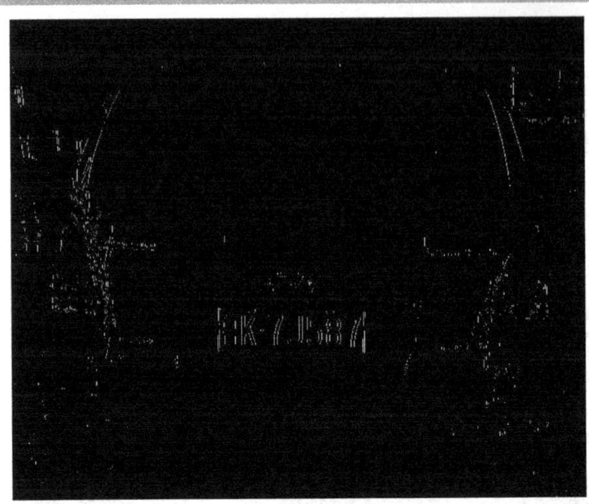

图 9-13　边缘提取后的图像

5. 开闭运算进行滤波

```
bg1=imclose(I3,strel('rectangle',[8,18])); %取矩形框的闭运算即平滑 8,18
bg3=imopen(bg1,strel('rectangle',[8,14])); %取矩形框的开运算 8,18
bg2=bwareaopen(bg3,700);                    %去除聚团灰度值小于 700 的部分
```

程序运行效果如图 9-14 所示。

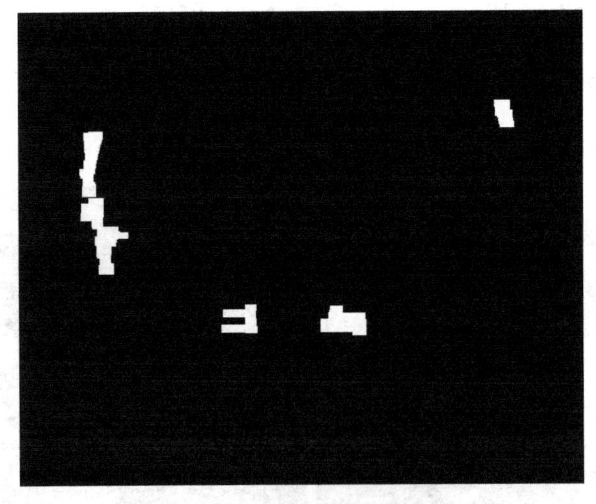

图 9-14　滤波后的图像

6. 车牌初步定位

```
[y,x,]=size(bg2);
I6=double(bg2);              %绘制行曲线图
Y1=zeros(y,1);               %Y 行 1 列的零矩阵，累计行像素灰度值
for i=1:y
       for j=1:x
          if(I6(i,j,1)==1)
             Y1(i,1)= Y1(i,1)+1;
```

```
            end
        end
    end
    [temp, MaxY]=max(Y1);
    PY1=MaxY;
    while ((Y1(PY1,1)>=50)&&(PY1>1))
        PY1=PY1-7;
    end
    PY2=MaxY;
    while ((Y1(PY2,1)>=50)&&(PY2<y))
        PY2=PY2+7;
    end
    %绘制列曲线图
    X1=zeros(1,x);                      %累计列像素灰度值
    for j=1:x
         for i=PY1:PY2
              if(I6(i,j,1)==1)
                  X1(1,j)= X1(1,j)+1;
              end
         end
    end
    PX1=1;
    while ((X1(1,PX1)<3)&&(PX1<x))
        PX1=PX1+1;
    end
    PX2=x;
    while ((X1(1,PX2)<3)&&(PX2>PX1))
        PX2=PX2-1;
    end
    DW=Scolor(PY1:PY2,PX1:PX2,:);   %车牌定位后图像
```

程序运行效果如图 9-15 所示。

图 9-15　初步定位的车牌

7. 进一步车牌定位

```
    if isrgb(DW)
       I1 = rgb2gray(DW);                     %将 RGB 图像转换为灰度图像
    else   I1=DW;
    end
    g_max=double(max(max(I1)));
    g_min=double(min(min(I1)));
    T=round(g_max-(g_max-g_min)/3);        %T 为二值化的阈值
    [m,n]=size(I1);                         %d:二值图像
```

```
imane_bw=im2bw(I1,T/256);                %二值化车牌图像
[y1,x1,z1]=size(imane_bw);
I3=double(imane_bw);
TT=1;
%去除图像顶端和底端的不感兴趣区域%
Y1=zeros(y1,1);
 for i=1:y1
    for j=1:x1
            if(I3(i,j,1)==1)
               Y1(i,1)= Y1(i,1)+1 ;
            end
      end
 end
Py1=1;Py0=1;
while ((Y1(Py0,1)<9)&&(Py0<y1))
      Py0=Py0+1;
end
Py1=Py0;
while((Y1(Py1,1)>=9)&&(Py1<y1))
      Py1=Py1+1;
end
I2=imane_bw(Py0:Py1,:,:);                %目标车牌区域
```

程序运行效果如图 9-16 所示。

图 9-16 进一步定位的车牌

应用实例 2 图像增强

图像增强的目的是采用某种技术手段，改善图像的视觉效果，或者将图像转换成更适合人眼观察和机器分析、识别的形式，以便从图像中获取更有用的信息。图像增强的基本方法可分为两类：空间域方法和频域方法。空间域是以对图像的像素直接处理为基础的。频域是以修改图像的傅里叶变换为基础的。下面主要以频域增强技术为主，以具体的程序为例，通过 3 个例子进行结果分析。

（1）采用不同的 λ 值对输入图像进行幂次变换，对比图像增强的效果，源程序如下。

```
clear all
close all
I{a}=double(imread('example1.jpg'));
I{a}=I{a}/255;
figure(a),subplot(2,4,1),imshow(I{a},[]),hold on
I{b}=double(imread('example2.jpg'));
I{b}=I{b}/255;
subplot(2,4,5),imshow(I{b},[]),hold on
```

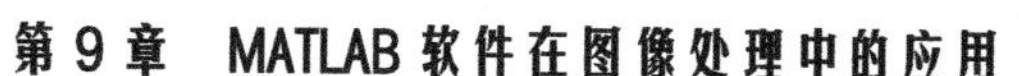


```
for m=1:2
Index=0;
for lemda=[0.5 5]
Index=Index+1;
F{m}{Index}=I{m}.^lemda;
subplot(2,4,(m-1)*4+Index+1),imshow(F{m}{Index},[])
end
end
```

程序运行效果如图 9-17 所示。

(a) 输入图 a　(b) λ=0.5 变换结果　(c) λ=5 变换结果

(d) 输入图 b　(e) λ=0.5 变换结果　(f) λ=5 变换结果

图 9-17　幂次变化的图像增强

通过结果分析可知，当 λ<0.5 时，黑色区域被扩展，变得清晰；当 λ>1 时，黑色区域被压缩，变得几乎看不见。

（2）采用平滑滤波器对图像平滑，采用“源图—低通图像”和“源图—高通图像”对图像锐化，对比平滑和锐化这两种重要手段，对图像增强的效果，源程序如下。

```
clear all
close all

% 源图
I=double(imread('heben.jpg'));
figure,imshow(I,[])

% 均值低通滤波
H=fspecial('average',5);
F{1}=double(filter2(H,I));
figure,imshow(F{1},[]);
% Gaussian 低通滤波
```

```
H=fspecial('gaussian',7,3);
F{2}=double(filter2(H,I));
figure,imshow(F{2},[]);

% 增强图像=源图—低通图像
F{3}=2*I-F{1};
figure,imshow(double(F{3}),[]);

% 增强图像=源图—高通图像
F{4}=2*I-F{2};
figure,imshow(double(F{4}),[]);

% 'prewitt'边缘算子增强
H=fspecial('prewitt');
F{5}=double(I+filter2(H,I));
figure,imshow(F{5},[]);

% 'sobel'边缘算子增强
H=fspecial('sobel');
F{6}=double(I+filter2(H,I));
figure,imshow(F{6},[]);
```

程序运行效果如图 9-18 所示。

（a）源图

（b）均值低通滤波

（c）高斯低通滤波

（d）源图—低通滤波

（e）源图—高通滤波

（f）prewitt 增强

（g）sobel 增强

图 9-18　灰度图像的平滑和锐化

通过结果分析可知，均值和高斯滤波均会使源图模糊，而采用源图减去低通、高通滤波的方法和 prewitt 算子增强及 sobel 算子增强都会增强图像边缘。

（3）采用不同的锐化方式，实现对图像中某一部位的快速聚焦模糊边缘，源程序如下。

```
% my_mask.m 文件
```

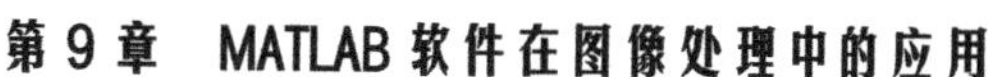


```
function O=my_mask(I,M1,M2)
I0=im2double(I);
[height width]=size(I0);
O=zeros(height,width);
m=zeros(3,3);
for i=2:height-1
    for j=2:width-1
        m=I0(i-1:i+1,j-1:j+1);
        Sx=sum(sum(M1.*m));
        Sy=sum(sum(M2.*m));
        O(i,j)=abs(Sx)+abs(Sy);
    end
end

% 不同锐化方式
I=imread('example40.jpg');
I=rgb2gray(I);
M1=[0 0 0;0 -1 0;0 0 1];
M2=[0 0 0;0 0 -1;0 1 0];
R=my_mask(I,M1,M2);
M3=[-1 -2 -1;0 0 0;1 2 1];
M4=[-1 0 1;-2 0 2;-1 0 1];
S=my_mask(I,M3,M4);
M5=[-1 -1 -1;0 0 0;1 1 1];
M6=[-1 0 1;-1 0 1;-1 0 1];
P=my_mask(I,M5,M6);
imwrite(R,'4-1-1.jpg');
imwrite(S,'4-1-2.jpg');
imwrite(P,'4-1-3.jpg');
subplot(221),imshow(I);title('原始图像')
subplot(222),imshow(R);title('Roberts 锐化')
subplot(223),imshow(S);title('Sobel 锐化')
subplot(224),imshow(P);title('priwitt 锐化')
```

程序运行效果如图 9-19 所示。

（a）原始图像　　　　（b）roberts 锐化

图 9-19　不同锐化方式效果图

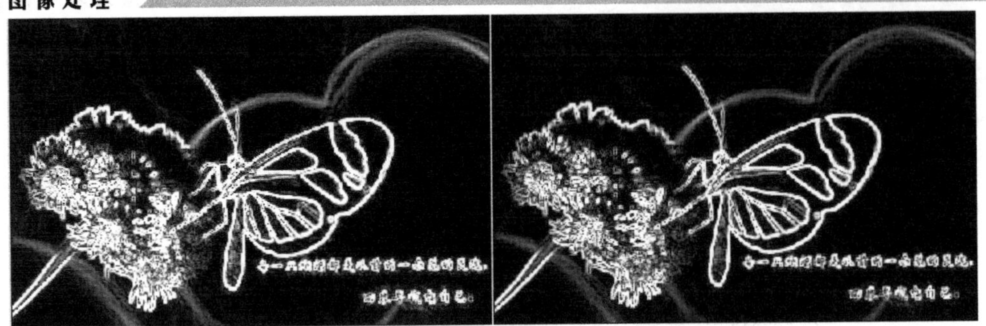

（c）sobel 锐化　　（d）prewitt 锐化

图 9-19　不同锐化方式效果图（续）

应用实例 3　图像复原

图像恢复和图像增强一样，都是为了改善图像的视觉效果，以便于后续处理。只是图像增强方法更偏向于主观判断，而图像恢复则是根据图像畸变或退化原因，建立相应的数学模型，从被污染或畸变的图像信号中提取所需要的信息，沿着使图像降低质量的逆过程恢复图像的本来面貌。其难点在于如何建立退化模型。在空间域中，基于噪声模型，采用统计方法对噪声加以滤除；在频域中，基于退化模型采用不同类型的频率域滤波器来恢复图像。下面以具体的程序为例，通过 3 个例子进行结果分析。

图像恢复的过程：

找退化原因→建立退化模型→反向推演→恢复图像。

（1）同一图像的不同噪声的直方图分布，源程序如下：

```
I=imread('example5.jpg');
figure,imshow(I),figure,hist(double(I),10)
J=imnoise(I,'gaussian',0.05);
figure,imshow(J),figure,hist(double(J),10)
J=imnoise(I,'speckle',0.05);
figure,imshow(J),figure,hist(double(J),10)
J=imnoise(I,'salt & pepper',0.05);
figure,imshow(J),figure,hist(double(J),10)
```

程序运行效果如图 9-20 所示。

（a）源图

（b）高斯噪声

（c）均匀分布噪声

（d）椒盐噪声

图 9-20　不同噪声及其直方图

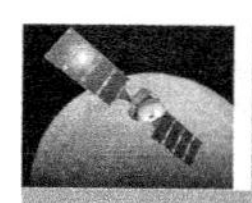

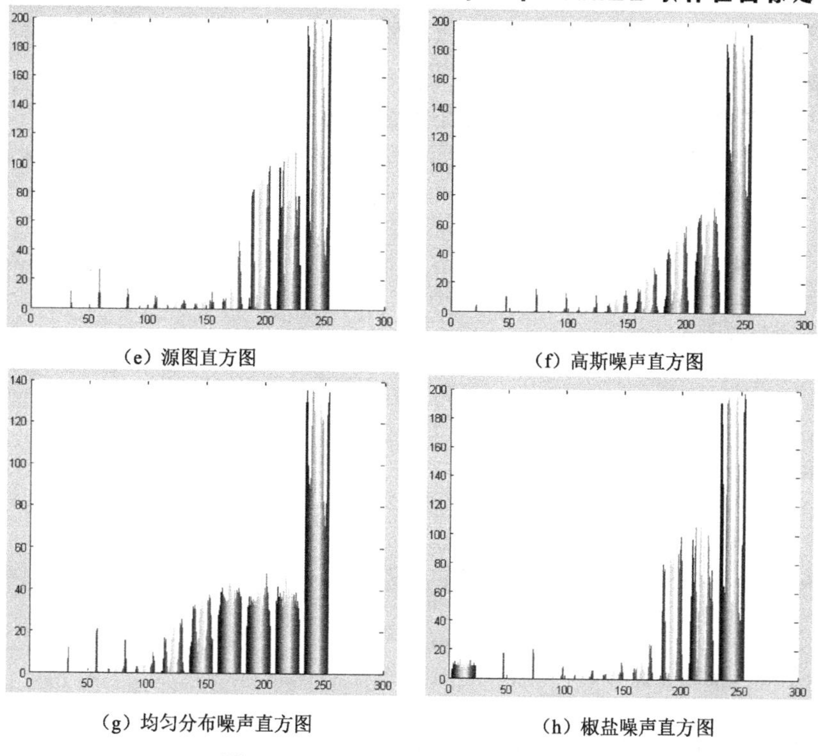

（e）源图直方图　（f）高斯噪声直方图

（g）均匀分布噪声直方图　（h）椒盐噪声直方图

图 9-20　不同噪声及其直方图（续）

（2）对椒盐噪声污染的图像，采用标准的均值、中值滤波器对其进行滤波复原，源程序如下：

```
img=rgb2gray(imread('example57.jpg'));
figure; inshow(img);
img_noise=double(imnoise(img,'salt & pepper',0.06));
figure,imshow(img_noise,[]);
img_mean=imfilter(img_noise,fspecial('average',5));
figure; imshow(img_mean,[]);title('de-noise by mean filter');
img_median=medfilt2(img_noise);
figure;imshow(img_median,[]);title('de-noise by median filter');
img_median2=medfilt2(img_median);
figure;imshow(img_median2,[]);title('de-noise by median filter');
```

程序运行效果如图 9-21 所示。

（a）椒盐噪声图像　（b）均值滤波结果　（c）中值滤波结果　（d）再次中值滤波结果

图 9-21　对椒盐噪声图像滤波复原

通过结果分析可知，对于椒盐噪声图像，经过多次处理，逐渐消除噪声污染，但多次应用中值滤波器，会使原始图像变得模糊。

（3）当成像传感器与被摄景物之间存在足够快的相对运动时，所摄取的图像就会出现“运动模糊”，采用仿真的方法对清晰图像加以运动模糊，形成模糊图像，并且可以对其进行图像恢复，示例源程序如下：

```
I=imread('fly1.jpg');
figure(1);imshow(I,[]);
title('源图像');
PSF=fspecial('motion',40,75);
MF=imfilter(I,PSF,'circular');
noise=imnoise(zeros(size(I)),'gaussian',0,0.001);
MFN=imadd(MF,im2uint8(noise));
figure(2);imshow(MFN,[]);
title('运动模糊图像');
NSR=sum(noise(:).^2)/sum(MFN(:).^2);
figure(3);
imshow(deconvwnr(MFN,PSF),[]);
title('逆滤波复原');
figure(4);
imshow(deconvwnr(MFN,PSF,NSR),[]);
title('维纳滤波复原');
NP=0.002*prod(size(I));
[reg1 LAGRA]=deconvreg(MFN,PSF,NP/3.0);
figure(5);imshow(reg1);
title('最小二乘滤波复原');
```

程序运行效果如图 9-22 所示。

（a）源图像　（b）运动模糊图像　（c）逆滤波复原

（d）维纳滤波复原　（e）最小二乘法复原

图 9-22　对运动模糊图像的恢复

通过结果分析可知，对于同一图像进行模糊处理之后，通过三种方式对其进行复原，得到的效果完全不一样。对于噪声小的图像来说，最小二乘法的复原效果最好，但是对于噪声较大的图像，应该选择维纳滤波复原。

应用实例 4　图像压缩编码

图像信号经过数字化后，数据量非常大，很难直接进行保存。为了提高信道利用率和在有限的信道容量下传输更多的图像信息，必须对图像数据进行压缩。因此，数据压缩在数字图像传输中具有关键性的作用。下面以具体的程序为例，通过两个例子进行结果分析。

（1）对于输入图像的灰度级{y1,y2,y3,y4,y5,y6,y7,y8}出现的概率分别为[0.30,0.16,0.14,0.11,0.10,0.09,0.06,0.04]，进行哈夫曼编码，并求出平均码长，信息熵及编码效率。源程序如下：

```
        p=input('请输入数据:') %提示输入界面[0.30,0.16,0.14,0.11,0.10,0.09,0.06,
0.04]
        n=length(p);
        for i=1:n
            if p(i)<0
            fprintf('\n 提示：概率值不能小于 0!\n');
            p=input('请重新输入数据:')
            end
        end
            if abs(sum(p))>1
            fprintf('\n 哈弗曼码中概率总和不能大于 1!\n');
            p=input('请重新输入数据:')
            end
        q=p;
        a=zeros(n-1,n); %生成一个 n-1 行 n 列的数组
            for i=1:n-1
            [q,l]=sort(q)
            a(i,:)=[l(1:n-i+1),zeros(1,i-1)]
            q=[q(1)+q(2),q(3:n),1];
            end
            for i=1:n-1
            c(i,1:n*n)=blanks(n*n);
            end
        c(n-1,n)='0';     c(n-1,2*n)='1';
        for i=2:n-1
        c(n-i,1:n-1)=c(n-i+1,n*(find(a(n-i+1,:)==1))-(n-2):n*(find(a(n-i+1,:)
==1)))
        c(n-i,n)='0'                %根据之前的规则，在分支的第一个元素最后补 0
        c(n-i,n+1:2*n-1)=c(n-i,1:n-1)
        c(n-i,2*n)='1'              %根据之前的规则，在分支的第一个元素最后补 1
            for j=1:i-1
            c(n-i,(j+1)*n+1:(j+2)*n)=c(n-i+1,n*(find(a(n-i+1,:)==j+1)-
1)+1:n*find(a(n-i+1,:)==j+1))
```

```
        end
    end                                                      %完成 huffman 码字的分配
    for i=1:n
    h(i,1:n)=c(1,n*(find(a(1,:)==i)-1)+1:find(a(1,:)==i)*n)
    ll(i)=length(find(abs(h(i,:))~=32))                      %计算每一个 huffman 编码的长度
    end
    l=sum(p.*ll);                                            %计算平均码长
    fprintf('\n Huffman 编码结果为:\n');   h
    fprintf('\n 编码的平均码长为:\n');      l
    hh=sum(p.*(-log2(p)));  %计算信源熵
    fprintf('\n 信源熵为:\n');             hh
    fprintf('\n 编码效率为:\n');          t=hh/l               %计算编码效率
```

程序运行结果如下。

Huffman 编码结果为:

```
h =   10
      111
      110
      011
      010
      000
     0011
     0010
```

编码的平均码长为： l = 2.8000

信源熵为： hh =2.7656

编码效率为：t = 0.9877

结果分析如下。

在哈夫曼编码过程中，对缩减信源符号按概率由大到小的顺序重新排列时，应使合并后的新符号尽可能排在靠前的位置，这样可使合并后的新符号重复编码次数减少，使短码得到充分利用。

哈夫曼的编码效率相当高，对编码器的要求也简单得多。

哈夫曼保证了信源概率大的符号对应于短码，概率小的符号对应于长码；每次缩减信源的最后两个码字总是最后一位码元不同，前面的各位码元都相同；每次缩减信源的最长两个码字有相同的码长。

霍夫曼的编法并不一定是唯一的，具体原因如下。

每次对缩减信源两个概率最小的符号分配“0”和“1”码元是任意的，所以可得到不同的码字。只要在各次缩减中保持码元分配的一致性，即能得到可分离码字。

不同的码元分配，得到的具体码字不同，但码长不变，平均码长也不变，所以没有本质区别。

缩减信源时，若合并后的新符号概率与其他符号概率相等，从编码方法上来说，这几个符号的次序可任意排列，编出的码都是正确的，但得到的码字不相同。

（2）利用小波变换的方法，实现对输入图像的压缩。源程序如下：

```
%装入图像
load example7.txt;
%显示图像
subplot(221);image(X);colormap(map)
title('原始图像');
axis square
disp('压缩前图像 X 的大小：');
whos('X')
%对图像用 bior3.7 小波进行 2 层小波分解
[c,s]=wavedec2(X,2,'bior3.7');
%提取小波分解结构中第一层低频系数和高频系数
ca1=appcoef2(c,s,'bior3.7',1);
ch1=detcoef2('h',c,s,1);
cv1=detcoef2('v',c,s,1);
cd1=detcoef2('d',c,s,1);
%分别对各频率成分进行重构
a1=wrcoef2('a',c,s,'bior3.7',1);
h1=wrcoef2('h',c,s,'bior3.7',1);
v1=wrcoef2('v',c,s,'bior3.7',1);
d1=wrcoef2('d',c,s,'bior3.7',1);
c1=[a1,h1;v1,d1];
%显示分解后各频率成分的信息
subplot(222);image(c1);
axis square
title('分解后低频和高频信息');
%下面进行图像压缩处理
%保留小波分解第一层低频信息，进行图像的压缩
%第一层的低频信息即为 ca1，显示第一层的低频信息
%首先对第一层信息进行量化编码
ca1=appcoef2(c,s,'bior3.7',1);
ca1=wcodemat(ca1,440,'mat',0);
%改变图像的高度
ca1=0.5*ca1;
subplot(223);image(ca1);colormap(map);
axis square
title('第一次压缩');
disp('第一次压缩图像的大小为：');
whos('ca1')
%保留小波分解第二层低频信息，进行图像的压缩，此时压缩比更大
%第二层的低频信息即为 ca2，显示第二层的低频信息
ca2=appcoef2(c,s,'bior3.7',2);
%首先对第二层信息进行量化编码
ca2=wcodemat(ca2,440,'mat',0);
%改变图像的高度
ca2=0.25*ca2;
```

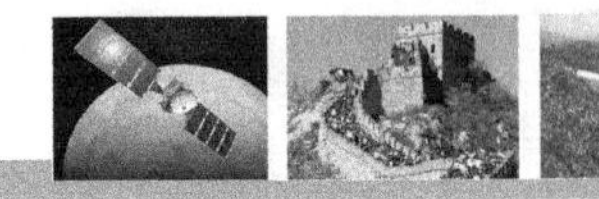

```
subplot(224);image(ca2);colormap(map);
axis square
title('第二次压缩');
disp('第二次压缩图像的大小为：');
whos('ca2')
```

程序运行结果如下。

压缩前图像 X 的大小：

Name	Size	Bytes	Class	Attributes
X	256×256	524 288	double	

第一次压缩图像的大小为：

Name	Size	Bytes	Class	Attributes
ca1	135×135	145 800	double	

第二次压缩图像的大小为：

Name	Size	Bytes	Class	Attributes
ca2	75×75	45 000	double	

程序运行效果如图 9-23 所示。

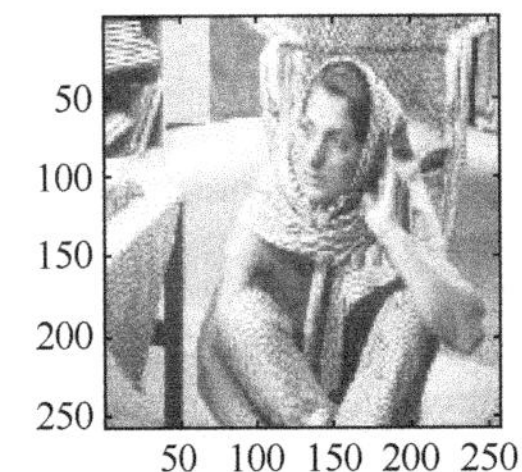

（a）原始图像

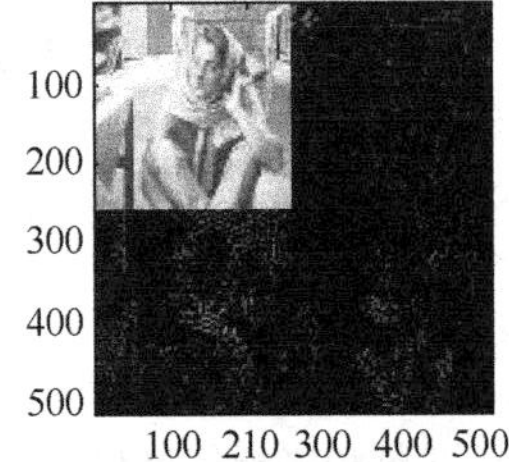

（b）分解后低频和高频信息

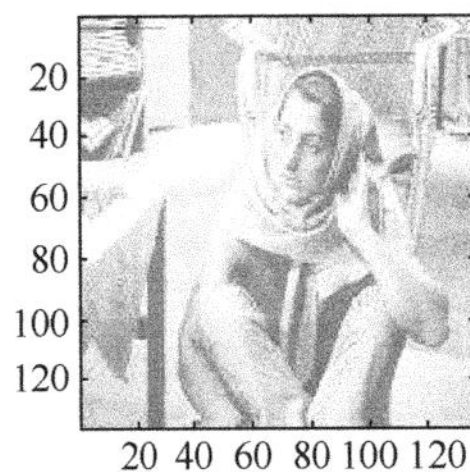

（c）第一次压缩

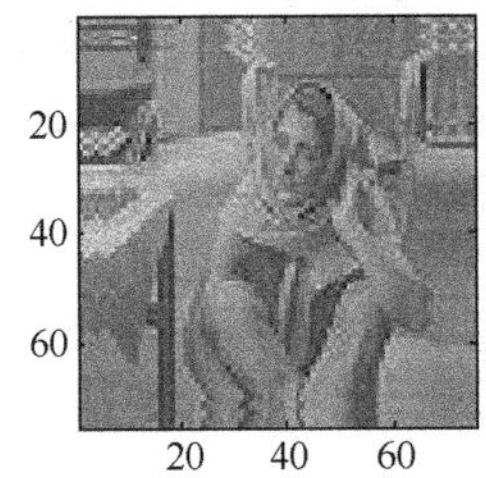

（d）第二次压缩

图 9-23　压缩后的图像

应用实例 5　图像分割

图像分割是指把图像分成各具特性的区域并提取出感兴趣目标的技术和过程。图像分割算法一般是基于灰度值的两个基本特性之一：不连续性和相似性。基于灰度值的不连续性的应用是根据灰度的不连续变化来分割图像的，如基于边缘提取的分割法，先提取区域边界，再确定边界限定的区域。基于灰度值的相似性的主要应用是根据事先制定的相似性准则将图像分割为相似的区域，如阈值分割和区域分割。下面以具体的程序为例，通过 6 个例子进行结果分析。

（1）用直方图阈值法进行图像分割。阈值分割的实质是利用图像的灰度直方图信息获得用于分割的阈值。它是用一个或几个阈值将图像的灰度级分为几部分，认为属于同一部分的像素是同一个物体，该方法特别适用于目标和背景占据不同灰度级范围的图像。源程序如下：

```
I=imread('xian.bmp');
I1=rgb2gray(I);
figure;
subplot(2,2,1);
imshow(I1);
title('灰度图像')
axis([50,250,50,200]);
    grid on;                                %显示网格线
axis on;                                    %显示坐标系
[m,n]=size(I1);                             %测量图像尺寸参数
GP=zeros(1,256);                            %预创建存放灰度出现概率的向量
for k=0:255
     GP(k+1)=length(find(I1==k))/(m*n);     %计算每级灰度出现的概率,将其存入
GP 中相应位置
End
subplot(2,2,2),bar(0:255,GP,'g')            %绘制直方图
title('灰度直方图')
xlabel('灰度值')
ylabel('出现概率')
I2=im2bw(I,150/255);
subplot(2,2,3),imshow(I2);
title('阈值 150 的分割图像')
axis([50,250,50,200]);
    grid on;                                %显示网格线
axis on;                                    %显示坐标系
I3=im2bw(I,200/255);   %
subplot(2,2,4),imshow(I3);
title('阈值 200 的分割图像')
axis([50,250,50,200]);
    grid on;                                %显示网格线
axis on;                                    %显示坐标系
```

运行结果如图 9-24 所示。

（2）用 Canny 算子检测边缘。边缘定义为图像局部特性的不连续性，具体到灰度图像中就是图像差别较大的两个区域的交界线，广泛存在于目标物与背景之间、目标物与目标物之间。用 Canny 算子检测边缘的源程序如下：

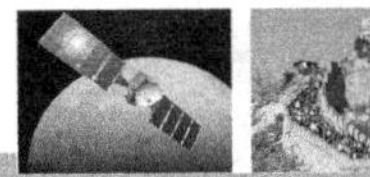

（a）灰度图像　　（b）灰度直方图

（c）阈值150的分割图像　　（d）阈值200的分割图像

图 9-24　直方图阈值法分割图像

```
I=imread('example8.jpg');
subplot(1,2,1);
imshow(I);
I1=rgb2gray(I);
I2=edge(I1,'canny');
subplot(1,2,2);
imshow(I2);
```

检测结果如图 9-25 所示。

（a）原始图像

（b）Canny 算子分割结果

图 9-25　Canny 算子分割图像

（3）用 Hough 变换连接边缘。Hough 变换是考虑像素间的整体关系，在预先知道区域

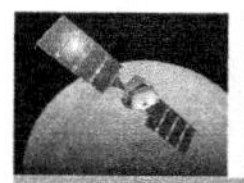

形状的条件下，利用 Hough 变换可以方便地得到边界曲线而将不连续的边缘像素点连接起来。Hough 变换的主要优点在于受噪声和曲线间断的影响较小，是将边缘点连接成边缘线的全局最优方法。源程序如下：

```
   I= imread(' example8.jpg ');
rotI=rgb2gray(I);
subplot(2,2,1);
imshow(rotI);
title('灰度图像');
axis([50,250,50,200]);
BW=edge(rotI,'prewitt');
subplot(2,2,2);
imshow(BW);
title('prewitt 算子边缘检测后图像');
axis([50,250,50,200]);
[H,T,R]=hough(BW);
subplot(2,2,3);
imshow(H,[],'XData',T,'YData',R,'InitialMagnification','fit');
title('霍夫变换图');
xlabel('\theta'),ylabel('\rho');
axis on , axis normal, hold on;
P=houghpeaks(H,5,'threshold',ceil(0.3*max(H(:))));
x=T(P(:,2));y=R(P(:,1));
plot(x,y,'s','color','white');
   I= imread('xian.bmp');
rotI=rgb2gray(I);
subplot(2,2,1);
imshow(rotI);
title('灰度图像');
axis([50,250,50,200]);
grid on;
axis on;
BW=edge(rotI,'prewitt');
subplot(2,2,2);
imshow(BW);
title('prewitt 算子边缘检测后图像');
axis([50,250,50,200]);
[H,T,R]=hough(BW);
subplot(2,2,3);
imshow(H,[],'XData',T,'YData',R,'InitialMagnification','fit');
title('霍夫变换图');
xlabel('\theta'),ylabel('\rho');
axis on , axis normal, hold on;
P=houghpeaks(H,5,'threshold',ceil(0.3*max(H(:))));
x=T(P(:,2));y=R(P(:,1));
plot(x,y,'s','color','white');
```

运行结果如图 9-26 所示。

（a）灰度图像

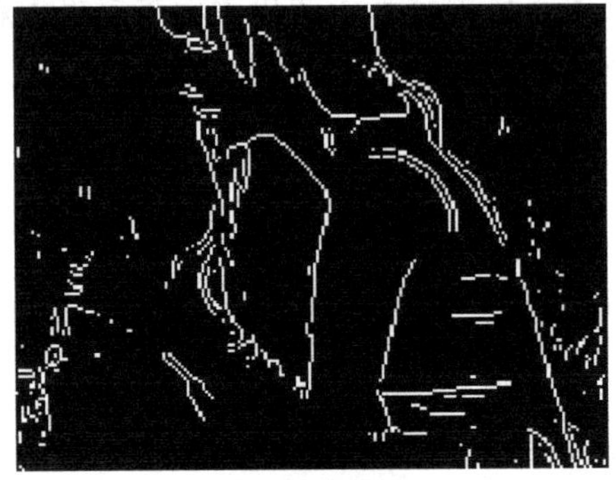

（b）prewitt算子边缘检测后图像

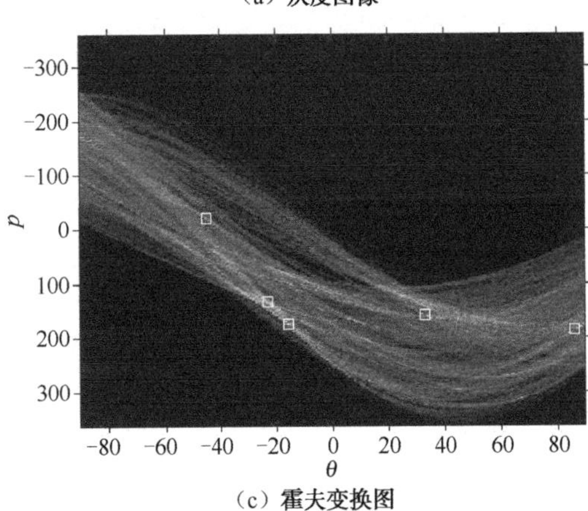

（c）霍夫变换图

（d）霍夫变换图像检测

图 9-26　用 Hough 变换检测边缘

（4）用区域增长算法进行区域分割。区域分割算法利用图像的空间性质，认为分割出来属于同一区域的像素应具有相似的性质。传统的区域分割算法主要有区域增长和区域分裂合并法。用区域增长算法进行图像分割的源程序如下：

```
f=imread('example7.jpg');
f=rgb2gray(f);
subplot(1,2,1);
imshow(f);
seedx=[37,68,210];
seedy=[51,148,211];
hold on
plot(seedx,seedy,'gs','linewidth',1);
f=double(f);
markerim=f==f(seedy(1),seedx(1));
for i=2:length(seedx)
    markerim=markerim|(f==f(seedy(i),seedx(i)));
end
thresh=[12,6,12];
maskim=zeros(size(f));
for i=1:length(seedx)
```

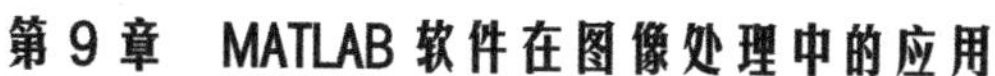


```
    g=abs(f-f(seedy(i),seedx(i)))<=thresh(i);
    maskim=maskim|g;
end
[g,nr]=bwlabel(imreconstruct(markerim,maskim,8));
g=mat2gray(g);
subplot(1,2,2);
imshow(g);
```

运行结果如图 9-27 所示。

(a) 原始图像及种子位置

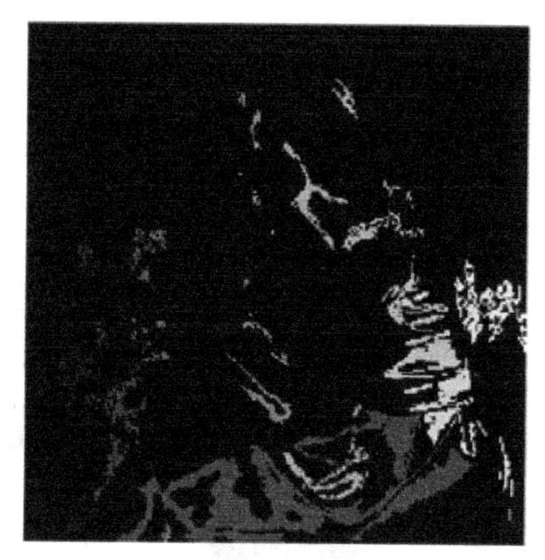
(b) 三个种子点区域增长结果

图 9-27 区域增长

(5) 二值图像处理：膨胀的变体。二值图像也就是只具有两个灰度级的图像，它是数字图像的一个重要子集。一个二值图像（如一个剪影或一个轮廓图）通常是由一个图像分割操作产生的。如果初始的分割不够令人满意，对二值图像的某些形式的处理通常能提高其质量。基本的形态学运算是腐蚀和膨胀。根据定义，边界点是位于物体内部的，但至少有一个邻点位于物体之外的像素。简单的膨胀是将与某物体接触的所有背景点合并到该物体中的过程。过程的结果是使物体的面积增大了相应数量的点。源程序如下：

```
I=imread('example7.jpg');
I1=rgb2gray(I);
subplot(2,2,1);
imshow(I1);
title('灰度图像')
axis([50,250,50,200]);
se1=strel('square',3);
se2=strel('square',5);
se3=strel('square',7);
I2=imdilate(I1,se1);
subplot(2,2,2);
imshow(I2);
title('3*3 膨胀');
axis([50,250,50,200]);
I3=imdilate(I1,se2);
```

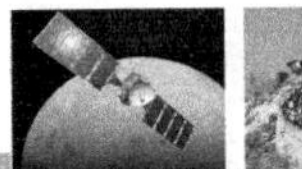

```
subplot(2,2,3);
imshow(I3);
title('5*5 膨胀');
axis([50,250,50,200]);
I4=imdilate(I1,se3);
subplot(2,2,4);
imshow(I4);
title('7*7 膨胀');
axis([50,250,50,200]);
```

运行结果如图 9-28 所示。

（a）灰度图像

（b）3×3膨胀

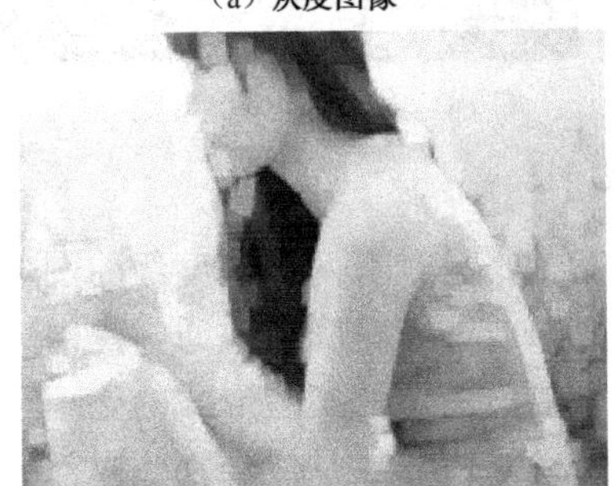

（c）5×5膨胀

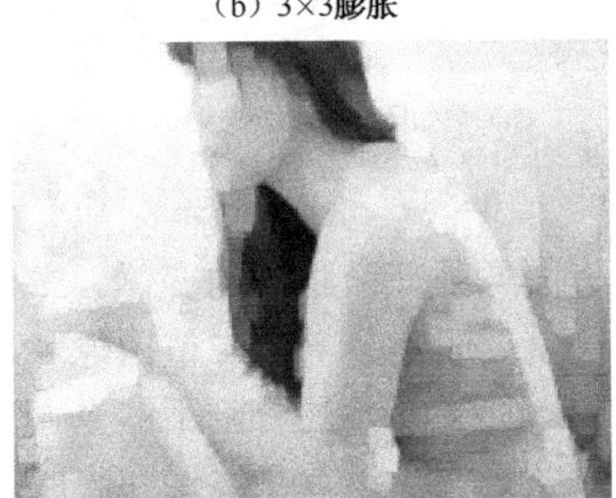

（d）7×7膨胀

图 9-28　膨胀的变体

（6）二值图像处理：腐蚀的变体。简单的腐蚀是消除物体所有边界点的一个过程，其结果使剩下的物体沿其周边比源物体小一个像素的面积。腐蚀对从一幅分割图像中取出小且无意义的物体来说很重要。源程序如下：

```
I=imread('example7.jpg');
I1=rgb2gray(I);
subplot(2,2,1);
imshow(I1);
title('灰度图像')
axis([50,250,50,200]);
se1=strel('square',3);
se2=strel('square',5);
se3=strel('square',7);
I2=imerode(I1,se1);
subplot(2,2,2);
```

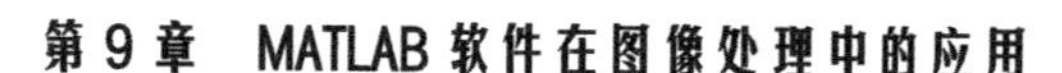


```
imshow(I2);
title('3*3 腐蚀');
axis([50,250,50,200]);
I3=imerode(I1,se2);
subplot(2,2,3);
imshow(I3);
title('5*5 腐蚀');
axis([50,250,50,200]);
I4=imerode(I1,se3);
subplot(2,2,4);
imshow(I4);
title('7*7 腐蚀');
axis([50,250,50,200]);
```

运行结果如图 9-29 所示。

（a）灰度图像

（b）3×3膨胀

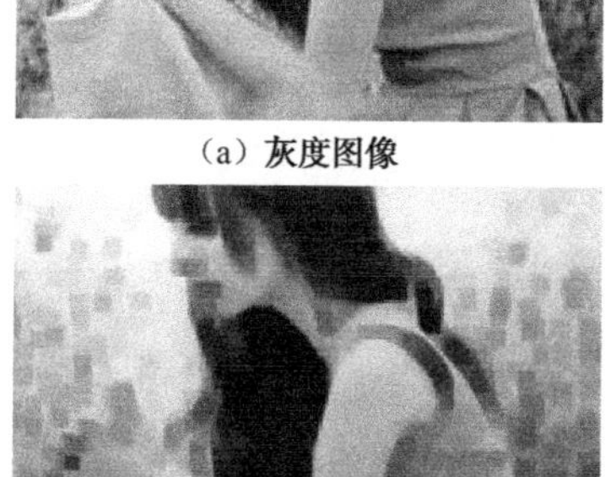

（c）5×5腐蚀

（d）7×7腐蚀

图 9-29　腐蚀的变体

知识梳理与总结

（1）数字图像采用阵列表示，阵列中的元素称为像素（Pixel），像素的幅值对应于该点的灰度级。对图像进行采样和量化处理。

（2）图像的储存格式为 JPG 或 JPEG、TIF 或 TIFF、BMP、PNG、HDF、PCX、XWD。对图像进行输入、输出操作。

（3）对图像进行输入 IMREAD、输出 IMWRITE 和显示 IMSHOW 等相关函数。

（4）图像类型包括二值图像、索引图像、灰度图像和真彩图像四种，通过 MATLAB 函

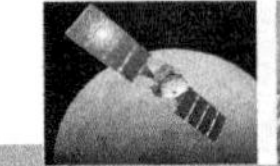

数实现四种图像之间的相互转换。

（5）对图像进行增强、复原、压缩编码和分割等具体操作，进行源代码和结果分析。

思考与练习题 9

（1）MATLAB 的图像文件读写，包括那些函数？

（2）对一个真彩图像（.JPG）进行读入、写入、显示操作，并将该图像转换为二值图像和灰度图像。

（3）采用 Prewitt 的锐化方式，实现对图像中某一部位的快速聚焦模糊边缘。

（4）对高斯噪声污染的图像，采用标准的均值、中值滤波器对其进行滤波复原。

（5）对于输入图像的灰度级{y1,y2,y3,y4,y5,y6,y7,y8}出现的概率分别为[0.40,0.16,0.24,0.25,0.10,0.11,0.06,0.15]，进行哈夫曼编码，并求出平均码长，信息熵及编码效率。

（6）用直方图阈值法（阈值选择 100 和 180 时）进行图像分割。

参考文献

[1] 韩晓军. 数字图像处理与应用. 北京：电子工业出版社，2009.
[2] 彭真明，雍杨，杨先明. 光电图像处理及应用. 成都：电子科技大学出版社，2008.
[3] 何明一，卫保国. 数字图像处理. 北京：科学出版社，2008.
[4] 杨杰. 数字图像处理及 MATLAB 实现. 北京：电子工业出版社，2010.
[5] 常青. 数字图像处理教程. 上海：华东理工大学出版社，2010.

反侵权盗版声明